新工科机器人工程专业系列教材

# Comprehensive Practice
# of Robot Detection and Control

# 机器人检测
# 与控制综合实践

栗　琳　郑莉芳　主编

孙　浩　刘新洋　郑世杰　佘鹏飞　参编

U0197719

清华大学出版社
北京

## 内 容 简 介

本书围绕机器人检测与控制的基础知识点展开实验例程(包括验证性及综合性实验),分9章介绍:实验仪器平台、单片机、电机、传感器、通信、运动控制综合项目、视觉环形检测台综合项目、桌面级机械臂综合项目、基于树莓派的机械臂应用项目。通过本书的学习,学生能够在检测对象上实现多种功能,掌握机器人基本软硬件架构和相应功能模块的初步开发。书中各章节实验都配有源码和实验现象视频(二维码)。本书每章实验都有作业,紧扣教学内容,作为实验启发、拓展学生思路。

本书可作为机器人工程专业本科学生的实验课程指导用书,也可作为高等院校机械工程、自动化、仪器仪表等相关专业的实验教材或指导书,也适用于从事控制技术等领域、对机器人基础入门技术感兴趣的工程技术人员及学生。

**图书在版编目(CIP)数据**

机器人检测与控制综合实践/栗琳,郑莉芳主编.—北京:清华大学出版社,2023.8
新工科机器人工程专业系列教材
ISBN 978-7-302-64370-8

Ⅰ. ①机… Ⅱ. ①栗… ②郑… Ⅲ. ①机器人－检测－高等学校－教材 ②机器人控制－高等学校－教材 Ⅳ. ①TP242

中国国家版本馆 CIP 数据核字(2023)第 149809 号

责任编辑:许　龙
封面设计:常雪影
责任校对:欧　洋
责任印制:宋　林

出版发行:清华大学出版社
　　　　　网　　　址:http://www.tup.com.cn,http://www.wqbook.com
　　　　　地　　　址:北京清华大学学研大厦 A 座　　　邮　　编:100084
　　　　　社 总 机:010-83470000　　　　　　　　　　邮　　购:010-62786544
　　　　　投稿与读者服务:010-62776969,c-service@tup.tsinghua.edu.cn
　　　　　质量反馈:010-62772015,zhiliang@tup.tsinghua.edu.cn
印 装 者:三河市龙大印装有限公司
经　　销:全国新华书店
开　　本:185mm×260mm　　印　张:18　　　　　　字　　数:435 千字
版　　次:2023 年 8 月第 1 版　　　　　　　　　　　印　　次:2023 年 8 月第 1 次印刷
定　　价:55.00 元

产品编号:094966-01

# 前 言

FOREWORD

新工科建设是新兴工程学科或领域、新范式和新工科教育等综合概念,它是对全球新一轮科技革命和产业变革的回应,是服务国家创新驱动发展、"中国制造 2025""互联网+"等一系列重大战略的使命要求。机器人技术是新工科建设最具代表性的前沿交叉学科,从 2016 年东南大学创建国内第一个机器人工程专业至今,国内共有 300 多所高校获批建设机器人工程专业。机器人实践课程在国内整体环境下处于探索阶段,机器人工程专业具有多学科交叉、融合的特点,实验案例尤其是综合性实验案例极为缺乏,在此背景下本书应运而生。

本书围绕机器人检测与控制的基础知识点开展实验例程,包括验证性及综合性实验,分为以下 9 章:实验仪器平台认识、单片机实践项目、电机实践项目、传感器实践项目、通信模块实践项目、运动控制综合实践项目、视觉环形检测台综合实践项目、桌面机械臂综合实践项目、基于树莓派的智能机械臂综合实践项目,使学生能够在检测对象上实现多种功能,掌握机器人基本软硬件架构和相应功能模块的初步开发,培养学生解决实际问题的综合能力。

第 1 章介绍了所使用的实验仪器平台及检测对象,以及安全注意事项。

第 2 章全面介绍了 STM32 开发板的基本应用,为后续综合实验打下了基础。包括 GPIO 输入/输出、外部中断、定时器中断、串口发送和接收数据、PWM、IIC、RTC、OLED 屏幕、4×4 矩阵键盘、数码管的基本原理及使用。

第 3 章介绍了机器人控制技术中常用的几种电机的工作原理和控制方法,为后续履带车运动控制实验等综合实验打下了基础。

第 4 章介绍了机器人控制技术中常用的几种传感器的工作原理和应用,包括 TTL、超声波、温湿度、红外热释电、加速度、压力、烟雾等传感器。结合实例,帮助学生理解和掌握相关知识。

第 5 章介绍了通信模块的基本应用,如蓝牙、NRF、WiFi 和 GPS 通信。每个应用都有对应源码的学习。

第 6 章进入综合实践项目的学习,以履带车底盘为例,初步解决综合运动控制问题,包括机器人底盘差速转动的运动控制,通过直流电机的应用,完成履带车前进、后退、左转、右转、原地旋转等动作。通过本章的学习,可以理解 PID 模型,并学会在软件中如何表达并调节三个参数,控制履带车实现其直线运动。

第 7 章是另外一个大的综合实践项目,基于视觉环形检测台,介绍了在实际问题中如何自主分析设计。需要自行设计,考虑分选不合格工件、上位机采用哪些可行算法、下位机和上位机通信如何实现、下位机执行机构控制如何设计以及程序的完全实现。

第 8 章介绍桌面机械臂综合实践,分别使用三自由度机械臂开展搬运物体、绘图实验,并对项目软硬件的设计提供了示例,帮助学生理解机械臂正运动学、逆运动学的含义,掌握简单模型的程序表达并实现应用,例如搬运。

第 9 章从 ROS 机器人操作系统开始介绍,以树莓派系统为基础,通过识别颜色、形状、二维码三个项目讲述了在 ROS 中使用 OpenCV 软件库进行视觉识别。通过机械臂颜色追踪、机械臂颜色分拣两个项目讲述了视觉识别与三自由度机械臂结合做智能化项目。通过 RVIZ 显示机械臂 URDF 仿真模型、机械臂仿真路径规划两个项目讲述了如何根据机械臂在 ROS 环境中创造仿真机械臂,并且在仿真环境中手动和随机规划机械臂运动路径。

书中各章节实验都配有源码和实验现象视频,可通过扫描二维码下载或观看。

本书每章实验都有作业,紧扣教学内容,作为实验启发、拓展学生思路。

本书既可作为机器人工程专业本科学生的实验课程指导用书,又可作为高等院校机械工程、自动化、仪器仪表等相关专业的实验教材或指导书,还适用于从事控制技术等领域、对机器人基础入门技术感兴趣的工程技术人员及学生。

本书的编写分工情况如下:栗琳、郑莉芳全面负责教材的编写和实验内容的安排;孙浩负责电机、传感器的开发及编写工作;刘新洋负责单片机、通信的开发及编写工作。在本书的编写过程中,北京机器时代有限公司提供了实验仪器平台资料,郑世杰、佘鹏飞工程师提供树莓派开发的智能机械臂的实验例程,并对其验证。同时,本书得到北京科技大学教材建设经费资助,得到了北京科技大学教务处的全程支持,在此表示衷心的感谢。

由于本书内容的广泛性和作者自身的局限性,书中难免有疏漏之处,敬请广大读者批评指正,并提出宝贵意见与建议。

作　者

2023 年 4 月

# 目 录

# 第 1 章

# 实验仪器平台认识

## 1.1 实验仪器及功能介绍

本书主要涵盖机器人检测及控制基础技术相关实验,实验内容包括基础验证实验及综合实验。本书所采用的实验仪器平台硬件部分包括机器人检测与控制实验箱和检测对象。

### 1.1.1 机器人检测与控制实验箱

机器人检测与控制实验箱由电子模块构成,包括控制模块、传感模块、执行模块及通信模块等,分布在本书第2~5章内容。参考图1.1,具体参数如下。

| | | | | | | |
|---|---|---|---|---|---|---|
| 主控板 | 扩展板 | LED模块 | OLED | 4×4键盘 | 4位数码管 | 摇杆模块 |
| 步进电机 | 数字舵机 | 直流电机 | 标准伺服电机 | 加速度传感器 | 压力传感器 | 超声测距传感器 |
| 触碰传感器 | 近红外传感器 | 灰度传感器 | 光强传感器 | 红外测距传感器 | 颜色识别传感器 | 温湿度传感器 |
| WiFi无线路由器 | 蓝牙串口模块 | NRF无线串口模块 | GPS模块 | 霍尔传感器 | 高清摄像头 | 红外编码器 |

图 1.1 电子模块简介

**控制模块**：使用 STM32 单片机进行控制。采用基于 ARM® Cortex-M4 设计的 F407ZGT6 芯片和意法半导体的 NVM 工艺和 ART 加速器™。

**执行模块**：4 相 5 线步进电机、直流电机、伺服电机、数字舵机执行装置。

**传感模块**：触碰、触须、光强、闪动、声控、语音识别、白标、颜色识别、灰度、近红外、加速度、超声测距、温湿度、电位器、RFID 模块、RFID 标签、霍尔、红外测距、GPS 模块、烟雾传感器、热释电、压力传感器等典型传感装置。

**通信模块**：3 种共 4 个通信模块，其中包含蓝牙通信模块、NRF 无线串口模块、WiFi 通信模块。

**单片机应用**：4×4 键盘、双通道 A/D、8 位 D/A、RS-232 串行通信、4 位 8 段数码管、128×64 点阵 OLED、8×8 LED 阵列、LED 灯、语音模块等。

**执行器**：模拟舵机、数字舵机、直流电机(两个输出轴，额定电压为 4.5V)、步进电机、伺服电机(金属齿轮，额定电压为 6V)。

## 1.1.2　检测对象

检测对象包括履带车、视觉环形检测台以及桌面级三自由度机械臂。分布在本书第 6～9 章。参考图 1.2，具体详细参数如下。

履带车底盘　　　　　　桌面级二自由度机械臂

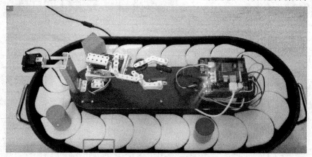

基于视觉的环形检测台

**图 1.2　检测对象**

**1. 履带车底盘**

尺寸：17cm×15cm×5cm，结构件采用铝镁合金零件，包含 2 个红外编码器。

**2. 三自由度机械臂**

最大展开尺寸：200mm×150mm×400mm，工作半径：220mm，重量：2kg。主控板采用集成树莓派 3B 与 STM32 两块控制板,数字舵机驱动,配套气动吸盘、机械手、电磁铁、笔架等末端执行器。工件有 3 个,配有高清 720P 摄像头,1280×720 分辨率,即插即用。

**3. 基于视觉的环形检测台**

基于视觉分拣的生产线模型一台,尺寸:80cm×40cm×22cm,采用铝镁合金零件塑料月牙链板,包含 1 个直流电机、1 对红外对射传感器、1 个高清摄像头和 6 个工件。

# 1.2　实验仪器使用说明

## 1.2.1　集成开发板

本书中实验采用 STM32 开发板,如图 1.3 所示。其基于 Cortex-M4 内核,具有多达 192KB 字节的片内 SRAM、1024KB 片上闪存。具有 12 个 16 位定时器、2 个 32 位定时器、2 个 DMA 控制器(共 16 个通道)、3 个 SPI 通信接口、2 个全双工 I2S 接口、3 个 IIC 通信接口、6 个串口、1 个 USB 接口、2 个 CAN 通信接口、3 个 12 位 ADC 模块、2 个 12 位 DAC 模块、1 个 RTC 实时时钟(带日历功能)。其最高运行频率为 168MHz,功耗 238$\mu$A/MHz。STM32 开发板引脚功能映射表见附录 A。

**图 1.3　STM32 开发板详细内容**

本书使用 SWD 模式进行程序的烧录和调试。烧录程序时,主控板接 STLink,将电源或 USB 接口接到主控板上供电才可以运行程序。如果同时连接 STLink 和 DC 供电或 USB 供电,烧录程序结束后可能会出现程序运行不了的情况,STLink 下载连接如图 1.4 所示。

## 1.2.2　BigFish 扩展板

除 STM32 开发板外,本书采用 BigFish 扩展板连接电路,如图 1.5 所示。扩展板具有 5V、3.3V 及 VIN 3 种电源接口,便于为各类扩展模块供电。扩展板采用 3P、4P 接口防反

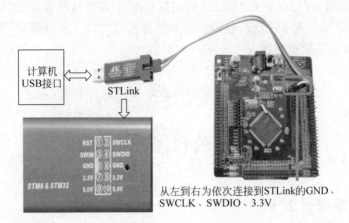

从左到右为依次连接到STLink的GND、
SWCLK、SWDIO、3.3V

**图 1.4　STLink 下载连接**

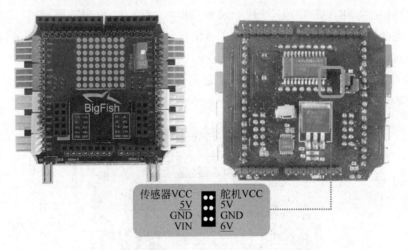

传感器VCC　　舵机VCC
5V　　　　　　5V
GND　　　　　GND
VIN　　　　　6V

**图 1.5　BigFish 扩展板**

插设计,避免电子模块间连线造成的误操作。其中,4 针防反插接口供电为 5V。扩展板具有舵机接口,舵机接口使用 3A 的稳压芯片 LM1085ADJ,为舵机提供 6V 额定电压。板载两片直流电机驱动芯片 L9170,支持 3～15V 的 VIN 电压,可驱动两个直流电机。扩展板上 8×8 LED 模块采用 MAX7219LED 驱动芯片。扩展板具有 2 个 2×5 杜邦座扩展坞,方便无线模块、OLED、蓝牙等扩展模块直插连接,无须额外接线与外围电路,可直接连接机器人常规执行部件。引脚接口如图 1.6 所示。

## 1.2.3　主控板与扩展板引脚对照表

STM32 主控板与 BigFish 扩展板通过引脚连接,BigFish 扩展板上引脚对应 STM32 主控板引脚如表 1.1 所示。

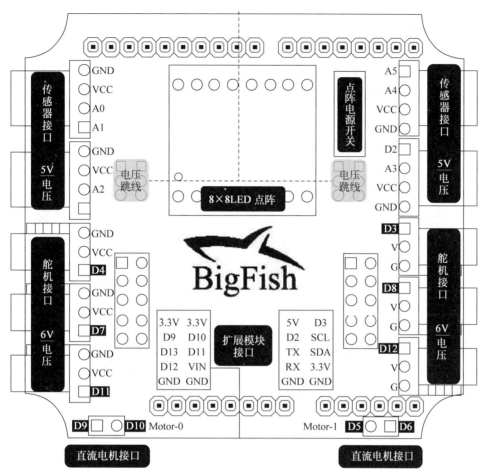

图 1.6 BigFish 扩展板引脚接口

表 1.1 引脚对照表

| BigFish 扩展板 | STM32 主控板 | BigFish 扩展板 | STM32 主控板 |
|---|---|---|---|
| A0 | PC0 | D10 | SS：PB7 |
| A1 | PC1 | D9 | PWM：PC8 |
| A2 | PC2 | D8 | PWM：PC9 |
| A3 | PC3 | D7 | GPIO：PE1 |
| A4 | PA0 | D6 | PWM：PD14 |
| A5 | PA1 | D5 | PWM：PD15 |
| SCL | PB8 | D4 | GPIO：PE0 |
| SDA | PB9 | D3 | PWM：PE5 |
| D13 | LED/SCK：PB3 | D2 | PWM：PE6 |
| D12 | MISO：PB4 | TX | PA9 |
| D11 | MOSI：PB5 | RX | PA10 |

## 1.2.4　使用说明

STM32 开发板一般由 USB 接口供电,在第一次上电时由于 CH340G 和计算机建立连接过程中导致 DTR/RTS 信号不稳定,会引起 STM32 复位 2～3 次,为正常现象,后续按复位键不会出现此问题。

STM32 开发板上由于 1 个 USB 接口供电不到 500mA,且由于导线电阻存在,开发板供电电压一般不会达到 5V。在使用大负载外设,如屏幕、电机、摄像头等模块时,可能引起 USB 供电不够。因此在使用或者同时使用多个模块时,建议使用电源适配器或锂电池通过 DC 电源接口供电,供电电压为 6～16V。

使用 STM32 开发板上外设时,可先查看开发板原理图,原理图见附录 B。如果 I/O 端口连接开发板上外设,该外设信号可能会对使用造成干扰。如 PF9、PF10 在内部连接 LED 灯,因此不再适合用做其他输出,若输出低电平则 LED 灯会点亮。

STM32 开发板上存在较多跳线帽,在使用某个功能时,可先查看是否需要设置跳线帽,以免造成错误。在使用时注意不要随意改变跳线帽的设置,以免影响正常使用。

STM32 开发板 I/O 端口不要接入超过 5V 电压,以免发生损坏。不要用 I/O 端口直接驱动感性负载,如电机、电磁阀、继电器等。

BigFish 扩展板上 D11、D12 舵机端口与 LED 点阵复用,应注意避免同时使用。BigFish 扩展板背面两侧的跳线分别作用于两侧的红色接口(通常采用 5V 接传感器)或白色接口(通常采用 6V 接舵机),使用前应检查背面跳线设置是否与器件电压相符。

# 1.3　安　全　事　项

**1. 日常管理防混乱**

(1) 使用前应学习说明书全部内容,并在使用中随时查阅,避免臆测使用。

(2) 将产品电池充电时,必须使用探索者产品附带的充电器。

(3) 在进行清洁时,避免清洁电子模块。

(4) 切勿在靠近水源、火源处存放或使用本产品。

(5) 锂电池长时间存放之前应充满电。

**2. 电子部件防短路**

(1) 主控板和传感器等电子模块设计有绝缘壳,组装时应保持绝缘壳垫在底部。

(2) 保护电子模块上有接口或焊点的部位,切勿直接与金属接触。

**3. 接口防误插**

(1) 主控板每个接口都有预设功能,在插接前应确认接口功能。

(2) 不要带电进行机构改装、线材插拔等操作。

**4. 操作防暴力**

(1) 不要用力拉扯电线、数据线等,如果线材不够长,应调整组装方式,或使用延长线。

(2) 注意保护接口插针,不要弄弯、弄折。

（3）不要用手拧电机输出头。

（4）不要对部件执行弯折、切割、捶打、焊接等不可复原的操作。

**5. 接线注意事项**

（1）伺服电机都是 3 根线，黑色为地线（GND），红色为电源线（VCC），白色为信号线（D*），如图 1.7 所示。

图 1.7　伺服电机线

（2）伺服电机一般接在 BigFish 3 针伺服电机口上，注意观察板子上的针脚名称，不要插反。简单来说，露出金属的那一面朝下，如图 1.8 所示。

（3）4 芯输出线普通头可以接在 BigFish 传感器口上，如图 1.9 所示。注意，黑线接GND，简单来说，露出金属的那一面朝上（与舵机线相反）。

图 1.8　伺服电机接口

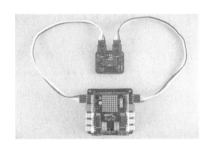

图 1.9　4 芯输出线接线

# 1.4　本 章 小 结

本章介绍了本书所使用的实验仪器平台及检测对象，读者需要了解和掌握以下内容。

（1）各实验仪器的操作与使用。

（2）STM32 及 BigFish 扩展板的引脚使用注意事项。

（3）实验操作安全注意事项。

本书器件材料说明书可扫描下方二维码下载。

二维码 1.4　第 1 章器件材料说明书

# 第 2 章

# 单片机实践项目

## 2.1 点亮 LED 灯实验

**实验目的**

学习掌握程序编译流程,学会使用 STLink 烧录程序,学习查阅开发板原理手册。通过对 STM32 开发板 GPIO 端口高低电平输出进行控制,实现点亮一个 LED 灯功能。

### 2.1.1 STM32 GPIO 基本原理

STM32F407ZGT6 共有 7 组 GPIO 端口,每组有 16 个 I/O 端口,外加 PH0 端口和 PH1 端口,一共 114 个 I/O 端口。STM32 的大部分引脚除了当 GPIO 使用外,还可以复用为外设功能引脚(如串口),并且可以兼容 5V 输入。

STM32 的 GPIO 端口可以由软件配置为输入上拉、输入下拉、模拟输入、输入浮空 4 种输入模式和开漏输出、推挽式输出、开漏复用、推挽式复用功能 4 种输出模式。可以配置 4 种速度:2MHz、25MHz、50MHz、100MHz。

**1. 输入模式**

输入上拉模式是由 GPIO 端口内部经过上拉电阻输入高电平;输入下拉模式是由 GPIO 端口内部下拉电阻输入低电平;模拟输入模式是由模拟通道输入,片上外设直接获得外部的模拟信号;输入浮空模式是 GPIO 端口既不接高电平,也不接低电平。

**2. 输出模式**

开漏输出模式是 GPIO 端口接 GND 输出低电平,当 GPIO 端口输出高阻态,外接上拉电阻时,才实现输出高电平;推挽式输出模式是 GPIO 端口接 GND 输出低电平,GPIO 端口接 VCC 输出高电平;开漏复用模式与推挽式复用模式是片内外设复用功能输出模式。STM32 的大部分引脚除了作 GPIO 使用外,还可以复用为外设功能引脚,可以通过查阅引脚功能映射表查看 GPIO 引脚映射及复用功能引脚映射情况。

如表 2.1 所示,每组 GPIO 端口含 10 个寄存器,可以控制每组 GPIO 16 个 I/O 端口。

表 2.1 端口寄存器

| 寄 存 器 | | 个数 |
| --- | --- | --- |
| 模式寄存器 | GPIOx_MODER | 1 |
| 输出类型寄存器 | GPIOx_OTYPER | 1 |

续表

| 寄　存　器 | | 个数 |
| --- | --- | --- |
| 输出速度寄存器 | GPIOx_OSPEEDR | 1 |
| 上拉/下拉寄存器 | GPIOx_PUPDR | 1 |
| 输入数据寄存器 | GPIOx_IDR | 1 |
| 输出数据寄存器 | GPIOx_ODR | 1 |
| 置位/复位寄存器 | GPIOx_BSRR | 1 |
| 配置锁存寄存器 | GPIOx_LCKR | 1 |
| 复位功能寄存器 | GPIOx_AFRL & GPIOx_AFRH | 2 |

## 2.1.2　硬件设计

STM32 主控板引脚如图 2.1 所示，SWD 模式连接 STLink 的接口如图 2.2 所示，当采用 SWD 模式烧录程序时，用杜邦线将 STLink 与 STM32 的 SWD 接口从左到右连接引脚 GND、SWCLK、SWDIO、3.3V，如图 2.3 所示。

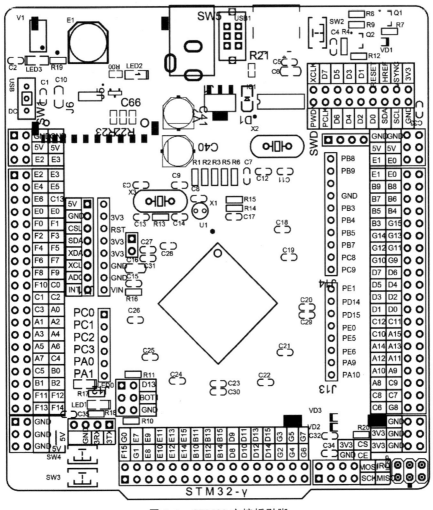

图 2.1　STM32 主控板引脚

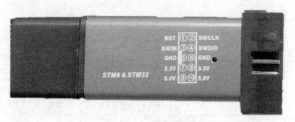

图 2.2　SWD 接口

图 2.3　SWD 与 STM32 连接图

本实验所用到的 LED 电路接线为 LED0 接 PF9 引脚，LED1 接 PF10 引脚。引脚可通过 STM32F407 最小系统板原理图查看，最小系统板原理图见附录 B。

本实验所用到的 LED 电路已在开发板上连接好。图 2.4 中 2 个 LED 的阳极连接到 3.3V 电源，阴极分别经过 1 个电阻将 LED0 连接至 PF9 引脚，LED1 连接至 PF10 引脚。因此，仅需控制 PF9 与 PF10 的引脚输出高低电平即可控制 LED0 与 LED1 的亮灭。当引脚输出低电平时，LED 灯亮，引脚输出高电平时，LED 灯灭。将 GPIO 输出方式设置为推挽输出模式，并且默认为上拉模式。

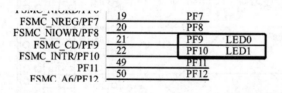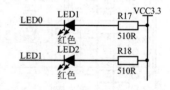

图 2.4　连接原理图

## 2.1.3　软件设计

打开工程文件，在 led.h 中，运用宏定义 LED 端口，将 LED 端口封装起来，这样在实际操作过程中，直接操作宏即可，达到方便操作代码的目的。代码如下。

```
# ifndef __LED_H
# define __LED_H
```

```
# include "sys.h"

/ * LED 端口定义 * /
# define LED0 PFout(9)

/ * 初始化 * /
void LED_Init(void);

# endif
```

在 main.c 中编写代码如下。

```
# include "sys.h"
# include "led.h"

int main(void)
{
    delay_init(168);                    //初始化延时,168 为 CPU 运行频率
    LED_Init();                          //初始化 LED 灯
    while(1)
    {
        LED0 = 1;                        //关闭 LED
        delay_ms(1000);                  //延时 500ms
        LED0 = 0;                        //开启 LED
        delay_ms(1000);                  //延时 500ms
    }
}
```

在 led.c 中用 LED_Init(void)初始化 PF9 引脚为普通输出模式,推挽输出,速率为 100MHz,输入上拉,调用初始化函数 GPIO_Init(GPIOF,&GPIO_InitStructure),将设置的 GPIO 结构体变量信息传递给寄存器完成初始化。调用 GPIO_SetBits(GPIOF,GPIO_Pin_9)将 PF9 引脚置高,设置为灯灭的效果。代码如下。

```
# include "led.h"
# include "stm32f4xx.h"

void LED_Init(void)
{
    GPIO_InitTypeDef GPIO_InitStructure;

    RCC_AHB1PeriphClockCmd(RCC_AHB1Periph_GPIOF, ENABLE);        //使能 GPIOF 时钟

    / * 初始化对应的 GPIO * /
    GPIO_InitStructure.GPIO_Pin = GPIO_Pin_9;
    GPIO_InitStructure.GPIO_Mode = GPIO_Mode_OUT;
    GPIO_InitStructure.GPIO_OType = GPIO_OType_PP;
    GPIO_InitStructure.GPIO_Speed = GPIO_Speed_100MHz;
    GPIO_InitStructure.GPIO_PuPd = GPIO_PuPd_UP;
    GPIO_Init(GPIOF, &GPIO_InitStructure);

    GPIO_SetBits(GPIOF,GPIO_Pin_9);
}
```

**注**：本节实验例程源码可扫描"2.15 本章小结"中的二维码，见 2-1 点亮 LED 灯实验。

将 STLink 与计算机连接在一起，确保硬件连接正确，按 F7 键进行编译，按 F8 键进行烧录。烧录完成后拔掉 STLink，用 miniUSB 给 STM32 开发板供电，观察现象。

### 2.1.4 实验现象

开发板上 LED 灯先点亮，再熄灭。实验现象请扫描下方二维码。

二维码 2.1 点亮 LED 灯实验

### 2.1.5 作业

1. 实现开发板上 LED0 闪烁，使它亮 500ms，灭 500ms。
2. 实现开发板上 LED0、LED1 交替闪烁，LED0 亮 500ms 时，LED1 灭 500ms。

## 2.2 按键控制 LED 灯实验

**实验目的**

理解按键检测原理，通过对 STM32 开发板上按键控制 LED 灯点亮，了解基础输入引脚和输出引脚。

### 2.2.1 按键控制原理

STM32 开发板的按键检测实验使用 GPIO 外设的基本输入功能。STM32 开发板上有 KEY0 与 WK_UP 两个按钮，这两个按钮可控制板上的两个 LED 灯，其中 KEY0 控制 SW4，WK_UP 控制 SW3。KEY0 连接 PE4 引脚，输入低电平有效；WK_UP 连接 PA0 引脚，输入高电平有效。

在按键机械触点断开或闭合时，由于机械结构原因，触点的弹性作用使得按键不会马上稳定接通或者马上断开，按下按键时会产生不稳定的波纹信号。因此，按键实验需要进行消抖处理。

### 2.2.2 硬件设计

由图 2.5 可知，KEY0 连接 PE4，WK_UP 连接 PA0。当 KEY0 没有被按下时，PE4 引脚输入状态为高电平；当 KEY0 被按下时，PE4 引脚的输入状态为低电平。当 WK_UP 没有被按下时,PA0 引脚输入状态为低电平;当 WK_UP 被按下时,PA0 引脚的输入状态为高电平。因此,实验只要检测按键引脚的输入电平,即可判断按键是否被按下。

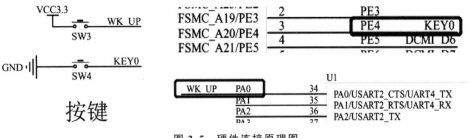

图 2.5 硬件连接原理图

## 2.2.3 软件设计

打开工程文件,在 key.h 中运用宏定义 KEY0、WK_UP、KEY0_PRES、WKUP_PRES。将检测按键输入与按键状态封装起来,通过读取 GPIO 引脚的输入电平来检测按键状态,GPIO_ReadInputDataBit 函数可以返回该引脚的电平状态,检测到高电平返回 1,检测到低电平返回 0,这样在实际操作过程中,直接操作宏即可,达到方便操作代码的目的。代码如下。

```
#ifndef __KEY_H
#define __KEY_H
#include "sys.h"

/*下面的方式是通过直接操作库函数方式读取 I/O*/
#define KEY0        GPIO_ReadInputDataBit(GPIOE,GPIO_Pin_4)    //PE4
#define WK_UP       GPIO_ReadInputDataBit(GPIOA,GPIO_Pin_0)    //PA0

#define KEY0_PRES   1
#define WKUP_PRES   2

void KEY_Init(void);                                           //I/O端口初始化
u8 KEY_Scan(u8);                                               //按键扫描函数

#endif
```

在 key.c 中编写代码如下,通过 KEY0 与 WK_UP 两个按键来控制 LED 灯的亮和灭。void KEY_Init(void)和 u8 KEY_Scan(u8 mode)用来初始化按键输入的 I/O 端口。KEY_Init 函数与 2.1 节中 GPIO 的初始化类似。首先初始化两个按键使用的 GPIO 引脚——GPIO_Pin_4 与 GPIO_Pin_0。PE4 设置为输出上拉,PA0 设置为输出下拉。调用初始化函数 GPIO_Init(GPIOE, &GPIO_InitStructure)与 GPIO_Init(GPIOA, &GPIO_InitStructure),将设置的 GPIO 结构体变量信息传递给寄存器,完成初始化。

```
void KEY_Init(void)
{
```

```
GPIO_InitTypeDef GPIO_InitStructure;

RCC_AHB1PeriphClockCmd(RCC_AHB1Periph_GPIOA|RCC_AHB1Periph_GPIOE, ENABLE);
                                                    //使能 GPIOA 和 GPIOE 时钟

GPIO_InitStructure.GPIO_Pin = GPIO_Pin_4;           //KEY0 对应引脚
GPIO_InitStructure.GPIO_Mode = GPIO_Mode_IN;        //普通输入模式
GPIO_InitStructure.GPIO_Speed = GPIO_Speed_100MHz;  //100MHz
GPIO_InitStructure.GPIO_PuPd = GPIO_PuPd_UP;        //上拉
GPIO_Init(GPIOE, &GPIO_InitStructure);              //初始化 GPIOE4
GPIO_InitStructure.GPIO_Pin = GPIO_Pin_0;           //WK_UP 对应引脚 PA0
GPIO_InitStructure.GPIO_PuPd = GPIO_PuPd_DOWN ;     //下拉
GPIO_Init(GPIOA, &GPIO_InitStructure);              //初始化 GPIOA0
}
```

KEY_Scan 函数用来扫描 I/O 端口的按键是否按下,通过 mode 参数设置两种扫描方式:支持连续按和不支持连续按。当 mode 为 0 时,KEY_Scan 函数不支持连续按,该按键按下后必须要松开才能第二次触发,否则不会再响应这个按键,这样可以防止按一次而触发多次。当 KEY0 被按下时,返回 1;当 WK_UP 被按下时,返回 2;没有按键被按下时返回 0。当 mode 为 1 时,KEY_Scan 支持连续按,如果某个按键一直被按下,则会返回这个按键的值,方便实现长按检测。这里使用 delay_ms(10) 去除按键被按下时由于机械原因造成的抖动。代码如下。

```
/ * 按键处理函数
返回按键值
mode:0,不支持连续按;1,支持连续按
0,没有任何按键按下
1,KEY0 按下
2,WK_UP 按下
注意,此函数有响应优先级,KEY0 > WK_UP!!
SW4:KEY0; SW3:WK_UP; * /

u8 KEY_Scan(u8 mode)
{
    static u8 key_up = 1;                            //按键松开标志
    if(mode)key_up = 1;                              //支持连续按
    if(key_up&&(KEY0 == 0||WK_UP == 1))
    {
        delay_ms(10);                                //去抖动
        key_up = 0;
        if(KEY0 == 0)return 1;
        else if(WK_UP == 1)return 2;
    }else if(KEY0 == 1&&WK_UP == 0)key_up = 1;
        return 0;                                    //没有按键被按下
}
```

在 main.c 中编写代码如下,代码中初始化 LED 及按键后,在 while 函数中不断调用 KEY_Scan 函数,设置支持连续按与不支持连续按,若返回值表示 KEY0 按下,则 while 持

续循环检测按键状态直到按键释放，开启 LED；若返回值表示 WK_UP 按下，则 while 持续循环检测按键状态直到按键释放，关闭 LED。

```c
# include "sys.h"
# include "led.h"
# include "key.h"

int main(void)
{
    u8 key = 0;
    delay_init(168);            //初始化延时,168 为 CPU 运行频率
    LED_Init();                 //初始化 LED 灯
    KEY_Init();                 //初始化按键
    while(1)
    {
        key = KEY_Scan(0);      //扫描按键,不支持连续按
        if(key == 1)            //key0 按下
        {
            LED0 = 0;           //开启 LED
        }
        if(key == 2)            //WK_UP 按下
        {
            LED0 = 1;           //关闭 LED
        }
    }
}
```

**注**：本节实验例程源码可扫描"2.15 本章小结"中的二维码，见 2-2 按键控制 LED 灯实验。

将 STLink 与计算机连接在一起，确保硬件连接正确，按 F7 键进行编译，按 F8 键进行烧录。烧录完成后拔掉 STLink，用 miniUSB 给 STM32 开发板供电，按下 KEY0 键与 WK_UP 键观察现象。

## 2.2.4　实验现象

按下 KEY0 键，LED 灯点亮；按下 WK_UP 键，LED 灯灭。实验现象可扫描下方二维码。

二维码 2.2　按键控制 LED 灯实验

## 2.2.5　作业

尝试更改程序，按下 WK_UP 键，LED1 灭；按下 KEY0 键，LED1 点亮。

# 2.3 外部中断实验

## 实验目的

理解外部中断原理,了解外部中断及其应用,利用 STM32 开发板的 I/O 端口作为外部中断输入,实现 LED 灯的控制。

## 2.3.1 外部中断原理

中断是指计算机运行过程中,出现某些意外情况需主机干预时,机器能自动停止正在运行的程序并转入处理新情况的程序,处理完毕后又返回原被暂停的程序继续运行。相比于用扫描函数扫描 I/O 端口的状态,采用中断触发更具有实时性,时效性更高。

**1. NVIC 中断优先级分组**

NVIC 的全称是 Nested Vectored Interrupt Controller,即嵌套向量中断控制器。Cortex-M4 内核支持 256 个中断,其中包含 16 个内核中断和 240 个外部中断,并且具有 256 级的可编程中断设置。STM32F4 并没有使用 Cortex-M4 内核的全部东西,而是只用了它的一部分。STM32F40xx/STM32F41xx 共有 92 个中断,包括 10 个内核中断和 82 个可屏蔽中断,具有 16 级可编程的中断优先级。如何管理这 82 个可屏蔽中断呢?STM32 中断分为 4 组:组 0~3。由内核外设 SCB 的应用程序中断及复位控制寄存器 AIRCR 的[10:8]位决定。每个中断可以设置抢占优先级和响应优先级值,由中断优先级寄存器 IP 寄存器的[7:4]位设置,编号越小,优先级越高。

如表 2.2 所示,NVIC 中断优先级特点如下:

- 高的抢占优先级可以打断正在进行的低抢占优先级中断。
- 抢占优先级相同的中断,高响应优先级不可以打断低响应优先级的中断。
- 抢占优先级相同的中断,在两个中断同时发生的情况下,响应优先级高的先执行。
- 如果两个中断的抢占优先级和响应优先级都一样,则中断先发生的先执行。

表 2.2 NVIC 中断优先级分组

| 组 | AIRCR[10:8] | IP 位[7:4]分配情况 | 分配结果 |
|---|---|---|---|
| 0 | 111 | 0:4 | 0 位抢占优先级,4 位响应优先级 |
| 1 | 110 | 1:3 | 1 位抢占优先级,3 位响应优先级 |
| 2 | 101 | 2:2 | 2 位抢占优先级,2 位响应优先级 |
| 3 | 100 | 3:1 | 3 位抢占优先级,1 位响应优先级 |

一般情况下,系统代码执行过程中,只设置一次中断优先级分组,如分组 2,设置好分组之后一般不会再改变分组。随意改变分组会导致中断管理混乱,使程序出现意想不到的执行结果。

**2. 外部中断设置**

STM32F407 的中断控制器支持 22 个外部中断/事件请求。每个 I/O 端口都可以作为外部中断的输入口。每个中断设有状态位,可以独立进行配置,选择触发事件和屏蔽设置。STM32F407 的 22 个外部中断如表 2.3 所示。

表 2.3　STM32F407 的 22 个外部中断

| 中断/事件线 | 输　入　源 |
| --- | --- |
| EXTI 线 0～15 | 对应外部 I/O 端口的输入中断 |
| EXTI 线 16 | 连接到 PVD 输出 |
| EXTI 线 17 | 连接到 RTC 闹钟事件 |
| EXTI 线 18 | 连接到 USB OTG FS 唤醒事件 |
| EXTI 线 19 | 连接到以太网唤醒事件 |
| EXTI 线 20 | 连接到 USB OTG HS(在 FS 中配置)唤醒事件 |
| EXTI 线 21 | 连接到 RTC 入侵和时间戳事件 |
| EXTI 线 22 | 连接到 RTC 唤醒事件 |

EXTI0～EXTI15 用于 GPIO 输入中断,通过程序可以控制任何一个 GPIO 实现输入源。GPIO 的引脚 GPIOx.0～GPIOx.15(x＝A,B,C,D,E,F,G,H,I)分别对应中断线 0～15。这样每个中断线对应了最多 9 个 I/O 端口,以线 0 为例,它对应 GPIOA.0、GPIOB.0、GPIOC.0、GPIOD.0、GPIOE.0、GPIOF.0、GPIOG.0、GPIOH.0、GPIOI.0。而中断线每次只能连接到 1 个 I/O 端口上,这样就需要通过配置 SYSCFG 外部中断配置寄存器[3：0]位来决定中断线对应到相应的 GPIO 端口上。

当中断发生时,对应的中断服务函数会被执行,中断服务函数可以实现中断控制。如表 2.4 所示,I/O 端口外部中断在中断向量表中分配了 7 个中断向量,也就是只能使用 7 个中断服务函数。

表 2.4　中断向量

| 位置 | 优先级 | 优先级类型 | 名　　称 | 说　　明 | 地　　址 |
| --- | --- | --- | --- | --- | --- |
| 6 | 13 | 可设置 | EXTI0 | EXTI 线 0 中断 | 0x000_0058 |
| 7 | 14 | 可设置 | EXTI1 | EXTI 线 1 中断 | 0x000_005c |
| 8 | 15 | 可设置 | EXTI2 | EXTI 线 2 中断 | 0x000_0060 |
| 9 | 16 | 可设置 | EXTI3 | EXTI 线 3 中断 | 0x000_0064 |
| 10 | 17 | 可设置 | EXTI4 | EXTI 线 4 中断 | 0x000_0068 |
| 23 | 30 | 可设置 | EXTI9_5 | EXTI 线[9:5]中断 | 0x000_009c |
| 40 | 47 | 可设置 | EXTI15_10 | EXTI 线[15:10]中断 | 0x000_00E0 |

从表 2.5 可以看出,外部中断线 5～9 分配一个中断向量,共用一个服务函数。外部中断线 10～15 分配一个中断向量,共用一个中断服务函数。

表 2.5　中断服务函数

| 名　　称 | 中断向量 | 中断服务函数名 |
|---|---|---|
| EXTI0 | EXTI 线 0 中断 | EXTI0_IRQHandler |
| EXTI1 | EXTI 线 1 中断 | EXTI1_IRQHandler |
| EXTI2 | EXTI 线 2 中断 | EXTI2_IRQHandler |
| EXTI3 | EXTI 线 3 中断 | EXTI3_IRQHandler |
| EXTI4 | EXTI 线 4 中断 | EXTI4_IRQHandler |
| EXTI9_5 | EXTI 线[9:5]中断 | EXTI9_5_IRQHandler |
| EXTI15_10 | EXTI 线[15:10]中断 | EXTI15_10_IRQHandler |

## 2.3.2　硬件设计

本实验用到的硬件资源有指示灯 LED0、按键 KEY0。本节利用按键作为外部中断控制 LED0 的亮灭,按下按键时引脚接通,电平产生变化。LED0 连接 PF9 引脚(见图 2.6),当引脚输出低电平时,LED 灯亮;当引脚输出高电平时,LED 灯灭。外部中断属于 STM32 的内部资源,只需要软件设置即可。

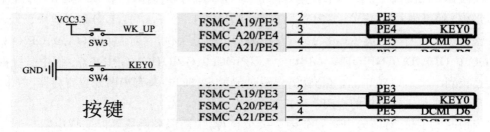

图 2.6　硬件连接原理图

## 2.3.3　软件设计

打开工程,在 exti.c 中编写中断初始化函数与中断服务函数。首先,配置 GPIO 与中断线的映射关系,将 PE4 指定为中断/事件输入源。调用初始化函数 NVIC_Init(&NVIC_InitStructure),设置具体抢占优先级和响应优先级、使能中断,将设置的 NVIC 结构体变量信息传递给寄存器完成初始化。然后,选择 EXTI 中断/事件线 EXTI_Line4,设置外部中断模式与触发事件,使能中断线。调用初始化函数 EXTI_Init(&EXTI_InitStructure),将设置的 EXTI 结构体变量信息传递给寄存器完成初始化。

```
void EXTIX_Init(void)
{
    NVIC_InitTypeDef NVIC_InitStructure;
    EXTI_InitTypeDef EXTI_InitStructure;

    KEY_Init();                                    //按键对应的 I/O 端口初始化
```

```
RCC_APB2PeriphClockCmd(RCC_APB2Periph_SYSCFG, ENABLE);              //使能 SYSCFG 时钟
SYSCFG_EXTILineConfig(EXTI_PortSourceGPIOE, EXTI_PinSource4);       //PE4 连接到中断线 4
NVIC_InitStructure.NVIC_IRQChannel = EXTI4_IRQn;                    //外部中断 4
NVIC_InitStructure.NVIC_IRQChannelPreemptionPriority = 1;          //抢占优先级 1
NVIC_InitStructure.NVIC_IRQChannelSubPriority = 2;                //子优先级 2
NVIC_InitStructure.NVIC_IRQChannelCmd = ENABLE;                   //使能外部中断通道
NVIC_Init(&NVIC_InitStructure);                                  //配置

/* 配置 EXTI_Line2,3,4 */
EXTI_InitStructure.EXTI_Line = EXTI_Line4;
EXTI_InitStructure.EXTI_Mode = EXTI_Mode_Interrupt;              //中断事件
EXTI_InitStructure.EXTI_Trigger = EXTI_Trigger_Falling;         //下降沿触发
EXTI_InitStructure.EXTI_LineCmd = ENABLE;                       //中断线使能
EXTI_Init(&EXTI_InitStructure);                                //配置
}
```

需要注意 NVIC_InitStructure. NVIC_IRQChannel 选择中断源不能写错,如果写错了会导致程序以外中断。具体的成员配置可以参考 stm32f4xx. h 头文件中的 IRQn_Type 中断源结构体定义,此结构体包含了所有中断源。

```
typedef enum IRQn
{
/****** Cortex-M4 Processor Exceptions Numbers *******************/
  NonMaskableInt_IRQn        = -14,
  MemoryManagement_IRQn      = -12,
  BusFault_IRQn              = -11,
  UsageFault_IRQn            = -10,
  SVCall_IRQn                = -5,
  DebugMonitor_IRQn          = -4,
  PendSV_IRQn                = -2,
  SysTick_IRQn               = -1,
/****** STM32 specific Interrupt Numbers *************************/
  WWDG_IRQn                  = 0,
  PVD_IRQn                   = 1,
  TAMP_STAMP_IRQn            = 2,
  RTC_WKUP_IRQn              = 3,
  FLASH_IRQn                 = 4,
  RCC_IRQn                   = 5,
  EXTI0_IRQn                 = 6,
  EXTI1_IRQn                 = 7,
  EXTI2_IRQn                 = 8,
  EXTI3_IRQn                 = 9,
  EXTI4_IRQn                 = 10,
  DMA1_Stream0_IRQn          = 11,
  DMA1_Stream1_IRQn          = 12,
  DMA1_Stream2_IRQn          = 13,
  DMA1_Stream3_IRQn          = 14,
  DMA1_Stream4_IRQn          = 15,
```

```
    DMA1_Stream5_IRQn              = 16,
    DMA1_Stream6_IRQn              = 17,
    ADC_IRQn                       = 18,

#if defined(STM32F40_41xxx)
    CAN1_TX_IRQn                   = 19,
    CAN1_RX0_IRQn                  = 20,
    CAN1_RX1_IRQn                  = 21,
    CAN1_SCE_IRQn                  = 22,
    EXTI9_5_IRQn                   = 23,
    TIM1_BRK_TIM9_IRQn             = 24,
    TIM1_UP_TIM10_IRQn             = 25,
    TIM1_TRG_COM_TIM11_IRQn        = 26,
    TIM1_CC_IRQn                   = 27,
    TIM2_IRQn                      = 28,
    TIM3_IRQn                      = 29,
    TIM4_IRQn                      = 30,
    I2C1_EV_IRQn                   = 31,
    I2C1_ER_IRQn                   = 32,
    I2C2_EV_IRQn                   = 33,
    I2C2_ER_IRQn                   = 34,
    SPI1_IRQn                      = 35,
    SPI2_IRQn                      = 36,
    USART1_IRQn                    = 37,
    USART2_IRQn                    = 38,
    USART3_IRQn                    = 39,
    EXTI15_10_IRQn                 = 40,
    RTC_Alarm_IRQn                 = 41,
    OTG_FS_WKUP_IRQn               = 42,
    TIM8_BRK_TIM12_IRQn            = 43,
    TIM8_UP_TIM13_IRQn             = 44,
    TIM8_TRG_COM_TIM14_IRQn        = 45,
    TIM8_CC_IRQn                   = 46,
    DMA1_Stream7_IRQn              = 47,
    FSMC_IRQn                      = 48,
    SDIO_IRQn                      = 49,
    TIM5_IRQn                      = 50,
    SPI3_IRQn                      = 51,
    UART4_IRQn                     = 52,
    UART5_IRQn                     = 53,
    TIM6_DAC_IRQn                  = 54,
    TIM7_IRQn                      = 55,
    DMA2_Stream0_IRQn              = 56,
    DMA2_Stream1_IRQn              = 57,
    DMA2_Stream2_IRQn              = 58,
    DMA2_Stream3_IRQn              = 59,
    DMA2_Stream4_IRQn              = 60,
    ETH_IRQn                       = 61,
    ETH_WKUP_IRQn                  = 62,
    CAN2_TX_IRQn                   = 63,
```

```
        CAN2_RX0_IRQn              = 64,
        CAN2_RX1_IRQn              = 65,
        CAN2_SCE_IRQn              = 66,
        OTG_FS_IRQn                = 67,
        DMA2_Stream5_IRQn          = 68,
        DMA2_Stream6_IRQn          = 69,
        DMA2_Stream7_IRQn          = 70,
        USART6_IRQn                = 71,
        I2C3_EV_IRQn               = 72,
        I2C3_ER_IRQn               = 73,
        OTG_HS_EP1_OUT_IRQn        = 74,
        OTG_HS_EP1_IN_IRQn         = 75,
        OTG_HS_WKUP_IRQn           = 76,
        OTG_HS_IRQn                = 77,
        DCMI_IRQn                  = 78,
        CRYP_IRQn                  = 79,
        HASH_RNG_IRQn              = 80,
        FPU_IRQn                   = 81
# endif /* STM32F40_41xxx */
```

由于篇幅限制,后半部分代码省略,具体代码可查看 stm32f4xx.h。

编写中断服务函数,代码如下。当中断发生时,相应的中断服务函数便会被执行,在中断服务函数中可以实现对于硬件的控制。此代码中采用 EXTI4_IRQHandler 中断函数,当按键 KEY0 被按下时,中断服务函数让 LED0 状态翻转。中断任务执行完后,调用 EXTI_ClearITPendingBit 函数清除中断线的中断标志位。

```
void EXTI4_IRQHandler(void)
{
        delay_ms(10);                                //消除抖动
        if(KEY0 == 0)
        {
        LED0 = ! LED0;
        }
         EXTI_ClearITPendingBit(EXTI_Line4);         //清除 LINE4 上的中断标志位
}
```

在 main.c 中编写代码如下,在主函数中初始化中断函数,主循环置空。在主函数中完成中断优先级分组,完成 LED 灯的 GPIO 初始化配置,完成中断初始化配置。

```
# include "sys.h"
# include "led.h"
# include "exti.h"

int main(void)
{
    NVIC_PriorityGroupConfig(NVIC_PriorityGroup_2);      //设置系统中断优先级分组 2
    delay_init(168);                                     //初始化延时,168 为 CPU 运行频率
    LED_Init();                                          //初始化 LED 灯
```

```
EXTIX_Init();                  //中断初始化
while(1)
{

                               //循环

}
}
```

注：本节实验例程源码可扫描"2.15 本章小结"中的二维码，见 2-3 外部中断实验。

将 STLink 与计算机连接在一起，确保硬件连接正确，按 F7 键进行编译，按 F8 键进行烧录。烧录完成后拔掉 STLink，用 miniUSB 给 STM32 开发板供电，按下 KEY0 键，观察现象。

### 2.3.4  实验现象

按下 KEY0 键，开发板上 LED 灯状态翻转。实验现象可扫描下方二维码。

二维码 2.3  外部中断实验

### 2.3.5  作业

尝试更改程序，通过中断功能，实现按下 KEY0 键，LED0 键发生一次翻转，按下 WK_UP 键，LED1 发生一次翻转。

## 2.4  定时器中断实验

**实验目的**

理解定时器中断原理，了解定时器中断及其应用，掌握利用定时器中断控制 LED 灯的方法。

### 2.4.1  定时器中断原理

STM32F4 的定时器功能十分强大，可以与 GPIO 结合实现多种功能，如 STM32F4 的通用定时器可以被用于测量输入信号的脉冲长度或者产生输出波形等。在定时器的众多应用中，最重要的应用就是产生 PWM 控制电机运动，因此，深入掌握定时器方面的知识是十分必要的。

STM32F4 定时器包含 2 个高级定时器、10 个通用定时器、2 个基本定时器。STM32F4 的每个通用定时器都是完全独立的,没有互相共享的任何资源。本节主要介绍 STM32F4 通用定时器,通用定时器包含一个 16 位或 32 位自动重载计数器(CNT),该计数器由可编程预分频器(PSC)驱动,表 2.6 为定时器特性。

表 2.6　定时器特性

| 定时器种类 | 位数 | 计数器模式 | 是否可以产生 DMA 请求 | 捕获/比较通道 | 有无互补输出 | 特殊应用场景 |
|---|---|---|---|---|---|---|
| 高级定时器 (TIM1,TIM8) | 16 | 向上,向下,向上/下 | 是 | 4 | 有 | 带可编程死区的互补输出 |
| 通用定时器 (TIM2,TIM5) | 32 | 向上,向下,向上/下 | 是 | 4 | 无 | 通用。定时计数,PWM 输出,输入捕获,输出比较 |
| 通用定时器 (TIM3,TIM4) | 16 | 向上,向下,向上/下 | 是 | 4 | 无 | 通用。定时计数,PWM 输出,输入捕获,输出比较 |
| 通用定时器 (TIM9~TIM14) | 16 | 向上 | 否 | 2 | 无 | 通用。定时计数,PWM 输出,输入捕获,输出比较 |
| 基本定时器 (TIM6,TIM7) | 16 | 向上,向下,向上/下 | 是 | 0 | 无 | 主要应用于驱动 DAC |

**1. 通用定时器概述**

STM32 通用定时器 TIMx(TIM2~TIM5 和 TIM9~TIM14)功能包括:

(1) 16 位(TIM3、TIM4、TIM9~TIM14)/32 位(TIM2、TIM5)向上、向下、向上/向下自动装载计数器(TIMx_CNT),其中 TIM9~TIM14 只支持向上(递增)计数方式。

(2) 16 位可编程(可以实时修改)预分频器(TIMx_PSC),计数器时钟频率的分频系数为 1~65 535 的任意数值。

(3) 4 个独立通道(TIMx_CH1~TIMx_CH4,TIM9~TIM14 最多 2 个通道),这些通道可以用来作为:输入捕获、输出比较、PWM 生成(边缘或中间对齐模式,TIM9~TIM14 不支持中间对齐模式)、单脉冲模式输出。

(4) 可使用外部信号(TIMx_ETR)控制定时器和定时器互连(可以用一个定时器控制另外一个定时器)的同步电路。

(5) 如下事件发生时可以产生中断或 DMA(TIM9~TIM14 不支持 DMA)。

- 更新:计数器向上溢出/向下溢出,计数器初始化(通过软件或者内部/外部触发)。
- 触发事件(计数器启动、停止、初始化或者由内部/外部触发计数)。
- 输入捕获。
- 输出比较。
- 支持针对定位的增量(正交)编码器和霍尔传感器电路(TIM9~TIM14 不支持)。
- 触发输入作为外部时钟或者按周期的电流管理(TIM9~TIM14 不支持)。

**2. 计数器模式**

通用定时器有向上计数、向下计数、向上/向下双向计数模式(见图 2.7)。

（1）向上计数模式：计数器从 0 开始计数到自动重装载值（TIMx_ARR），然后重新从 0 开始计数并且产生一个计数器溢出事件。

（2）向下计数模式：计数器从自动重装载值（TIMx_ARR）开始向下计数到 0，然后从自动重装载值重新开始，并产生一个计数器向下溢出事件。

（3）中心对齐（向上/向下计数）模式：计数器从 0 开始计数到自动重装载值−1，产生一个计数器溢出事件，然后向下计数到 1 并且产生一个计数器溢出事件，再从 0 开始重新计数。

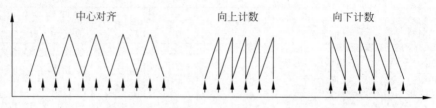

图 2.7　计数模式

### 3. 通用定时器的功能框图

1）时钟源

定时器的时钟源可以来自内部时钟 CK_INT（来自 RCC 中 APB1 外设时钟，经过倍频之后输出作为时钟信号）、外部触发输入 ETR（对应的外部触发引脚 TIMx_ETR 可以通过数据手册查到。ETR 经过分频得到 ETRP，再经过滤波得到 ETRF 作为时钟信号）、内部触发输入 ITRx（来自其他定时器的时钟，经过选择器，进入触发控制器）、外部输入引脚 Tix（外部输入引脚，由输入捕获部分产生），如图 2.8 所示。

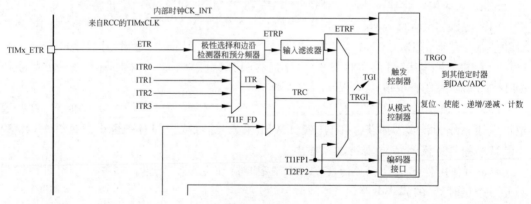

图 2.8　时钟源

2）时基电路

时基电路由三部分组成：PSC 预分频器、自动重装载寄存器、CNT 计数器。PSC 预分频器对所选择的时钟 CK_PSC 进行分频处理，得到所需的定时器时钟信号 CK_CNT。CNT 计数器负责计数，加 1 或者减 1。CNT 计数器与自动重装载寄存器中预先设定的装载值比较，当计数器的值达到装载值时，产生溢出事件，触发中断，如图 2.9 所示。

3）输入捕获

输入捕获功能通过检测 TIMx_CH1～TIMx_CH4 这 4 个通道上的边沿信号（上升沿或

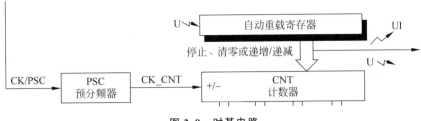

图 2.9　时基电路

下降沿），如图 2.10 所示，信号经过输入滤波器后，再经过边沿检测器检测到上升沿或下降沿，通过分频器后，输入到捕获寄存器，捕获寄存器记录下此刻计数器的值。将前后两次捕获到的寄存器中的值相减，就可以计算出输入脉冲的宽度或者频率。

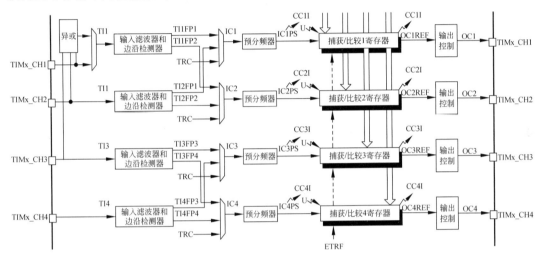

图 2.10　输入捕获

4）输出比较

输出比较功能需要先在比较寄存器中预先设定输出比较值。如图 2.11 所示，定时器将当前计数值与自动重装载值进行比较，当正好等于比较寄存器中的预设值时，根据极性、有效性设定，确定 TIMx_CH1-TIMx_CH4 通道输出低电平或高电平。

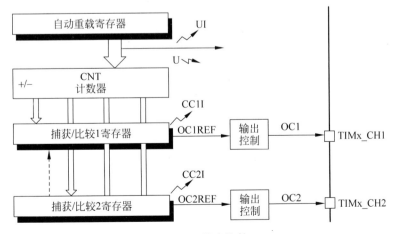

图 2.11　输出比较

**4. 定时器时钟频率**

定时器的时钟源来自 RCC 的内部时钟 CK_INT,定时器时钟频率为 84MHz。如图 2.12 所示,APB1 由 AHB(168MHz)经过 4 分频得到,因此 APB1 时钟频率为 42MHz;因为 APB1 的分频系数不为 1,所以倍频系数为 2,CK_INT＝2×42MHz＝84MHz。经过预分频器 PSC,得到定时器计数频率 CN_CNT＝CK_INT/(N+1)。

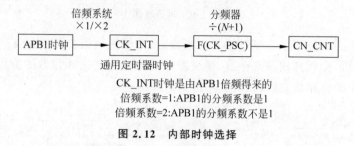

图 2.12　内部时钟选择

**5. 溢出时间计算**

可由公式(2-1)计算得到溢出时间:

$$T_{out} = \frac{(ARR+1)(PSC+1)}{T_{CLK}} \tag{2.1}$$

其中,$T_{out}$ 代表溢出时间,ARR 是定时器的自动重装载值,PSC 是预分频系数,$T_{CLK}$ 是计数器时钟频率。例如,设定定时器 500ms 中断一次,则定时器时钟频率 $T_{CLK}＝84MHz$,取分频系数 PSC+1＝8400,所以计数频率为 84MHz/8400＝10kHz,则在该分频系数下 1 秒内计数 5000 次,ARR 值为 4999。

## 2.4.2　硬件设计

本实验用到的硬件资源有指示灯 LED0、定时器 TIM3。本节通过 TIM3 中断控制 LED0 的亮灭,LED0 连接 PF9 引脚,需控制 PF9 输出高低电平以控制 LED0 的亮灭。如图 2.13 所示,当引脚输出低电平时,LED 灯亮,当引脚输出高电平时,LED 灯灭。TIM3 属于 STM32 的内部资源,只需要软件设置即可。

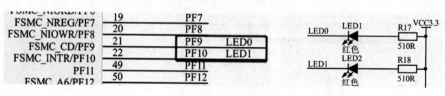

图 2.13　连接原理图

## 2.4.3　软件设计

打开工程,在 timer.c 中编写代码如下所示。首先,初始化定时器:设置 ARR 自动重装载值,即设定定时器周期,可设置范围为 0～65 535。例如,定时器时钟频率为 84MHz,分频系数为 8400,计数频率为 84MHz/8400＝10kHz,计数 5000 次为 500ms,也就是在这个分频系数下 1s 计数上限为 5000 次；设置 PSC 定时器分频值，即计数频率，可设置范围为 0~65 535，可以实现 1~65 536 分频；设置计数模式、时钟分频、定时器时钟 CK_INT 频率与数字滤波器采样时钟频率分频比。然后，调用初始化函数 TIM_TimeBaseInit(TIM3,&TIM_TimeBaseInitStructure)，将设置的 TIM3 结构体变量信息传递给寄存器，完成初始化。

```
# include "timer.h"
# include "led.h"


/ * 通用定时器 3 中断初始化
arr:自动重装载值
psc:时钟预分频系数
定时器溢出时间计算方法:Tout = ((arr + 1) * (psc + 1))/Ft
Ft = 定时器工作频率,单位:MHz
这里使用的是定时器 3! * /
void TIM3_Int_Init(u16 arr,u16 psc)
{
TIM_TimeBaseInitTypeDef TIM_TimeBaseInitStructure;
    NVIC_InitTypeDef NVIC_InitStructure;

    RCC_APB1PeriphClockCmd(RCC_APB1Periph_TIM3,ENABLE);            //使能 TIM3 时钟
    TIM_TimeBaseInitStructure.TIM_Period = arr;                   //自动重装载值
    TIM_TimeBaseInitStructure.TIM_Prescaler = psc;               //定时器分频
    TIM_TimeBaseInitStructure.TIM_CounterMode = TIM_CounterMode_Up;  //向上计数模式
    TIM_TimeBaseInitStructure.TIM_ClockDivision = TIM_CKD_DIV1;   //定时器不分频
    TIM_TimeBaseInit(TIM3,&TIM_TimeBaseInitStructure);           //初始化 TIM3

    TIM_ITConfig(TIM3,TIM_IT_Update,ENABLE);                     //允许定时器 3 更新中断
    TIM_Cmd(TIM3,ENABLE);                                        //使能定时器 3

    NVIC_InitStructure.NVIC_IRQChannel = TIM3_IRQn;              //定时器 3 中断
    NVIC_InitStructure.NVIC_IRQChannelPreemptionPriority = 0x01;  //抢占优先级 1
    NVIC_InitStructure.NVIC_IRQChannelSubPriority = 0x03;        //子优先级 3
    NVIC_InitStructure.NVIC_IRQChannelCmd = ENABLE;
    NVIC_Init(&NVIC_InitStructure);
}
```

在 timer.c 中编写定时器中断服务函数如下所示。中断服务函数可以处理定时器产生的相关中断。通过 ITStatus TIM_GetITStatus(TIM_TypeDef * TIMx, uint16_t) 读取中断状态寄存器的值判断定时器 TIMx 的中断类型 TIM_IT 是否发生中断。这里用 TIM_GetITStatus(TIM3,TIM_IT_Update) == SET 判断定时器 3 是否发生更新(溢出)中断。确定产生中断后，控制 LED0 灯翻转。通过 TIM_ClearITPendingBit(TIM3,TIM_IT_Update)清除 TIM3 发生溢出中断后的中断标志位。这里需要说明一下，除了 TIM_GetITStatus、TIM_ClearITPendingBit 函数外，固件库提供了 TIM_GetFlagStatus 和 TIM_ClearFlag 两个函数用来判断定时器状态以及清除定时器状态标志位，它们的作用和前面两个函数的作用类似，只是在 TIM_GetITStatus 函数中会先判断这种中断是否使能，使能之后才判断中断标志位，而 TIM_GetFlagStatus 直接用来判断状态标志位。

```
/* 定时器 3 中断服务函数 */
void TIM3_IRQHandler(void)
{
  if(TIM_GetITStatus(TIM3,TIM_IT_Update) == SET)      //溢出中断
    {
       LED0 = ! LED0;                                 //LED0 翻转
    }
    TIM_ClearITPendingBit(TIM3,TIM_IT_Update);        //清除中断标志位
}
```

在 main.c 中编写代码如下。在主函数中完成中断优先级分组,完成 LED 灯的 GPIO初始化配置,完成定时器初始化配置。

```
#include "sys.h"
#include "led.h"
#include "timer.h"

int main(void)
{
    NVIC_PriorityGroupConfig(NVIC_PriorityGroup_2);      //设置系统中断优先级分组 2
    delay_init(168);                                     //初始化延时,168 为 CPU 运行频率
    LED_Init();                                          //初始化 LED 灯
    TIM3_Int_Init(2000-1,8400-1);
    //定时器时钟频率为 84MHz,分频系数为 8400,所以计数频率为 84MHz/8400 = 10kHz,
    //计数 5000 次为 500ms
    while(1)
    {
        /* 实验现象为 LED0 闪烁 */
    }
}
```

**注**:本节实验例程源码可扫描"2.15 本章小结"中的二维码,见 2-4 定时器中断实验。

将 STLink 与计算机连接在一起,确保硬件连接正确,按 F7 键进行编译,按 F8 键进行烧录。烧录完成后拔掉 STLink,用 miniUSB 给 STM32 开发板供电,观察 LED0 现象。

## 2.4.4 实验现象

开发板上 LED 灯间隔 500ms 闪烁一次。实验现象可扫描下方二维码。

二维码 2.4 定时器中断实验

## 2.4.5 作业

使用定时器中断的方式,每 1000ms 中断一次,控制 LED0、LED1 轮流闪烁。

# 2.5　串口发送和中断接收实验

**实验目的**

　　了解串口发送与中断接收及其应用,使用串中发送和接收数据,使 STM32 收到上位机发送过来的字符串后原样返回给上位机。

## 2.5.1　串口通信原理

### 1. 串口通信概述

　　串口通信(Serial Communication)是一种常用的串行通信方式,常用于与外部设备全双工数据交换。串口通信使用 3 根线完成,分别是地线、发送线、接收线。串口按位(bit)发送和接收字节,虽然比按字节(byte)的并行通信慢,但是串口通信是异步的,可以在使用一根线发送数据的同时用另一根线接收数据,并且能够实现远距离通信。串口通信最重要的参数是波特率、数据位、停止位和奇偶校验。当两个端口进行通信时,这些参数必须匹配。

　　波特率用于衡量信号传输速率,指的是信号被调制以后在单位时间内的变化,即单位时间内载波参数变化的次数。两个设备间通常需要约定好波特率,也就是每个码元的长度,从而对信号进行解码。常见的波特率为 4800b/s、9600b/s、115 200b/s 等。

　　串口数据包的组成如图 2.14 所示,起始位由一个逻辑 0 的数据位表示数据包的起始。停止位用于表示数据包的结束,可以为 0.5、1、1.5 和 2 位,由双方在传输时约定一致。停止位不仅表示传输结束,而且为计算机校正时钟提供了同步的机会。

**图 2.14　串口数据包组成**

　　数据位用于衡量通信中实际数据位。通常有效数据长度为 5、6、7 或 8 位。

　　奇偶校验位在有效数据之后,由于数据通信通常会受到外部干扰,导致传输出现偏差,因此常用校验位来验错。校验方式有偶校验、奇校验、1 校验和 0 校验,当然也可以没有校验位。

　　对于奇校验,会设置有效数据和校验位中"1"的个数为奇数,例如,如果数据是 011,此时有 2 个"1",对于奇校验,校验位为"1",这样传输的数据就是 0111,有 3 个逻辑高位;对于偶校验,会设置有效数据和校验位中"1"的个数为偶数,例如,如果数据是 011,对于偶校验,校验位为 0,保证逻辑高的位数是偶数。1 校验为不管有效数据内容,校验位总为"1"。0 校验为不管有效数据内容,校验位总为"0"。无校验为数据包中不包含校验位。

### 2. STM32 的 USART 简介

　　STM32 有多个 USART 端口(即通用同步/异步收发器)。它可以通过异步通信的方式与外部设备进行全双工数据交换。UART 是在 USART 的基础上裁剪掉了同步通信功能，只能进行异步通信，它是不需要对外提供时钟输出的。串口在实际项目应用、技术开发中有着十分重要的作用。通常用串口打印功能调试程序信息，为了节省通信引脚，在硬件设计中将串口接口设计为 USB 转串口接口。这样可以连接计算机，实现在调试程序时把一些调试信息"打印"在计算机端串口调试助手上，从而了解程序是否正确运行、方便找出错误运行的位置。

STM32F407ZGT6 芯片共有 4 个通用同步/异步收发器，即 USART1、USART2、USART3、USART6 和两个异步收发器，即 UART4、UART5。USART 通信至少需要两个引脚，即数据输入引角(RX)和发送数据输出引脚(TX)。USART 通信方式引脚见表 2.7。

表 2.7　USART 通信方式引脚

| 串　口　号 | RXD | TXD |
|---|---|---|
| USART1 | PA10(PB7) | PA9(PB6) |
| USART2 | PA3(PD6) | PA2(PD5) |
| USART3 | PB11(PC11/PD9) | PB10(PC10/PD8) |
| USART6 | PC7(PG9) | PC6(PG14) |

### 3. 串口波特率计算

例：串口 1 设置波特率为 115 200b/s，PCLK2 时钟(APB2 总线时钟)频率为 84MHz。设 $\frac{Tx}{Rx}$ 为波特率，$f_{PCLKx}$ 为时钟频率，OVER8 为过采样模式，默认为 0，USARTDIV 为串口的时钟分频系数。有

$$\frac{Tx}{Rx} = \frac{f_{PCLKx}}{8 \times (2-OVER8) \times USARTDIV} \tag{2-2}$$

可以得出 USARTDIV 的小数部分 DIV_Fraction 以及 USARTDIV 的整数部分

$$USARTDIV = \frac{84\,000\,000}{115\,200 \times 16} = 45.572 \tag{2-3}$$

$$DIV\_Fraction = 16 \times 0.572 = 9 = 0X09 \tag{2-4}$$

$$DIV\_Mantissa = 45 = 0X2D \tag{2-5}$$

### 4. 串口数据发送与接收

STM32F4 通过数据寄存器 USART_DR 实现串口数据发送与接收，这部分实际上包含两个寄存器：专门用于发送的可写寄存器 TDR 和专门用于接收的可读寄存器 RDR。当进行写数据操作时，串口会自动发送，当接收到数据时，也将数据保存在该寄存器内。

STM32F4 通过状态寄存器 USART_SR 读取串口状态，USART_SR 的各位如图 2.15 所示。

| 31 | 30 | 29 | 28 | 27 | 26 | 25 | 24 | 23 | 22 | 21 | 20 | 19 | 18 | 17 | 16 |
|---|---|---|---|---|---|---|---|---|---|---|---|---|---|---|---|
| Reserved |||||||||||||||||

| 15 | 14 | 13 | 12 | 11 | 10 | 9 | 8 | 7 | 6 | 5 | 4 | 3 | 2 | 1 | 0 |
|---|---|---|---|---|---|---|---|---|---|---|---|---|---|---|---|
| Reserved |||||| CTS | LBD | TXE | TC | RXNE | IDLE | ORE | NE | FE | PE |
| |||||| rc_w0 | rc_w0 | r | rc_w0 | rc_w0 | r | r | r | r | r |

图 2.15　状态寄存器 USART_SR 的各位

RXNE(读数据寄存器非空)：当该位被置 1 时,表示已经接收到数据,USART_DR 寄存器可以将数据读取出来,USART_DR 寄存器读取数据之后,该位可以清零,也可以向该位写 0,直接清除。

TC(发送完成)：当该位被置 1 时,表示数据在 USART_DR 内已被发送完成。此时在设置了中断的情况下将会产生中断。

## 2.5.2　硬件设计

本实验选择 CH340G 芯片来实现 USB 转 USART 功能。电路如图 2.16 所示,将 CH340G 的 TXD 引脚与 USART1 的 RX 引脚连接,CH340G 的 RXD 引脚与 USART1 的 TX 引脚连接。CH340G 芯片已经集成在开发板上,芯片 GND 与控制器 GND 相连。

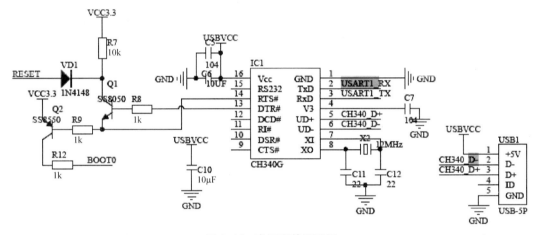

**图 2.16　串口硬件原理图**

本实验将编写一个程序实现 STM32 开发板与计算机通信,使用串口发送和接收数据,使 STM32 收到计算机发送过来的字符串后原样返回给计算机。

## 2.5.3　软件设计

打开工程,在 usart.c 中编写代码如下所示。首先,调用 GPIO_PinAFConfig 函数开启 GPIOA9 与 GPIOA10 复用映射功能,对引脚进行初始化配置,设置引脚模式为复用功能。这里将 PA10 作为 USART1 的 RX 引脚,PA9 作为 USART1 的 TX 引脚。然后,初始化串口波特率、起始位和校验位等相关配置。波特率一般可以设置为 2400/9600/19 200/115 200b/s 数据帧字长可以设置 8 位或者 9 位;如果没有奇偶校验,则一般可以选用 8 位,如果有奇偶校验,则可设置为 9 位;停止位可以选择 0.5 位、1 位、1.5 位、2 位。调用初始化函数 USART_Init(USART1,&USART_InitStructure),将设置的 USART1 结构体变量信息传递给寄存器,完成初始化。最后,使用 USART_ITConfig(USART1,USART_IT_RXNE,ENABLE)函数开启相关中断。

```
void uart_init(u32 bound){
    /* GPIO 端口设置 */
    GPIO_InitTypeDef GPIO_InitStructure;
    USART_InitTypeDef USART_InitStructure;
    NVIC_InitTypeDef NVIC_InitStructure;

    RCC_AHB1PeriphClockCmd(RCC_AHB1Periph_GPIOA,ENABLE);                    //使能 GPIOA 时钟
    RCC_APB2PeriphClockCmd(RCC_APB2Periph_USART1,ENABLE);                  //使能 USART1 时钟

    /* 串口 1 对应引脚复用映射 */
    GPIO_PinAFConfig(GPIOA,GPIO_PinSource9,GPIO_AF_USART1);               //GPIOA9 复用为 USART1
    GPIO_PinAFConfig(GPIOA,GPIO_PinSource10,GPIO_AF_USART1);              //GPIOA10 复用为 USART1

    /* USART1 端口配置 */
    GPIO_InitStructure.GPIO_Pin = GPIO_Pin_9 | GPIO_Pin_10;              //GPIOA9 与 GPIOA10
    GPIO_InitStructure.GPIO_Mode = GPIO_Mode_AF;                          //复用功能
    GPIO_InitStructure.GPIO_Speed = GPIO_Speed_50MHz;                    //速率为 50MHz
    GPIO_InitStructure.GPIO_OType = GPIO_OType_PP;                        //推挽复用输出
    GPIO_InitStructure.GPIO_PuPd = GPIO_PuPd_UP;                          //上拉
    GPIO_Init(GPIOA,&GPIO_InitStructure);                                 //初始化 PA9,PA10

    /* USART1 初始化设置 */
    USART_InitStructure.USART_BaudRate = bound;                          //波特率设置
    USART_InitStructure.USART_WordLength = USART_WordLength_8b;          //字长为 8 位数据格式
    USART_InitStructure.USART_StopBits = USART_StopBits_1;              //一个停止位
    USART_InitStructure.USART_Parity = USART_Parity_No;                 //无奇偶校验位
    USART_InitStructure.USART_HardwareFlowControl = USART_HardwareFlowControl_None;
                                                                         //无硬件数据流控制
    USART_InitStructure.USART_Mode = USART_Mode_Rx | USART_Mode_Tx;     //收发模式
    USART_Init(USART1, &USART_InitStructure);                           //初始化串口 1
    USART_Cmd(USART1, ENABLE);                                          //使能串口 1
    USART_ITConfig(USART1, USART_IT_RXNE, ENABLE);                      //开启相关中断

    /* Usart1 NVIC 配置 */
    NVIC_InitStructure.NVIC_IRQChannel = USART1_IRQn;                   //串口 1 中断通道
    NVIC_InitStructure.NVIC_IRQChannelPreemptionPriority = 3;           //抢占优先级 3
    NVIC_InitStructure.NVIC_IRQChannelSubPriority = 0;                  //子优先级 3
    NVIC_InitStructure.NVIC_IRQChannelCmd = ENABLE;                     //IRQ 通道使能
    NVIC_Init(&NVIC_InitStructure);                          //根据指定的参数初始化 NVIC 寄存器
}
```

在 usart.c 中编写中断服务函数,代码如下。当 USART 接收到数据后会执行中断服务函数。用 USART_GetITStatus 函数获取中断标志位,并返回该标志位状态。用 if 语句判断是否为接收中断,如果真的接收到数据则使用 USART_ReceiveData 函数读取串口数据(1 字节的数据),并将收到的数据放到 USART_RX_BUF。之后检查 ORE 串口溢出标志,如果溢出则清除溢出标志位,最后用 USART_ClearITPendingBit 函数清除中断标志位。

```
/ * 串口 1 中断服务程序 * /
void USART1_IRQHandler(void)
{
    u8 data;

    if(USART_GetITStatus(USART1, USART_IT_TXE) != RESET)          //是否为发送中断
    {
    USART_ClearITPendingBit(USART1, USART_IT_TXE);
    }
    else if(USART_GetITStatus(USART1, USART_IT_RXNE) != RESET)   //是否为接收中断
    {
      data = USART_ReceiveData(USART1);                          //读取串口数据(一字节的数据)
      USART_RX_BUF[USART_RX_CONUT++] = data;                     //将收到的数据放到接收 BUF
    }
    if(USART_GetFlagStatus(USART1,USART_FLAG_ORE) == SET)        // 检查 ORE 标志(串口溢出标志)
    {
      USART_ClearFlag(USART1,USART_FLAG_ORE);                    //清除溢出标志位
    }

    USART_ClearITPendingBit(USART1,USART_IT_ORE);
    //清除中断标志位(不清除会在串口中断中死循环,具体原理是一直触发中断)
}
```

对 printf 重定向,用 printf 函数向串口 1 打印数据,代码如下。

```
/ * 加入以下代码,支持 printf 函数,而不需要选择 use MicroLIB * /
# if 1
# pragma import(__use_no_semihosting)
/ * 标准库需要的支持函数 * /
struct __FILE
{
    int handle;
};

FILE __stdout;
/ * 定义_sys_exit 函数以避免使用半主机模式 * /
void _sys_exit(int x)
{
    x = x;
}
/ * 重定义 fputc 函数 * /
int fputc(int ch, FILE * f)
{
    while((USART1 -> SR&0X40) == 0);       //循环发送,直到发送完毕
    USART1 -> DR = (u8) ch;
    return ch;
}
# endif
```

在 main.c 中编写如下代码。在主函数中完成延时初始化、串口初始化、按键初始化配
置。通过计算机将数据发送给串口调试助手,等 USART 接收中断将数据传回。

```
# include "sys.h"
# include "key.h"

int main(void)
{
    u8 key = 0, i = 0;
    delay_init(168);                       //初始化延时,168 为 CPU 运行频率
    uart_init(115200);                     //串口初始化
    KEY_Init();                            //初始化按键
    while(1)
    {
        key = KEY_Scan(0);                 //扫描按键,不支持连按
        if(key == 1)                       //KEY0 按下
        {
            printf("KEY0 按下\r\n");
        }
        if(key == 2)                       //KEY_UP 按下
        {
            printf("KEY_UP 按下\r\n");
        }
        delay_ms(100);                     //延时 100ms
        printf("收到数据:% s   % d 字节\r\n",USART_RX_BUF,USART_RX_CONUT);
        //将收到的数据打印回串口一
        USART_RX_CONUT = 0;                //清除接收计数
        for(i = 0;i < USART_REC_LEN; i++)
        {
            USART_RX_BUF[i] = 0;           //清空接收 BUF
        }
    }
}
```

**注**:本节实验例程源码可扫描"2.15 本章小结"中的二维码,见 2-5 串口发送与中断接收实验。

本实验通过串口实现通信功能需要先在计算机上安装 CH340 驱动(TTL 转 USB 芯片驱动)。将 miniUSB 连接至主控板,在验证实验现象之前,需要打开串口助手 sscom5.13.1.exe。将 STLink 与计算机连接在一起,确保硬件连接正确,按 F7 键进行编译,按 F8 键进行烧录。如图 2.17 所示,检查端口号为 COM3 USB-SERIAL CH340;波特率为 115 200b/s;确认后打开串口,按下开发板上 SW4/SW3 键查看端口信息。

## 2.5.4   实验现象

计算机通过串口发送数据,STM32 开发板收到计算机发送过来的字符串后原样返回给计算机。实验现象可扫描下方二维码。

二维码 2.5   串口发送与中断接收实验

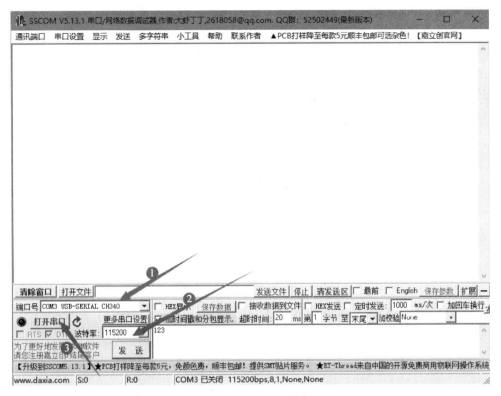

图 2.17 查看端口信息

## 2.5.5 作业

建立本实验工程,使用串口发送和接收数据,使 STM32 收到上位机发送过来的字符串后原样返回给上位机。

# 2.6 ADC 实验

**实验目的**

了解 ADC(数模转换器)转换原理,采集外部电压值,将电压经过 A/D 转换,在串口输出电压。

## 2.6.1 ADC 原理

ADC 是一种 12 位的逐次逼近型模/数转换器。STM32F407 共有 3 个 ADC,均可以独立使用,也能够通过双重或三重模式提高采样率。STM32F407 的 ADC 有 19 个通道(见表 2.8),可测量来自 16 个外部源、2 个内部源和 Vbat 通道的信号。这些通道的 A/D 转换可以选择单次模式、连续模式、扫描模式、不连续模式进行转换。单次转换即为 ADC 执行一次转换；连续转换即为在结束一个转换后立即启动下一个新转换；扫描模式为扫描一组模拟通道，扫描模式下 ADC_CR1 寄存器的 SCAN 位可以置 1，ADC 会扫描 ADC_SQRx 寄存器（对于规则通道）或 ADC_JSQR 寄存器（对于注入通道）中选择的所有通道，所有通道都将被转换一次，转换结束后，自动转换该组中的下一个通道。可以选择左对齐或右对齐方式将 ADC 的转换结果存储在 16 位数据寄存器中。

表 2.8　ADC 引脚与通道对应关系

| 通　道　号 | ADC1 | ADC2 | ADC3 |
|---|---|---|---|
| 通道 0 | PA0 | PA0 | PA0 |
| 通道 1 | PA1 | PA1 | PA1 |
| 通道 2 | PA2 | PA2 | PA2 |
| 通道 3 | PA3 | PA3 | PA3 |
| 通道 4 | PA4 | PA4 | PF6 |
| 通道 5 | PA5 | PA5 | PF7 |
| 通道 6 | PA6 | PA6 | PF8 |
| 通道 7 | PA7 | PA7 | PF9 |
| 通道 8 | PB0 | PB0 | PF10 |
| 通道 9 | PB1 | PB1 | PF3 |
| 通道 10 | PC0 | PC0 | PC0 |
| 通道 11 | PC1 | PC1 | PC1 |
| 通道 12 | PC2 | PC2 | PC2 |
| 通道 13 | PC3 | PC3 | PC3 |
| 通道 14 | PC4 | PC4 | PF4 |
| 通道 15 | PC5 | PC5 | PF5 |

ADC 可分为 2 个转换通道组：规则通道组和注入通道组。规则通道就是一般编程时使用的通道，按照程序正常运行；注入通道就是在规则通道转换时，强行打断规则通道转换，在注入通道转换完成后，再回到规则通道转换流程。

STM32F407 ADC 转换时间最高可达 $0.41\mu s$（最大转换速率为 2.4MHz）。ADC 时钟 ADCCLK 来源于 APB2，经过 2/4/6/8 分频得到。假设系统时钟总线 SYSCLK 为 168MHz，经过 2 分频得到 APB2 频率为 84MHz，ADCCLK 采用 2 分频即 42MHz。ADC 的总转换时间与 ADC 的输入时钟和采样时间有关，它等于采样时间再加上 12 个周期。若采样周期设置为 3 个 ADC 时钟，则 ADC 的时钟不能超过 36MHz。

## 2.6.2　硬件设计

ADC 属于 STM32 内部资源，只需要软件设置即可正常工作。实验时，需要连接外部端口到被测电压，将一根杜邦线一头插在 PA0 引脚排针上，另一头接测试点 GND 或 3.3V。采集外部电压值，电压经过 A/D 转换通过计算机中串口助手显示结果。

## 2.6.3　软件设计

打开工程,在 adc.c 中初始化 ADC,编写代码如下所示。首先,对 GPIOA0 端口进行初始化配置,注意这里没有用 GPIO_PinAFConfig 函数设置引脚映射关系,没有开启复用功能,而是将 I/O 端口复用为 ADC,并设置为模拟输入模式。调用初始化函数 ADC_CommonInit (&ADC_CommonInitStructure),初始化 ADC 模式、分频系数、DMA 模式和采样延迟等相关配置,将设置的 ADC 结构体变量信息传递给寄存器,完成初始化。此外,还需要初始化 ADC 分辨率、扫描选择、转换方式、对齐方式、规则序列、触发方式、数据对齐方式等相关配置。实验中 ADC 外部通道的触发极性设置为软件触发,可以不用配置,如果选择其他触发方式,则需要配置。调用初始化函数 ADC_Init(ADC1,&ADC_InitStructure),将设置的 ADC 结构体变量信息传递给寄存器,完成初始化。

```
/* 初始化 ADC */
void Adc_Init(void)
{
    GPIO_InitTypeDef    GPIO_InitStructure;
    ADC_CommonInitTypeDef ADC_CommonInitStructure;
    ADC_InitTypeDef      ADC_InitStructure;

    RCC_AHB1PeriphClockCmd(RCC_AHB1Periph_GPIOA, ENABLE);          //使能 GPIOA 时钟
    RCC_APB2PeriphClockCmd(RCC_APB2Periph_ADC1, ENABLE);          //使能 ADC1 时钟

    /* 初始化 ADC1 通道 0 I/O 端口 */
    GPIO_InitStructure.GPIO_Pin = GPIO_Pin_0;                     //PA0 通道 0
    GPIO_InitStructure.GPIO_Mode = GPIO_Mode_AN;                  //模拟输入
    GPIO_InitStructure.GPIO_PuPd = GPIO_PuPd_NOPULL ;             //不带上下拉
    GPIO_Init(GPIOA, &GPIO_InitStructure);                       //初始化

    RCC_APB2PeriphResetCmd(RCC_APB2Periph_ADC1,ENABLE);           //ADC1 复位
    RCC_APB2PeriphResetCmd(RCC_APB2Periph_ADC1,DISABLE);          //复位结束

    ADC_CommonInitStructure.ADC_Mode = ADC_Mode_Independent;     //独立模式
    ADC_CommonInitStructure.ADC_TwoSamplingDelay = ADC_TwoSamplingDelay_5Cycles;
                                        //两个采样阶段之间的延迟 5 个时钟
    ADC_CommonInitStructure.ADC_DMAAccessMode = ADC_DMAAccessMode_Disabled;  //DMA 失能
    ADC_CommonInitStructure.ADC_Prescaler = ADC_Prescaler_Div4;
            //预分频 4 分频. ADCCLK = PCLK2/4 = 84/4 = 21MHz,ADC 时钟频率最好不要超过 36MHz
    ADC_CommonInit(&ADC_CommonInitStructure);                    //初始化

    ADC_InitStructure.ADC_Resolution = ADC_Resolution_12b;       //12 位模式
    ADC_InitStructure.ADC_ScanConvMode = DISABLE;                //非扫描模式
    ADC_InitStructure.ADC_ContinuousConvMode = DISABLE;          //关闭连续转换
    ADC_InitStructure.ADC_ExternalTrigConvEdge = ADC_ExternalTrigConvEdge_None;
                                        //禁止触发检测,使用软件触发
    ADC_InitStructure.ADC_DataAlign = ADC_DataAlign_Right;       //右对齐
```

```
ADC_InitStructure.ADC_NbrOfConversion = 1;
                                    //1 个转换在规则序列中,也就是只转换规则序列 1
ADC_Init(ADC1, &ADC_InitStructure);   //ADC 初始化
ADC_Cmd(ADC1, ENABLE);                //开启 ADC
}
```

在 adc.c 中获得 ADC 值,设置规则序列 1 的通道,启动 ADC 转换,设置采样周期为
480。之后,开启 ADC 转换并获取 ADC 转换结果数据。根据获取 A/D 转换状态寄存器的标
志位状态信息,判断 ADC1 转换是否结束。编写如下代码。本实验 ADC 参考电压为 3.3V,通
过转换用 STM32F4 的 ADC1 来执行 A/D 转换。

```
/* 获得 ADC 值
  ch: @ref ADC_channels
  通道值 0~16 取值范围:ADC_Channel_0~ADC_Channel_16
  返回值:转换结果 */
u16 Get_Adc(u8 ch)
{   /* 设置指定 ADC 的规则组通道、一个序列、采样时间 */
    ADC_RegularChannelConfig(ADC1, ch, 1, ADC_SampleTime_480Cycles );
    //ADC1,ADC 通道,480 个周期,提高采样时间可以提高精确度
    ADC_SoftwareStartConv(ADC1);                      //使能指定的 ADC1 的软件转换启动功能
    while(!ADC_GetFlagStatus(ADC1, ADC_FLAG_EOC ));   //等待转换结束
    return ADC_GetConversionValue(ADC1);              //返回最近一次 ADC1 规则组的转换结果
}

/* 获取通道 ch 的转换值,取 times 次,然后平均
  ch:通道编号
  times:获取次数
  返回值:通道 ch 的 times 次转换结果平均值 */
u16 Get_Adc_Average(u8 ch,u8 times)
{
    u32 temp_val = 0;
    u8 t;
    for(t = 0;t < times;t++)
{
        temp_val += Get_Adc(ch);
        delay_ms(5);
    }
    return temp_val/times;
}
```

在 main.c 中编写如下代码。在主函数中完成延时初始化、串口初始化、ADC 初始化配
置。采集外部电压值,将电压经过 A/D 转换,通过串口显示结果。

```
# include "sys.h"
# include "adc.h"


int main(void)
```

```
{
    u16 adcx;
    float temp;
    delay_init(168);                               //初始化延时,168 为 CPU 运行频率
    uart_init(115200);                             //串口初始化
    Adc_Init();                                    //初始化 ADC
    while(1)
    {
        adcx = Get_Adc_Average(ADC_Channel_0,20);  //获取通道 5 的转换值,20 次取平均
        temp = (float)adcx * (3.3/4096);           //获取计算后的带小数的实际电压值,如 3.1111
        printf("测量的电压值为: % f\r\n",temp);
        delay_ms(1000);
    }
}
```

**注**：本节实验例程源码可扫描"2.15 本章小结"中的二维码，见 2-6 ADC 实验。

将 STLink 与计算机连接在一起，确保硬件连接正确，按 F7 键进行编译，按 F8 键进行烧录。下载代码后，将 miniUSB 连接至主控板，打开计算机中串口助手，观察现象，如图 2.18 所示。

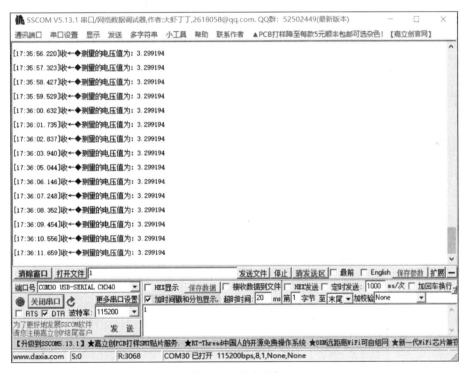

图 2.18  实验现象

## 2.6.4  实验现象

将杜邦线一端连接 GND 或 3.3V，另一端连接 PA0 引脚排针，计算机中串口助手显示

采集到的电压值。实验现象可扫描下方二维码。

二维码 2.6    ADC 实验

### 2.6.5    作业

建立本实验工程,采集外部电压值,将电压经过 A/D 转换,通过串口助手显示结果。

## 2.7    DAC 实验

**实验目的**

了解 DAC 转换原理,用两个按键设置 DAC 的输出值,并在串口输出电压值。

### 2.7.1    DAC 原理

STM32F4 有 2 个 DAC,每个 DAC 对应 1 个输出通道。STM32F4 的数模转换模块(DAC 模块)是电压输出型 12 位数字输入。可配置 8 位或 12 位模式,在 12 位模式工作时,数据可以设置为左对齐或右对齐,可以配合 DMA 控制器使用,可以生成噪声波形及三角波形等。每个 DAC 模块有 2 个输出通道,每个通道都可以单独转换。在双 DAC 模式下,可以分别进行 2 个通道独立转换,也可以同时同步更新 2 个通道转换。通过参考电压 Vref+,可以使转换结果更精确。

经过线性转换后,数字输入会转换为 0 到 Vref+之间的输出电压。各 DAC 通道引脚的模拟输出电压通过公式(2-6)确定,其中,$V_{REF}$ 为模拟参考电压输入,DOR 为 DAC 数据寄存器值。

$$DAC_{output} = V_{REF} \times \frac{DOR}{4095} \tag{2-6}$$

### 2.7.2    硬件设计

本实验用到的硬件资源为按键 WK_UP 和 KEY0、串口 1、ADC、DAC。本实验通过两个按键设置 DAC 的输出值,并在串口输出电压值,通过计算机中串口助手显示,如图 2.19 所示。

### 2.7.3    软件设计

打开工程,在 dac.c 中初始化 DAC,编写代码如下所示。首先,对 GPIOA4 端口进行初

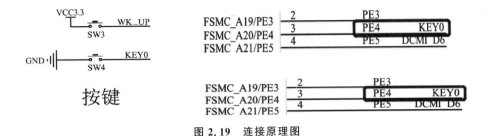

图 2.19 连接原理图

始化配置,将 PA4 设置为模拟输入。虽然 DAC 引脚设置为输入,但是 STM32F4 内部会连接在 DAC 模拟输出上。然后,初始化 DAC 的触发、波形、屏蔽/幅值选择器和输出缓存控制等相关配置。调用初始化函数 DAC_Init(DAC_Channel_1,&DAC_InitType),将设置的 DAC 结构体变量信息传递给寄存器,完成初始化。最后,使用 DAC_Cmd(DAC_Channel_1,ENABLE)函数开启 DAC 通道 1,之后设置 12 位右对齐数据格式。

```
void Dac1_Init(void)
{
  GPIO_InitTypeDef GPIO_InitStructure;
  DAC_InitTypeDef DAC_InitType;

  RCC_AHB1PeriphClockCmd(RCC_AHB1Periph_GPIOA, ENABLE);          //使能 GPIOA 时钟
  RCC_APB1PeriphClockCmd(RCC_APB1Periph_DAC, ENABLE);           //使能 DAC 时钟

  GPIO_InitStructure.GPIO_Pin = GPIO_Pin_4;
  GPIO_InitStructure.GPIO_Mode = GPIO_Mode_AN;                  //模拟输入
  GPIO_InitStructure.GPIO_PuPd = GPIO_PuPd_DOWN;                //下拉
  GPIO_Init(GPIOA, &GPIO_InitStructure);                       //初始化

  DAC_InitType.DAC_Trigger = DAC_Trigger_None;                          //不使用触发功能 TEN1 = 0
  DAC_InitType.DAC_WaveGeneration = DAC_WaveGeneration_None;            //不使用波形发生
  DAC_InitType.DAC_LFSRUnmask_TriangleAmplitude = DAC_LFSRUnmask_Bit0;  //屏蔽、幅值设置
  DAC_InitType.DAC_OutputBuffer = DAC_OutputBuffer_Disable ;            //DAC1 输出缓存关闭
  DAC_Init(DAC_Channel_1,&DAC_InitType);                               //初始化 DAC 通道 1

  DAC_Cmd(DAC_Channel_1, ENABLE);                             //使能 DAC 通道 1
  DAC_SetChannel1Data(DAC_Align_12b_R, 0);                    //12 位右对齐数据格式设置 DAC 值
}
```

在 dac.c 中设置 DAC 通道 1 输出电压,编写如下代码。代码中 vol 取值范围为 0~3300,代表 0~3.3V。

```
void Dac1_Set_Vol(u16 vol)
{
  double temp = vol;
  temp/ = 1000;
  temp = temp * 4096/3.3;
  DAC_SetChannel1Data(DAC_Align_12b_R,temp);          //12 位右对齐数据格式设置 DAC 值
}
```

在 main.c 中编写如下代码。用 WK_UP 和 KEY0 两个按键设置 DAC 的输出值,并在

串口打印出来,在计算机中用串口助手查看。

```c
# include "sys. h"
# include "key. h"
# include "dac. h"

int main(void)
{
    u16 adcx;
    float i = 1000;
    u8 key = 0;
    float temp;
    delay_init(168);                               //初始化延时,168 为 CPU 运行频率
    uart_init(115200);                             //串口初始化
    Dac1_Init();                                   //初始化 DAC1
    KEY_Init();                                     //初始化按键
    Dac1_Set_Vol(i);
    while(1)
    {
      key = KEY_Scan(0);
      if(key == 1)
      {
      i += 100;
      Dac1_Set_Vol(i);
      }
      if(key == 2)
      {
      i -= 100;
      Dac1_Set_Vol(i);
      }
      adcx = DAC_GetDataOutputValue(DAC_Channel_1);       //读取前面设置 DAC 的值
      temp = (float)adcx * (3.3/4096);
      //获取计算后的带小数的实际电压值,如 3.1111
      printf("DAC 输出电压为: % f   测量的电压值为: % f\r\n",i/1000,temp);
      delay_ms(1000);
    }
}
```

注: 本节实验例程源码可扫描"2.15 本章小结"中的二维码,见 2-7 DAC 实验。

将 STLink 与计算机连接在一起,确保硬件连接正确,按 F7 键进行编译,按 F8 键进行烧录。下载代码后,将 miniUSB 连接至主控板,打开计算机的串口助手,观察现象,如图 2.20 所示。

## 2.7.4　实验现象

按下 WK_UP 和 KEY0 两个按键可以设置 DAC 的输出值,在串口输出设定的电压值。实验现象可扫描下方二维码。

二维码 2.7　DAC 实验

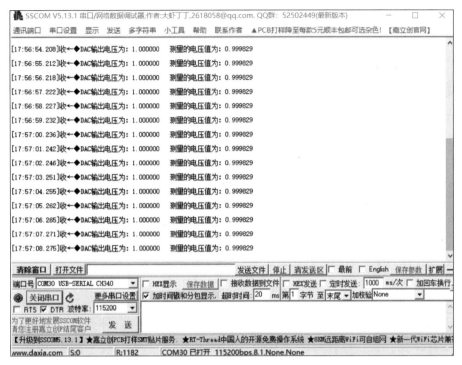

图 2.20　实验现象

## 2.7.5　作业

创建本实验工程,用 WK_UP 和 KEY0 两个按键设置 DAC 的输出值,并在串口打印出来,在计算机中用串口助手查看。

# 2.8　PWM 实验

### 实验目的

了解脉冲宽度调制(Pulse Width Modulation,PWM),输出占空比可变的 PWM 波,控制 LED 灯亮度,从而使 LED 灯不停由暗变亮,又从亮变暗。

## 2.8.1　PWM 原理

PWM 是一种对脉冲宽度进行数字输出的调制技术。如图 2.21 所示,当定时器工作在向上计数模式时,计数器的值 CNT 从零开始计数,每经过一个 CK_CNT 脉冲 CNT 增加 1。CCRx 为比较值,当 CNT 小于 CCRx 时,I/O 引脚输出低电平,当 CNT 大于或等于 CCRx 时,I/O 引脚输出高电平。当计数器的值 CNT 与自动重装载值 ARR 相等时,计数器从零开始计数,如此循环计数。由此可见,改变CCRx的值,就可以改变PWM的占空比,在时钟频率一定的情况下,改变ARR的值,就可以改变PWM周期。STM32F4除基本定时器外,高级定时器、通用定时器都可以用作PWM输出,如表2.9所示。

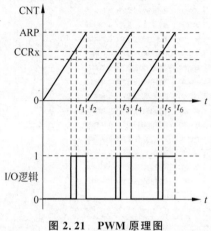

图2.21 PWM原理图

表2.9 STM32F4 定时器 PWM 输出

| 定时器种类 | 位数 | 计数器模式 | 应用场景 |
|---|---|---|---|
| 高级定时器(TIM1,TIM8) | 16 | 向上、向下、向上/下 | 可用于PWM输出 |
| 通用定时器(TIM2,TIM5) | 32 | 向上、向下、向上/下 | 可用于PWM输出 |
| 通用定时器(TIM3,TIM4) | 16 | 向上、向下、向上/下 | 可用于PWM输出 |
| 通用定时器(TIM9-TIM14) | 16 | 向上 | 可用于PWM输出 |
| 基本定时器(TIM6,TIM7) | 16 | 向上、向下、向上/下 | 主要应用于驱动DAC |

要使定时器产生PWM输出,需要用到捕获/比较模式寄存器(TIMx_CCMR1/2)、捕获/比较使能寄存器(TIMx_CCER)、捕获/比较寄存器(TIMx_CCR1~4)。

**1. 捕获/比较模式寄存器(TIMx_CCMR1/2)**

捕获/比较模式寄存器如图2.22所示,OCxM[2:0]位可以设置输出比较模式,PWM的输出模式有PWM1与PWM2。OCxM[2:0]位为110时,可以设置为PWM1。当处于PWM1时,只要TIMx_CNT<TIMx_CCRx,通道1便为有效电平,否则为无效电平。OCxM[2:0]位为111时,可以设置为PWM2。当处于PWM2时,只要TIMx_CNT<TIMx_CCRx,通道1便为无效电平,否则为有效电平。

| 15 | 14 | 13 | 12 | 11 | 10 | 9 | 8 | 7 | 6 | 5 | 4 | 3 | 2 | 1 | 0 |
|---|---|---|---|---|---|---|---|---|---|---|---|---|---|---|---|
| OC2CE | OC2M[2:0] | | | OC2PE | OC2FE | CC2S[1:0] | | OC1CE | OC1M[2:0] | | | OC1PE | OC1FE | CC1S[1:0] | |
| | IC2F[3:0] | | | IC2PSC[1:0] | | | | | IC1F[3:0] | | | IC1PSC[1:0] | | | |
| rw | rw | rw | rw | rw | rw | rw | rw | rw | rw | rw | rw | rw | rw | rw | rw |

图2.22 捕获/比较模式寄存器(TIMx_CCMR1)

表2.10为PWM模式,当计数器的值与比较寄存器CCRx值相等时,输出参考信号OCxREF的信号极性会改变,OCxREF=0输出无效电平,OCxREF=1输出有效电平。

表 2.10　PWM 模式

| 模式 | 计数器 CNT 计数方式 | 说　　明 |
|---|---|---|
| PWM1 | 向上计数 | CNT<CCR,通道 CH 为有效电平,否则为无效电平 |
| | 向下计数 | CNT>CCR,通道 CH 为无效电平,否则为有效电平 |
| PWM2 | 向上计数 | CNT<CCR,通道 CH 为无效电平,否则为有效电平 |
| | 向下计数 | CNT>CCR,通道 CH 为有效电平,否则为无效电平 |

**2. 捕获/比较使能寄存器(TIMx_CCER)**

捕获/比较使能寄存器的 CCxP 位设置通道 x 的输出极性,如图 2.23 所示。当此位为 0 时,高电平有效;当此位为 1 时,低电平有效。CCxE 位设置捕获/比较输出使能,此位为 0 时关闭,此位为 1 时开启,即在相应输出引脚上输出 OC1 信号。

| 15 | 14 | 13 | 12 | 11 | 10 | 9 | 8 | 7 | 6 | 5 | 4 | 3 | 2 | 1 | 0 |
|---|---|---|---|---|---|---|---|---|---|---|---|---|---|---|---|
| OC4NP | Res. | OC4P | OC4E | OC3NP | Res. | OC3P | OC3E | OC2NP | Res. | OC2P | OC2E | OCNP | Res. | OC1P | OC1E |
| rw | | rw | rw | rw | | rw | rw | rw | | rw | rw | rw | | rw | rw |

图 2.23　捕获/比较使能寄存器(TIM1_CCER)

**3. 捕获/比较寄存器(TIMx_CCR1～4)**

捕获/比较寄存器用于设置比较值,即 CCRx 要装载到实际捕获/比较寄存器的值。

## 2.8.2　硬件设计

如图 2.24 所示,本实验利用定时器 14 通道 1(TIM14_CH1)的 PWM 输出通道,实现对 LED0 的亮度调节,使 LED0 不停由暗变亮,又从亮变暗。引脚 PF9 可复用为定时器 14 通道 1,同时 LED0 也连接在 PF9 引脚上。因此,本实验所需外部硬件 LED0 与 PF9 引脚均在开发板上。

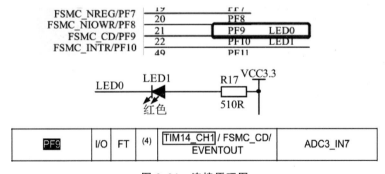

图 2.24　连接原理图

## 2.8.3　软件设计

打开工程,在 pwm.c 中编写代码如下。首先。开启 GPIOF9 复用映射功能,将 GPIOF9 复用为定时器 14。然后,设置定时器结构体的参数,初始化并使能定时器 14。这里配置定时器 14 与 2.4 节定时器中断实验配置相似。调用初始化函数 TIM_TimeBaseInit

（TIM14，&TIM_TimeBaseInitStructure），将设置的定时器 14 结构体变量信息传递给寄存器，完成初始化。并且设置 PWM 通道、输出比较模式、输出比较极性等。调用初始化函数 TIM_OC1Init（TIM14，&TIM_OCInitStructure），根据指定的参数初始化外设 TIM14OC1，完成初始化。最后，使能定时器 14 在 CCR1 上的预装载寄存器及 ARR 预装载寄存器。

```
/* TIM14 PWM 部分初始化
   PWM 输出初始化
   arr: 自动重装值
   psc: 时钟预分频数 */
void TIM14_PWM_Init(u32 arr,u32 psc)
    {
    GPIO_InitTypeDef GPIO_InitStructure;
    TIM_TimeBaseInitTypeDef TIM_TimeBaseStructure;
    TIM_OCInitTypeDef TIM_OCInitStructure;

    RCC_APB1PeriphClockCmd(RCC_APB1Periph_TIM14,ENABLE);        //TIM14 时钟使能
    RCC_AHB1PeriphClockCmd(RCC_AHB1Periph_GPIOF, ENABLE);       //使能 PORTF 时钟
    GPIO_PinAFConfig(GPIOF,GPIO_PinSource9,GPIO_AF_TIM14);      //GPIOF9 复用为定时器 14

    GPIO_InitStructure.GPIO_Pin = GPIO_Pin_9;                   //GPIOF9
    GPIO_InitStructure.GPIO_Mode = GPIO_Mode_AF;                //复用功能
    GPIO_InitStructure.GPIO_Speed = GPIO_Speed_100MHz;          //速率为 100MHz
    GPIO_InitStructure.GPIO_OType = GPIO_OType_PP;              //推挽复用输出
    GPIO_InitStructure.GPIO_PuPd = GPIO_PuPd_UP;                //上拉
    GPIO_Init(GPIOF,&GPIO_InitStructure);                       //初始化 PF9

    TIM_TimeBaseStructure.TIM_Prescaler = psc;                  //定时器分频
    TIM_TimeBaseStructure.TIM_CounterMode = TIM_CounterMode_Up; //向上计数模式
    TIM_TimeBaseStructure.TIM_Period = arr;                     //自动重装载值
    TIM_TimeBaseStructure.TIM_ClockDivision = TIM_CKD_DIV1;
    TIM_TimeBaseInit(TIM14,&TIM_TimeBaseStructure);             //初始化定时器 14

    /* 初始化 TIM14 Channel1 PWM 模式 */
    TIM_OCInitStructure.TIM_OCMode = TIM_OCMode_PWM1;
                                              //选择定时器模式:TIM 脉冲宽度调制模式 2
    TIM_OCInitStructure.TIM_OutputState = TIM_OutputState_Enable;   //比较输出使能
    TIM_OCInitStructure.TIM_OCPolarity = TIM_OCPolarity_Low;
                                              //输出极性:TIM 输出比较极性低
    TIM_OC1Init(TIM14, &TIM_OCInitStructure);      //根据指定的参数初始化外设 TIM1 4OC1
    TIM_OC1PreloadConfig(TIM14, TIM_OCPreload_Enable);
                                              //使能 TIM14 在 CCR1 上的预装载寄存器

    TIM_ARRPreloadConfig(TIM14,ENABLE);            //使能 ARPE
    TIM_Cmd(TIM14, ENABLE);                        //使能 TIM14
    }
```

在 main.c 中编写如下代码，在 while 循环中不断计数，改变 PWM 的值，使灯逐渐由亮到灭或者由灭到亮。

```c
# include "sys.h"
# include "pwm.h"

int main(void)
{
    u16 led0pwmval = 0;                    //计数值
    u8 dir = 1;                            //递增还是递减
    delay_init(168);                       //初始化延时,168 为 CPU 运行频率
    TIM14_PWM_Init(500 - 1, 84 - 1);
    //84MHz/84 = 1MHz 的计数频率,重装载值为 500,所以 PWM 频率为 1MHz/500 = 2kHz
    while(1)
    {
        delay_ms(10);
        if(dir)led0pwmval++;               //dir == 1,led0pwmval 递增
        else led0pwmval -- ;               //dir == 0,led0pwmval 递减
        if(led0pwmval > 300)dir = 0;       //led0pwmval 到达 300 后,方向为递减
        if(led0pwmval == 0)dir = 1;        //led0pwmval 递减到 0 后,方向改为递增

        TIM_SetCompare1(TIM14, led0pwmval);  //修改比较值,修改占空比
    }
}
```

**注**：本节实验例程源码可扫描"2.15 本章小结"中的二维码,见 2-8PWM 实验。

将 STLink 与计算机连接在一起,确保硬件连接正确,按 F7 键进行编译,按 F8 键进行烧录。烧录完成后拔掉 STLink,用 miniUSB 给 STM32 开发板供电,观察 LED0 现象。

## 2.8.4 实验现象

LED 不停地由暗变亮,又从亮变暗。实验现象可扫描下方二维码。

二维码 2.8 PWM 实验

## 2.8.5 作业

尝试更改程序,将呼吸灯的最大亮度变低。

# 2.9 IIC 通信实验

### 实验目的

了解 IIC 通信,通过 IIC 通信在 OLED 屏幕显示字符。

## 2.9.1　IIC 总线简介

IIC(Inter-Integrated Circuit)协议是由 PHILIPS 公司开发的,由数据线 SDA 和时钟线 SCL 构成的两线式串行总线,现在多被用于连接微控制器及其外围设备,可以在 CPU 与被控 IC 之间、IC 与 IC 之间双向发送和接收数据,快速模式下 IIC 总线速率一般可达 400kb/s 以上。

IIC 协议在传送数据过程中规定了开始信号、结束信号、数据有效性、应答信号等。

空闲状态:当 IIC 总线的数据线 SDA 和时钟线 SCL 同时处在高电平时为 IIC 总线的空闲状态。

开始信号:时钟线 SCL 为高电平时,数据线 SDA 为由高电平向低电平跳变,表示通信起始。

结束信号:时钟线 SCL 为高电平时,数据线 SDA 为由低电平向高电平跳变,表示通信停止。

数据有效性:IIC 总线使用 SDA 进行数据传输时,时钟线 SCL 在高电平期间,数据线 SDA 开始传输数据,只有在此时数据才是有效的。在时钟线 SCL 信号为低电平期间,数据线 SDA 传输的数据无效,此时数据线 SDA 可以变化为高电平或低电平状态。

应答信号:在数据接收端接收到一个字节的数据后,数据发送端在第 9 个时钟脉冲期间释放数据线 SDA,接收端向发送端反馈一个应答信号,表示已收到数据。当收到应答信号为低电平时,为有效应答位(应答位简称 ACK),表示接收端已经成功地接收了该字节,CPU 接收到应答信号后,将判断是否继续传递信号;当收到应答信号为高电平时,为非应答位(NACK),表示接收端没有成功接收该字节。

有效的应答位 ACK 要求接收端在第 9 个时钟脉冲前的低电平期间,拉低 SDA 数据线,且数据线需要在时钟线的高电平期间保持稳定的低电平。若主控器作为接收端,则需要在接收到最后一个字节后发送一个 NACK 信号,通知发送端结束接收,同时释放 SDA 线,发送端接收停止信号。

在 IIC 的信号中,必须有起始信号,结束信号和应答信号可以没有。IIC 总线时序图如图 2.25 所示。

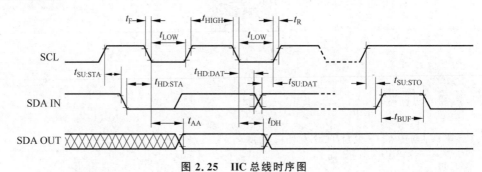

图 2.25　IIC 总线时序图

## 2.9.2　硬件设计

### 1. STM32F4 IIC 引脚原理

如图 2.26 所示,本实验使用 STM32F4 的 PB8、PB9 引脚,作为 IIC 总线的 SCL 时钟线与 SDA 数据线。STM32F4 虽然带有 IIC 总线接口,但本实验不使用 STM32F4 的硬件 IIC

而是通过软件模拟。用软件模拟 IIC 可以方便移植,只使用单片机的任意 I/O 端口,即可快速将代码移植过去,兼容所有 MCU。而硬件 IIC 需要特定的 I/O 端口,对于不同的 MCU,需要不同的代码。

| PB8 | 139 | PB8/TIM4_CH3/I2C1_SCL/DCMI_D6 |
| PB9 | 140 | PB9/TIM4_CH4/I2C1_SDA/DCMI_D7/I2S2_WS |

图 2.26　STM32F4 IIC 引脚原理图

## 2. BigFish 扩展板

为方便接线,此实验使用 BigFish 扩展板。BigFish 扩展板如图 2.27 所示。

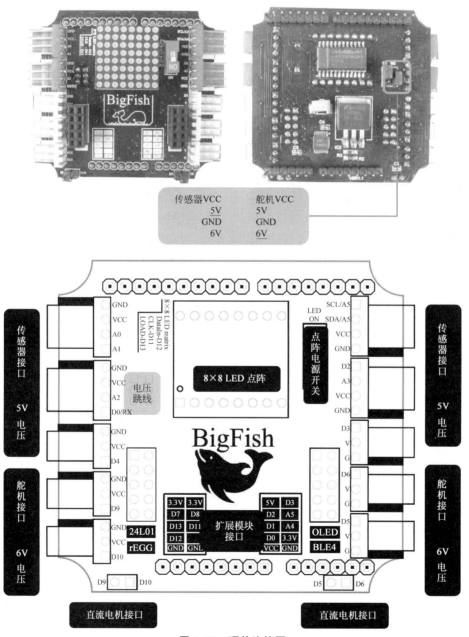

图 2.27　硬件连接图

BigFish 扩展板与 STM32 主控板引脚对照如表 2.11 所示。

表 2.11　引脚对照表

| BigFish 扩展板 | STM32 主控板 | BigFish 扩展板 | STM32 主控板 |
| --- | --- | --- | --- |
| A0 | PC0 | D10 | SS：PB7 |
| A1 | PC1 | D9 | PWM：PC8 |
| A2 | PC2 | D8 | PWM：PC9 |
| A3 | PC3 | D7 | GPIO：PE1 |
| A4 | PA0 | D6 | PWM：PD14 |
| A5 | PA1 | D5 | PWM：PD15 |
| SCL | PB8 | D4 | GPIO：PE0 |
| SDA | PB9 | D3 | PWM：PE5 |
| D13 | LED/SCK：PB3 | D2 | PWM：PE6 |
| D12 | MISO：PB4 | TX | PA9 |
| D11 | MOSI：PB5 | RX | PA10 |

本实验采用的硬件设备为 STM32 主控板、BigFish 扩展板、OLED 模块。STM32 主控板与扩展板、OLED 模块连接如图 2.28 所示。

图 2.28　硬件连接图

## 2.9.3　软件设计

打开工程,在 oled.h 文件中编写如下代码。设置 PB8 端口为时钟线 SCL,设置 PB9 端口为数据线 SDA,该部分代码分别封装了 SCL、SDA 的低电平、高电平操作,设置了 IIC_SDA 接口输出模式 IIC_SDA_Out()与输入模式 IIC_SDA_In()。

```
/* ----------------- OLED IIC 端口定义 ----------------- */
# define OLED_SCLK_Clr() GPIO_ResetBits(GPIOB,GPIO_Pin_8)          //SCL
# define OLED_SCLK_Set() GPIO_SetBits(GPIOB,GPIO_Pin_8)
# define OLED_SDIN_Clr() GPIO_ResetBits(GPIOB,GPIO_Pin_9)          //SDA
# define OLED_SDIN_Set() GPIO_SetBits(GPIOB,GPIO_Pin_9)
# define OLED_IIC_SDA_Read() GPIO_ReadInputDataBit(GPIOB,GPIO_Pin_9)
# define OLED_IIC_SDA_Out() {GPIOA->MODER& = ~(3<<(9*2));GPIOA->MODER| = 1<<(9*2);}
                                                                   //PB9 输出模式
# define OLED_IIC_SDA_In(){GPIOA->MODER& = ~(3<<(9*2));GPIOA->MODER| = 0<<(9*2);}
                                                                   //PB9 输入模式
```

在 oled.c 文件中编写如下代码。本段代码实现 IIC I/O 端口的初始化，实现了 IIC 的多种信号包括开始信号、停止信号、应答信号以及 IIC 读写等功能。当需要通过 IIC 和外部器件通信时，只需调用相关 IIC 函数即可，该段代码可以用在任何 IIC 设备上。

```
void OLED_IIC_Delay(unsigned int t)
{
    int i;
    for( i = 0; i < t; i++)
    {
        int a = 6;    //6
        while(a--);
    }
}
/ ***********************************************
IIC 起始信号程序实现
*********************************************** /
void OLED_IIC_Start()
{
    OLED_SDIN_Set();                //GPIO_SetBits(GPIOB,GPIO_Pin_9) ),SDA 置高电平
    OLED_SCLK_Set();                //GPIO_SetBits(GPIOB,GPIO_Pin_8),SCL 置高电平
    OLED_IIC_Delay(1);
    OLED_SDIN_Clr();                //GPIO_ResetBits(GPIOB,GPIO_Pin_9),SDA 置低电平
                                    //当 CLK 为高时,SDA 由高变为低
    OLED_IIC_Delay(1);
    OLED_SCLK_Clr();                //GPIO_ResetBits(GPIOB,GPIO_Pin_8),SCL 置低电平,准备
                                    //发送或接收数据

}
/ ***********************************************
/IIC 终止信号程序实现
*********************************************** /
void OLED_IIC_Stop()
{
    OLED_SCLK_Clr();                //GPIO_ResetBits(GPIOB,GPIO_Pin_8),SCL 置低电平
    OLED_SDIN_Clr();                //GPIO_ResetBits(GPIOB,GPIO_Pin_9),SDA 置低电平
    OLED_IIC_Delay(1);
    OLED_SCLK_Set();                //GPIO_SetBits(GPIOB,GPIO_Pin_8),SCL 置高电平
    OLED_SDIN_Set();                //GPIO_SetBits(GPIOB,GPIO_Pin_9),SDA 置高电平
                                    //当 SCL 为高时,SDA 由低到高跳变
    OLED_IIC_Delay(1);
}
/ ***********************************************
/IIC 等待应答信号到来的程序实现
*********************************************** /

int OLED_IIC_Wait_Ack()
{
    u16 Out_Time = 1000;
    OLED_SDIN_Set();                //GPIO_SetBits(GPIOB,GPIO_Pin_9),SDA 置高电平
```

```
    OLED_IIC_SDA_In();                  //PC9 输入模式
    OLED_IIC_Delay(1);
    OLED_SCLK_Set();                    //GPIO_SetBits(GPIOB,GPIO_Pin_8),SCL 置高电平
    OLED_IIC_Delay(1);
    while(OLED_IIC_SDA_Read())
    {
        if( -- Out_Time)
        {
            OLED_IIC_Stop();
            return 0xff;                //接收应答失败,返回 0xff
        }
    }
    OLED_SCLK_Clr();                    //GPIO_ResetBits(GPIOB,GPIO_Pin_8),SCL 置低电平
    OLED_IIC_SDA_Out();                 //PC9 输出模式
    return 0;                           //接收应答成功,返回 0
}
/***********************************************
IIC 写字节
*********************************************** /
void OLED_Write_IIC_Byte(unsigned char IIC_Byte)
{
    u8 i;
    OLED_SCLK_Clr();

    for(i = 0; i < 8; i++)
    {
        if(IIC_Byte&0x80)
        {
            OLED_SDIN_Set();
        }
        else
        {
            OLED_SDIN_Clr();
        }
        IIC_Byte << = 1;
        OLED_IIC_Delay(1);
        OLED_SCLK_Set();
        OLED_IIC_Delay(1);
        OLED_SCLK_Clr();
    }
}
/***********************************************
IIC 写命令
*********************************************** /
void OLED_Write_IIC_Command(unsigned char IIC_Command)
{
    OLED_IIC_Start();
    OLED_Write_IIC_Byte(0x78);          //从机地址,SA0 = 0
    OLED_IIC_Wait_Ack();
    OLED_Write_IIC_Byte(0x00);          //写命令
```

```
    OLED_IIC_Wait_Ack();
    OLED_Write_IIC_Byte(IIC_Command);
    OLED_IIC_Wait_Ack();
    OLED_IIC_Stop();
}
/ ***************************************
IIC写数据
*************************************** /
void OLED_Write_IIC_Data(unsigned char IIC_Data)
{
    OLED_IIC_Start();
    OLED_Write_IIC_Byte(0x78);              //D/C# = 0; R/W# = 0
    OLED_IIC_Wait_Ack();
    OLED_Write_IIC_Byte(0x40);              //写数据
    OLED_IIC_Wait_Ack();
    OLED_Write_IIC_Byte(IIC_Data);
    OLED_IIC_Wait_Ack();
    OLED_IIC_Stop();
}
void OLED_WR_Byte(unsigned dat,unsigned cmd)
{
    if(cmd)
    {
        OLED_Write_IIC_Data(dat);
    }
    else {
        OLED_Write_IIC_Command(dat);
    }
}
```

在 main. c 中编写如下代码。主函数实现在 OLED 屏幕的指定位置显示一个字符。

```
# include "sys. h"
# include "oled. h"

int main(void)
{
    delay_init(168);                    //初始化延时,168 为 CPU 运行频率
    OLED_Init(0);                       //初始化 OLED,0: 正向显示; 1: 反向显示
    while(1)
    {
        OLED_ShowString(0,0,"IIC TEST",16);
    }

}
```

**注**：本节实验例程源码可扫描"2.15 本章小结"中的二维码,见 2-9 IIC 通信实验。

将 STLink 与计算机连接在一起,确保硬件连接正确,按 F7 键进行编译,按 F8 键进行烧录。烧录完成后拔掉 STLink,插上 BigFish 扩展板和 OLED 屏幕,用 miniUSB 给

STM32 开发板供电,观察 OLED 屏幕现象。

### 2.9.4　实验现象

如图 2.29 所示,OLED 屏幕上显示 IIC TEST 字样。实验现象可扫描下方二维码。

二维码 2.9　IIC 通信实验

图 2.29　实验现象

### 2.9.5　作业

创建本实验工程,通过 IIC 通信使 OLED 屏幕显示字符。

## 2.10　OLED 屏幕显示实验

**实验目的**

了解 OLED 显示屏幕,在 OLED 屏幕显示中文字符。

### 2.10.1　OLED 简介

有机发光二极管(Organic Light-Emitting Diode,OLED)又称为有机电激光显示(Organic Electroluminesence Display,OELD),被称为下一代新兴平面显示器应用技术。OLED 是自发光的显示器,相比于 LCD 效果更好。它具有无须背光源、高对比度、厚度薄、视角广、反应速度快、可用于挠曲性面板、使用温度范围大、构造及制程较简单等特点,可应用于互动媒体设计、改装玩具、教育行业方案快速成型、DIY 电子等领域。

本实验采用 IIC 通信方式驱动 SSD1306 芯片,再由芯片驱动 OLED 屏幕。SSD1306 芯片的显存总共为 128×64b,SSD1306 芯片将这些显存分为 8 页。每页包含 128 字节,点阵大小为 128×64(见表 2.12)。

表 2.12　SSD1306 芯片显存点阵

| 行 | 列(COL 0～127) | | | | | | |
|---|---|---|---|---|---|---|---|
| | SEG0 | SEG1 | SEG2 | ··· | SEG125 | SEG126 | SEG127 |
| COM 0～63 | PAGE0 | | | | | | |
| | PAGE1 | | | | | | |
| | PAGE2 | | | | | | |
| | PAGE3 | | | | | | |
| | PAGE4 | | | | | | |
| | PAGE5 | | | | | | |
| | PAGE6 | | | | | | |
| | PAGE7 | | | | | | |

OLED 模块参数如表 2.13 所示。该模块与 5.0V 接口不兼容,在使用时一定要小心,不要直接接到 5V 系统,否则可能烧坏模块。

表 2.13　OLED 模块参数

| 工作电压 | 3.3V |
|---|---|
| 显示颜色 | 白色 |
| 像素个数 | 128 列×64 行 |
| 接口方式 | IIC |
| 工作温度 | −30～+70℃ |
| 显示面积 | 21.744×10.864(mm²) |

SSD1306 芯片的常用命令如表 2.14 所示。

命令 0X81 用于设置对比度。设置对比度时,命令 0X81 后面会加上对比度值,值越大屏幕越亮。命令 0XAE/0XAF:0XAE 为关闭显示命令;0XAF 为开启显示命令。命令 0X8D 用于设置电荷泵的开关状态。设置电荷泵的开关状态时,命令 0X8D 后面会加上设置值。设置值字节 A2 位表示电荷泵开关状态:A2=1,开启电荷泵;A2=0,关闭电荷泵。在模块初始化时,必须要开启电荷泵,否则看不到屏幕显示。命令 0XB0～B7 用于设置页地址,其低 3 位的值对应 GRAM 的页地址。命令 0X00～0X0F 用于设置显示时起始列地址低 4 位。命令 0X10～0X1F 用于设置显示时起始列地址高 4 位。

表 2.14　SSD1306 芯片的常用命令

| 序号 | 指令 | 各位描述 | | | | | | | | 命　令 | 说　明 |
|---|---|---|---|---|---|---|---|---|---|---|---|
| | HEX | D7 | D6 | D5 | D4 | D3 | D2 | D1 | D0 | | |
| 0 | 81 | 1 | 0 | 0 | 0 | 0 | 0 | 0 | 1 | 设置对比度 | A 的值越大,屏幕越亮。A 的范围为 0X00～0XFF |
| | A[7:0] | A7 | A6 | A5 | A4 | A3 | A2 | A1 | A0 | | |
| 1 | AE/AF | 1 | 0 | 1 | 0 | 1 | 1 | 1 | X0 | 设置显示开关 | X0=0,关闭显示 X0=1,开启显示 |
| 2 | 8D | 1 | 0 | 0 | 0 | 1 | 1 | 0 | 1 | 电荷泵设置 | A2=0,关闭电荷泵 A2=1,开启电荷泵 |
| | A[7:0] | * | * | 0 | 1 | 0 | A2 | 0 | 0 | | |

| 序号 | 指令 | 各位描述 | | | | | | | | 命　令 | 说　明 |
|---|---|---|---|---|---|---|---|---|---|---|---|
| | HEX | D7 | D6 | D5 | D4 | D3 | D2 | D1 | D0 | | |
| 3 | B0～B7 | 1 | 0 | 1 | 1 | 0 | X2 | X1 | X0 | 设置页地址 | X[2:0]＝0～7,对应页0～7 |
| 4 | 00～0F | 0 | 0 | 0 | 0 | X3 | X2 | X1 | X0 | 设置列地址低4位 | 设置8位起始列地址的低4位 |
| 5 | 10～1F | 1 | 0 | 0 | 0 | X3 | X2 | X1 | X0 | 设置列地址高4位 | 设置8位起始列地址的高4位 |

## 2.10.2　硬件设计

如图 2.30 所示,本实验使用的 OLED 模块引脚从左至右依次为：GND；VCC,逻辑电压 5V；SDA/A4,IIC 数据输入引脚；SCL/A5,IIC 时钟输入引脚。

本实验采用的硬件设备为 STM32 主控板、BigFish 扩展板、OLED 模块。STM32 主控板与扩展板、OLED 模块连接如图 2.31 所示。

图 2.30　实物图片

图 2.31　硬件连接图

## 2.10.3　软件设计

结合 IIC 通信代码,在 oled.h 中封装如下函数。

```
/ * OLED 控制用函数 * /
void OLED_WR_Byte(unsigned dat,unsigned cmd);
void OLED_Display_On(void);
void OLED_Display_Off(void);
void OLED_Init(u8 x);
void OLED_Clear(void);
void OLED_DrawPoint(uint8_t x,u8 y,u8 t);
```

```
void OLED_Fill(u8 x1,u8 y1,u8 x2,u8 y2,u8 dot);
void OLED_ShowChar(u8 x,u8 y,u8 chr,u8 Char_Size);
void OLED_ShowNum(u8 x,u8 y,u32 num,u8 len,u8 size);
void OLED_ShowString(unsigned char x,unsigned char y, unsigned char * p,unsigned char Char_
Size);
void OLED_Set_Pos(unsigned char x, unsigned char y);
void OLED_ShowCHinese(u8 x,u8 y,u8 no);
void OLED_DrawBMP(unsigned char x0, unsigned char y0, unsigned char x1, unsigned char y1,
unsigned char BMP[]);
void Delay_50ms(unsigned int Del_50ms);
void Delay_1ms(unsigned int Del_1ms);
void fill_picture(unsigned char fill_Data);
void Picture(void);
void OLED_IIC_Start(void);
void OLED_IIC_Stop(void);
void OLED_Write_IIC_Command(unsigned char IIC_Command);
void OLED_Write_IIC_Data(unsigned char IIC_Data);
void OLED_Write_IIC_Byte(unsigned char IIC_Byte);
void OLED_ShowCHinese(u8 x,u8 y,u8 no);
int OLED_IIC_Wait_Ack(void);
void show1(void * param);
void show2(void * param);
```

结合 IIC 通信代码,在 oled.c 中编写如下 OLED 显示代码。

```
/ * fill_Picture8 * /
 ********************************************* /
void fill_picture(unsigned char fill_Data)
{
    unsigned char m,n;
    for(m = 0;m < 8;m++)
    {
        OLED_WR_Byte(0xb0 + m,0);          //第 0 项 - 第 1 页
        OLED_WR_Byte(0x00,0);              //起始列低地址
        OLED_WR_Byte(0x10,0);              //起始列高地址
        for(n = 0;n < 128;n++)
            {
                OLED_WR_Byte(fill_Data,1);
            }
    }
}


/ * 坐标设置 * /
void OLED_Set_Pos(unsigned char x, unsigned char y)
{   OLED_WR_Byte(0xb0 + y,OLED_CMD);
    OLED_WR_Byte(((x&0xf0)>> 4)|0x10,OLED_CMD);
    OLED_WR_Byte((x&0x0f),OLED_CMD);
}
/ * 开启 OLED 显示 * /
```

```
void OLED_Display_On(void)
{
    OLED_WR_Byte(0X8D,OLED_CMD);                //SET DCDC 命令
    OLED_WR_Byte(0X14,OLED_CMD);                //DCDC ON
    OLED_WR_Byte(0XAF,OLED_CMD);                //DISPLAY ON
}
/* 关闭 OLED 显示 */
void OLED_Display_Off(void)
{
    OLED_WR_Byte(0X8D,OLED_CMD);                //SET DCDC 命令
    OLED_WR_Byte(0X10,OLED_CMD);                //DCDC OFF
    OLED_WR_Byte(0XAE,OLED_CMD);                //DISPLAY OFF
}
/* 清屏函数,清完屏,整个屏幕是黑色的!和没点亮一样!!! */
void OLED_Clear(void)
{
    u8 i,n;
    for(i = 0;i < 8;i++)
    {
        OLED_WR_Byte (0xb0 + i,OLED_CMD);       //设置页地址(0～7)
        OLED_WR_Byte (0x00,OLED_CMD);           //设置显示位置——列低地址
        OLED_WR_Byte (0x10,OLED_CMD);           //设置显示位置——列高地址
        for(n = 0;n < 128;n++)OLED_WR_Byte(0,OLED_DATA);
    }   //更新显示
}
void OLED_On(void)
{
    u8 i,n;
    for(i = 0;i < 8;i++)
    {
        OLED_WR_Byte (0xb0 + i,OLED_CMD);       //设置页地址(0～7)
        OLED_WR_Byte (0x00,OLED_CMD);           //设置显示位置——列低地址
        OLED_WR_Byte (0x10,OLED_CMD);           //设置显示位置——列高地址
        for(n = 0;n < 128;n++)OLED_WR_Byte(1,OLED_DATA);
    }   //更新显示
}

/* 在指定位置显示一个字符,包括部分字符
 x:0～127
 y:0～63
 mode:0,反白显示;1,正常显示
 size:选择字体 16/12 */
void OLED_ShowChar(u8 x,u8 y,u8 chr,u8 Char_Size)
{
    unsigned char c = 0,i = 0;
    c = chr - ' ';                              //得到偏移后的值
    if(x > Max_Column - 1){x = 0;y = y + 2;}
    if(Char_Size == 16)
    {
        OLED_Set_Pos(x,y);
```

```
        for(i = 0;i < 8;i++)
            OLED_WR_Byte(F8X16[c * 16 + i],OLED_DATA);
        OLED_Set_Pos(x,y + 1);
        for(i = 0;i < 8;i++)
            OLED_WR_Byte(F8X16[c * 16 + i + 8],OLED_DATA);
    }
    else
    {
        OLED_Set_Pos(x,y);
        for(i = 0;i < 6;i++)
            OLED_WR_Byte(F6x8[c][i],OLED_DATA);
    }
}
/* m^n 函数 */
u32 oled_pow(u8 m,u8 n)
{
    u32 result = 1;
    while(n-- )result * = m;
    return result;
}


/* 显示数字
  x,y :起点坐标
  len :数字的位数
  size:字体大小
  自动清除多余位
  num:数值(0~4294967295); */
void OLED_ShowNum(u8 x,u8 y,u32 num,u8 len,u8 size2)
{
    unsigned char t,temp;
    unsigned char enshow = 0;
    unsigned char num_len = 0;
    unsigned long j = 1;
    for(t = 1;j!= 0;t++)                    //计算数字位数
    {
        j = num/oled_pow(10,t);
        num_len++;
    }

    for(t = 0;t < num_len;t++)
    {
        temp = (num/oled_pow(10,num_len - t - 1)) % 10;
        if(enshow == 0&&t <(num_len - 1))
        {
            if(temp == 0)
            {
                OLED_ShowChar(x + (size2/2) * t,y,' ',size2);
                continue;
            }else enshow = 1;
```

```
        }
        OLED_ShowChar(x + (size2/2) * t, y, temp + '0', size2);
    }


    for(t = num_len; t < len; t++)          //用空格填充多余位
    {
        OLED_ShowChar(x + (size2/2) * t, y, ' ', size2);
    }
}
/ * 显示一个字符号串 * /
void OLED_ShowString(unsigned char x, unsigned char y, unsigned char * chr, unsigned char Char_
Size)
{
    unsigned char j = 0;
    while (chr[j]!= '\0')
    {
        OLED_ShowChar(x, y, chr[j], Char_Size);
            x += 8;
        if(x > 120){x = 0; y += 2;}
            j++;
    }
}


/ * 显示汉字 * /
void OLED_ShowCHinese(u8 x, u8 y, u8 no)
{
    u8 t, adder = 0;
    OLED_Set_Pos(x, y);
    for(t = 0; t < 16; t++)
        {
                OLED_WR_Byte(Hzk[2 * no][t], OLED_DATA);
                adder += 1;
        }
        OLED_Set_Pos(x, y + 1);
    for(t = 0; t < 16; t++)
        {
                OLED_WR_Byte(Hzk[2 * no + 1][t], OLED_DATA);
                adder += 1;
        }
}
/ *********** 功能描述: 显示 BMP 图片 128×64 起始点坐标(x, y), x 的范围为 0～127, y 为页的
范围, 为 0～7 ***************** /
void OLED_DrawBMP(unsigned char x0, unsigned char y0, unsigned char x1, unsigned char y1,
unsigned char BMP[])
{
unsigned int j = 0;
unsigned char x, y;

  if(y1 % 8 == 0) y = y1/8;
  else y = y1/8 + 1;
```

```
        for(y = y0;y < y1;y++)
        {
            OLED_Set_Pos(x0,y);
        for(x = x0;x < x1;x++)
            {
                OLED_WR_Byte(BMP[j++],OLED_DATA);
            }
        }
}
```

在 oled.c 中编写 OLED 初始化代码。OLED 初始化过程如图 2.32 所示。

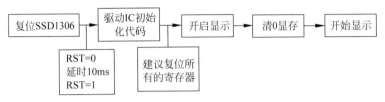

**图 2.32　OLED 初始化过程**

```
/ * 初始化 SSD1306 * /
void OLED_Init(u8 x)
{
    GPIO_InitTypeDef GPIO_InitStructure;
    RCC_AHB1PeriphClockCmd(RCC_AHB1Periph_GPIOB,ENABLE);       //使能 GPIOB 时钟

    GPIO_InitStructure.GPIO_Pin = GPIO_Pin_8|GPIO_Pin_9;
    GPIO_InitStructure.GPIO_Speed = GPIO_Speed_100MHz;
    GPIO_InitStructure.GPIO_OType = GPIO_OType_PP;             //推挽复用输出
    GPIO_InitStructure.GPIO_Mode = GPIO_Mode_OUT;
    GPIO_Init(GPIOB, &GPIO_InitStructure);

    GPIO_SetBits(GPIOB,GPIO_Pin_8);
    GPIO_SetBits(GPIOB,GPIO_Pin_9);

    OLED_IIC_Delay(200);
    OLED_WR_Byte(0xAE,OLED_CMD);                               //显示关闭
    OLED_WR_Byte(0x00,OLED_CMD);                               //设置列低地址
    OLED_WR_Byte(0x10,OLED_CMD);                               //设置列高地址
    OLED_WR_Byte(0x40,OLED_CMD);                               //设置开始
    OLED_WR_Byte(0xB0,OLED_CMD);                               //设置页地址
    OLED_WR_Byte(0x81,OLED_CMD);                               //设置对比度
    OLED_WR_Byte(0xFF,OLED_CMD);                               // -- 128
    if(x == 0)
    {
        OLED_WR_Byte(0xA1,OLED_CMD);                           //x 轴反置
        OLED_WR_Byte(0xC8,OLED_CMD);                           //y 轴反置
    }else {
            OLED_WR_Byte(0xA0,OLED_CMD);                       //x 轴正置
            OLED_WR_Byte(0xc0,OLED_CMD);                       //y 轴正置
            }
```

```
OLED_WR_Byte(0xA6,OLED_CMD);                    //设置正常显示
OLED_WR_Byte(0xA8,OLED_CMD);                    //设置多路复用率(1～64)
OLED_WR_Byte(0x3F,OLED_CMD);                    //
OLED_WR_Byte(0xD3,OLED_CMD);                    //设置显示偏移量
OLED_WR_Byte(0x00,OLED_CMD);                    //

OLED_WR_Byte(0xD5,OLED_CMD);                    //设置振荡分频
OLED_WR_Byte(0x80,OLED_CMD);                    //

OLED_WR_Byte(0xD8,OLED_CMD);                    //设置区域颜色模式关闭
OLED_WR_Byte(0x05,OLED_CMD);                    //

OLED_WR_Byte(0xD9,OLED_CMD);                    //设置预充电周期
OLED_WR_Byte(0xF1,OLED_CMD);                    //

OLED_WR_Byte(0xDA,OLED_CMD);                    //设置 COM 引脚硬件配置
OLED_WR_Byte(0x12,OLED_CMD);                    //

OLED_WR_Byte(0xDB,OLED_CMD);                    //设置 Vcomh 取消选择级别
OLED_WR_Byte(0x30,OLED_CMD);                    //

OLED_WR_Byte(0x8D,OLED_CMD);                    //设置电荷泵使能
OLED_WR_Byte(0x14,OLED_CMD);                    //

OLED_WR_Byte(0xAF,OLED_CMD);                    //开启 OLED 通道

OLED_Clear();
}
```

实现汉字显示需要进行取模,应先安装取模软件。

安装好取模软件之后,按图 2.33 与图 2.34 所示设置取模软件。

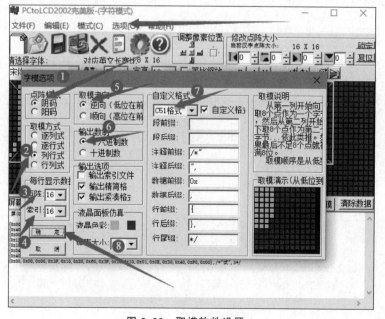

图 2.33　取模软件设置 1

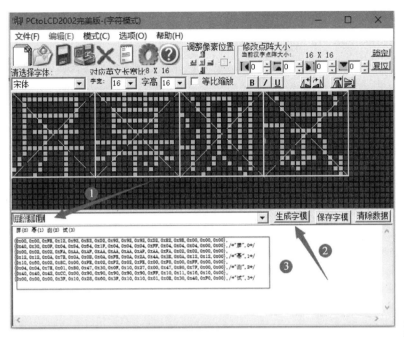

**图 2.34　取模软件设置 2**

回到工程文件中,在 main.c 中编写如下代码。

```
#include "sys.h"
#include "oled.h"
int main(void)
{
    delay_init(168);                    //初始化延时,168 为 CPU 运行频率
    OLED_Init(0);                       //初始化 OLED,正向显示(0/1)
    while(1)
    {
        OLED_ShowString(0,0,"OLED TEST",16);
        OLED_ShowCHinese(0,2,0);
        OLED_ShowCHinese(16,2,1);
        OLED_ShowCHinese(32,2,2);
        OLED_ShowCHinese(48,2,3);
    }

}
```

**注**:本节实验例程源码可扫描"2.15 本章小结"中的二维码,见 2-10 OLED 屏幕显示实验。

把在取模软件中生成的字库复制到 oledfont.h 中,如图 2.35 所示。

将 STLink 与计算机连接在一起,确保硬件连接正确,按 F7 键进行编译,按 F8 键进行烧录。烧录完成后拔掉 STLink,插上 BigFish 扩展板和 OLED 屏幕,用 miniUSB 给 STM32 开发板供电,观察 OLED 屏幕现象。

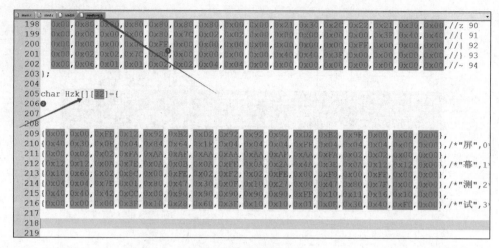

图 2.35　oledfont. h

## 2.10.4　实验现象

OLED 屏幕上显示中文字符。实验现象可扫描下方二维码。

二维码 2.10　OLED 屏幕显示实验

## 2.10.5　作业

尝试更改程序,让 OLED 屏幕显示其他文字。

# 2.11　RTC 时钟实验

### 实验目的

了解 RTC(实时时钟),在 OLED 屏幕显示年、月、日及时间。

## 2.11.1　RTC 时钟简介

STM32F4 的 RTC 主要包含日历、可编程闹钟、唤醒 3 部分功能。日历功能有两个 32 位时间寄存器,既可以输出秒、分钟、小时(12 或 24 小时制)、星期、日期、月份和年份,又可以自动区分 28、29、30 和 31 天月份天数,还可以按照夏令时计时。

RTC 包含用于管理低功耗模式的自动唤醒单元。在后备区域有 RTC 模块和时钟配置,RTC 在后备区域(BKP)供电正常时一直运行,可以在系统复位或从待机模式唤醒后保持 RTC 设置和时间不变。为防止对后备区域的意外写操作,系统复位后将自动禁止访问后备寄存器和 RTC。所以在设置时间之前,先要取消备份区域写保护。

**1. 时钟源**

RTC 时钟源 RTCCLK 可以从 LSE 时钟、LSI 时钟以及 HSE_RTC 时钟三者中通过 RCC_BDCR 寄存器选择。通常选择 LSE,由外部 32.768kHz 晶振作为时钟源(RTCCLK)提供,是 RTC 时钟的首要选择。LSI 时钟由芯片内部 30kHz 晶体提供,精度较低,一般不建议使用。HSE_RTC 由 HSE 分频得到,最高可达 4MHz,应用较少。

**2. RTC 和日历时间**

RTC 中日历时间寄存器(RTC_TR)用于存储和设置时间,日期寄存器(RTC_DR)用于储存和设置日期,如图 2.36、图 2.37 所示。时间和日期寄存器可以直接访问,当读取日历寄存器时,也可以通过 PCLK1(APB1 时钟)同步的影子寄存器来访问,这种方式增加了等待同步的持续时间。每隔 2 个 RTCCLK 周期,影子寄存器复制当前日历值,RTC_ISR 寄存器的 RSF 位置位。读取 RTC_TR 和 RTC_DR 可以得到 BCD 码格式的当前时间和日期信息,将 BCD 码转换为十进制数据,可以得到当前时间和日期。

| 31 | 30 | 29 | 28 | 27 | 26 | 25 | 24 | 23 | 22 | 21 | 20 | 19 | 18 | 17 | 16 |
|----|----|----|----|----|----|----|----|----|----|----|----|----|----|----|----|
| Reserved | | | | | | | | | PM | HT[1:0] | | HU[3:0] | | | |
| | | | | | | | | | rw | rw | rw | rw | rw | rw | rw |

| 15 | 14 | 13 | 12 | 11 | 10 | 9 | 8 | 7 | 6 | 5 | 4 | 3 | 2 | 1 | 0 |
|----|----|----|----|----|----|----|----|----|----|----|----|----|----|----|----|
| Reserved | MNT[2:0] | | | MNU[3:0] | | | | Reserved | ST[2:0] | | | SU[3:0] | | | |
| | rw | rw | rw | rw | rw | rw | rw | | rw | rw | rw | rw | rw | rw | rw |

**图 2.36　RTC_TR 寄存器**

| 31 | 30 | 29 | 28 | 27 | 26 | 25 | 24 | 23 | 22 | 21 | 20 | 19 | 18 | 17 | 16 |
|----|----|----|----|----|----|----|----|----|----|----|----|----|----|----|----|
| Reserved | | | | | | | | YT[3:0] | | | | YU[3:0] | | | |
| | | | | | | | | rw | rw | rw | rw | rw | rw | rw | rw |

| 15 | 14 | 13 | 12 | 11 | 10 | 9 | 8 | 7 | 6 | 5 | 4 | 3 | 2 | 1 | 0 |
|----|----|----|----|----|----|----|----|----|----|----|----|----|----|----|----|
| WDU[2:0] | | | MT | MU[3:0] | | | | Reserved | | DT[1:0] | | DU[3:0] | | | |
| rw | rw | rw | rw | rw | rw | rw | rw | | | rw | rw | rw | rw | rw | rw |

**图 2.37　RTC_DR 寄存器**

**3. 闹钟**

RTC 有两个可编程闹钟:闹钟 A(ALARM_A)和闹钟 B(ALARM_B)。当 RTC 时间与预设闹钟相同时,RTC_CR 寄存器的标志位 ALRAE 和 ALRBE 置 1。当日历的亚秒、秒、分、小时、日期分别与闹钟寄存器 RTC_ALRMASSR/RTC_ALRMAR 和 RTC_ALRMBSSR/RTC_ALRMBR 中的值匹配时,则可以产生闹钟(需要适当配置)。

## 2.11.2　硬件设计

本实验采用的硬件设备为 STM32 主控板、BigFish 扩展板、OLED 模块。STM32 主控板与扩展板、OLED 模块连接如图 2.38 所示。本实验用到的硬件资源 RTC 时钟属于

STM32F4 内部资源,通过软件进行设置。

图 2.38　硬件连接图

## 2.11.3　软件设计

打开工程,在 rtc.c 中编写如下代码。My_RTC_Init 函数用于初始化 RTC 配置以及日期和时钟,时间只有第一次使用时需要设置,当备份电池有电时,后续重新上电/复位都不需要再进行时间设置。设置时间和日期通过调用库函数中 RTC_Set_Time 和 RTC_Set_Date 函数来实现。

```
# include "rtc.h"
# include "led.h"
# include "delay.h"
# include "usart.h"

/ * RTC 时间设置
  hour,min,sec:小时,分钟,秒
  ampm:@RTC_AM_PM_Definitions    :RTC_H12_AM/RTC_H12_PM
  返回值:SUCEE(1),成功
  ERROR(0),进入初始化模式失败 * /
  ErrorStatus RTC_Set_Time(u8 hour,u8 min,u8 sec,u8 ampm)
{
    RTC_TimeTypeDef RTC_TimeTypeInitStructure;

    RTC_TimeTypeInitStructure.RTC_Hours = hour;
    RTC_TimeTypeInitStructure.RTC_Minutes = min;
    RTC_TimeTypeInitStructure.RTC_Seconds = sec;
    RTC_TimeTypeInitStructure.RTC_H12 = ampm;

    return RTC_SetTime(RTC_Format_BIN,&RTC_TimeTypeInitStructure);
}
/ * RTC 日期设置
  year,month,date:年(0~99),月(1~12),日(0~31)
  week:星期(1~7,0,非法!)
```

```
     返回值:SUCEE(1),成功
     ERROR(0),进入初始化模式失败 */
ErrorStatus RTC_Set_Date(u8 year,u8 month,u8 date,u8 week)
{
     RTC_DateTypeDef RTC_DateTypeInitStructure;
     RTC_DateTypeInitStructure.RTC_Date = date;
     RTC_DateTypeInitStructure.RTC_Month = month;
     RTC_DateTypeInitStructure.RTC_WeekDay = week;
     RTC_DateTypeInitStructure.RTC_Year = year;
     return RTC_SetDate(RTC_Format_BIN,&RTC_DateTypeInitStructure);
}


/* RTC 初始化
 返回值:0,初始化成功;
 1,LSE 开启失败;
 2,进入初始化模式失败; */
u8 My_RTC_Init(void)
{
     RTC_InitTypeDef RTC_InitStructure;
     u16 retry = 0X1FFF;
     RCC_APB1PeriphClockCmd(RCC_APB1Periph_PWR, ENABLE);          //使能 PWR 时钟
     PWR_BackupAccessCmd(ENABLE);                                 //使能后备寄存器访问

     if(RTC_ReadBackupRegister(RTC_BKP_DR0)!= 0x5050)             //是否第一次配置?
     {
        RCC_LSEConfig(RCC_LSE_ON);                                //LSE 开启
        while (RCC_GetFlagStatus(RCC_FLAG_LSERDY) == RESET)
                            //检查指定的 RCC 标志位设置与否,等待低速晶振就绪
           {
           retry++;
           delay_ms(10);
           }
        if(retry == 0)return 1;            //LSE 开启失败

        RCC_RTCCLKConfig(RCC_RTCCLKSource_LSE);
                            //设置 RTC 时钟(RTCCLK),选择 LSE 作为 RTC 时钟
        RCC_RTCCLKCmd(ENABLE);           //使能 RTC 时钟

        RTC_InitStructure.RTC_AsynchPrediv  = 0x7F;     //RTC 异步分频系数(1~0X7F)
        RTC_InitStructure.RTC_SynchPrediv   = 0xFF;     //RTC 同步分频系数(0~7FFF)
        RTC_InitStructure.RTC_HourFormat    = RTC_HourFormat_24;  //RTC 设置为 24 小时格式
        RTC_Init(&RTC_InitStructure);

        RTC_Set_Time(19,38,30,RTC_H12_AM);              //设置时间
        RTC_Set_Date(19,4,4,1);                         //设置日期
        RTC_WriteBackupRegister(RTC_BKP_DR0,0x5050);    //标记已经初始化过了
     }
      return 0;
}
   NVIC_InitTypeDef    NVIC_InitStructure;
```

```
/*设置闹钟时间(按星期闹铃,24 小时制)
  week:星期几(1~7) @ref    RTC_Alarm_Definitions
  hour,min,sec:小时,分钟,秒 */
void RTC_Set_AlarmA(u8 week,u8 hour,u8 min,u8 sec)
{
    EXTI_InitTypeDef    EXTI_InitStructure;
    RTC_AlarmTypeDef RTC_AlarmTypeInitStructure;
    RTC_TimeTypeDef RTC_TimeTypeInitStructure;

    RTC_AlarmCmd(RTC_Alarm_A,DISABLE);                          //关闭闹钟 A

    RTC_TimeTypeInitStructure.RTC_Hours = hour;                 //小时
    RTC_TimeTypeInitStructure.RTC_Minutes = min;               //分钟
    RTC_TimeTypeInitStructure.RTC_Seconds = sec;               //秒
    RTC_TimeTypeInitStructure.RTC_H12 = RTC_H12_AM;

    RTC_AlarmTypeInitStructure.RTC_AlarmDateWeekDay = week;     //星期
    RTC_AlarmTypeInitStructure.RTC_AlarmDateWeekDaySel = RTC_AlarmDateWeekDaySel_WeekDay;
                                                               //按星期闹
    RTC_AlarmTypeInitStructure.RTC_AlarmMask = RTC_AlarmMask_None; //精确匹配星期,时分秒
    RTC_AlarmTypeInitStructure.RTC_AlarmTime = RTC_TimeTypeInitStructure;
    RTC_SetAlarm(RTC_Format_BIN,RTC_Alarm_A,&RTC_AlarmTypeInitStructure);

    RTC_ClearITPendingBit(RTC_IT_ALRA);             //清除 RTC 闹钟 A 的标志
    EXTI_ClearITPendingBit(EXTI_Line17);            //清除 LINE17 上的中断标志位

    RTC_ITConfig(RTC_IT_ALRA,ENABLE);                          //开启闹钟 A 中断
    RTC_AlarmCmd(RTC_Alarm_A,ENABLE);                          //开启闹钟 A

    EXTI_InitStructure.EXTI_Line = EXTI_Line17;                //LINE17
    EXTI_InitStructure.EXTI_Mode = EXTI_Mode_Interrupt;        //中断事件
    EXTI_InitStructure.EXTI_Trigger = EXTI_Trigger_Rising;     //上升沿触发
    EXTI_InitStructure.EXTI_LineCmd = ENABLE;                  //使能 LINE17
    EXTI_Init(&EXTI_InitStructure);                            //配置

    NVIC_InitStructure.NVIC_IRQChannel = RTC_Alarm_IRQn;
    NVIC_InitStructure.NVIC_IRQChannelPreemptionPriority = 0x02;  //抢占优先级 1
    NVIC_InitStructure.NVIC_IRQChannelSubPriority = 0x02;         //子优先级 2
    NVIC_InitStructure.NVIC_IRQChannelCmd = ENABLE;              //使能外部中断通道
    NVIC_Init(&NVIC_InitStructure);                            //配置
}
/*周期性唤醒定时器设置 */
/* wksel: @ref RTC_Wakeup_Timer_Definitions
#define RTC_WakeUpClock_RTCCLK_Div16        ((uint32_t)0x00000000)
#define RTC_WakeUpClock_RTCCLK_Div8         ((uint32_t)0x00000001)
#define RTC_WakeUpClock_RTCCLK_Div4         ((uint32_t)0x00000002)
#define RTC_WakeUpClock_RTCCLK_Div2         ((uint32_t)0x00000003)
#define RTC_WakeUpClock_CK_SPRE_16bits      ((uint32_t)0x00000004)
#define RTC_WakeUpClock_CK_SPRE_17bits      ((uint32_t)0x00000006)
```

```
*/
/* cnt:自动重装载值.减到 0,产生中断. */
void RTC_Set_WakeUp(u32 wksel,u16 cnt)
{
    EXTI_InitTypeDef   EXTI_InitStructure;
    RTC_WakeUpCmd(DISABLE);                                //关闭 WAKE UP
    RTC_WakeUpClockConfig(wksel);                          //唤醒时钟选择
    RTC_SetWakeUpCounter(cnt);                             //设置 WAKE UP 自动重装载寄存器

    RTC_ClearITPendingBit(RTC_IT_WUT);                     //清除 RTC WAKE UP 的标志
    EXTI_ClearITPendingBit(EXTI_Line22);                   //清除 LINE22 上的中断标志位

    RTC_ITConfig(RTC_IT_WUT,ENABLE);                       //开启 WAKE UP 定时器中断
    RTC_WakeUpCmd( ENABLE);                                //开启 WAKE UP 定时器

    EXTI_InitStructure.EXTI_Line = EXTI_Line22;            //LINE22
    EXTI_InitStructure.EXTI_Mode = EXTI_Mode_Interrupt;    //中断事件
    EXTI_InitStructure.EXTI_Trigger = EXTI_Trigger_Rising; //上升沿触发
    EXTI_InitStructure.EXTI_LineCmd = ENABLE;              //使能 LINE22
    EXTI_Init(&EXTI_InitStructure);                        //配置

    NVIC_InitStructure.NVIC_IRQChannel = RTC_WKUP_IRQn;
    NVIC_InitStructure.NVIC_IRQChannelPreemptionPriority = 0x02;  //抢占优先级 1
    NVIC_InitStructure.NVIC_IRQChannelSubPriority = 0x02; //子优先级 2
    NVIC_InitStructure.NVIC_IRQChannelCmd = ENABLE;       //使能外部中断通道
    NVIC_Init(&NVIC_InitStructure);                       //配置
}
/* RTC 闹钟中断服务函数 */
void RTC_Alarm_IRQHandler(void)
{
    if(RTC_GetFlagStatus(RTC_FLAG_ALRAF) == SET)           //ALARM A 中断
    {
        RTC_ClearFlag(RTC_FLAG_ALRAF);                     //清除中断标志
        printf("ALARM A!\r\n");
    }
    EXTI_ClearITPendingBit(EXTI_Line17);                   //清除中断线 17 的中断标志
}
/* RTC WAKE UP 中断服务函数 */
void RTC_WKUP_IRQHandler(void)
{
    if(RTC_GetFlagStatus(RTC_FLAG_WUTF) == SET)            //判断是否发生 WK_UP 中断
    {
        RTC_ClearFlag(RTC_FLAG_WUTF);                      //清除中断标志
        LED0 = !LED0;
    }
    EXTI_ClearITPendingBit(EXTI_Line22);                   //清除中断线 22 的中断标志
}
```

在 main.c 中编写如下代码。

```
# include "sys. h"
# include "oled. h"
# include "rtc. h"
# include "delay. h"

int main(void)
{
    RTC_TimeTypeDef RTC_TimeStruct;
    RTC_DateTypeDef RTC_DateStruct;
    u8 tbuf[40];
    NVIC_PriorityGroupConfig(NVIC_PriorityGroup_2);        //设置系统中断优先级分组 2
    delay_init(168);                                        //初始化延时,168 为 CPU 运行频率
    OLED_Init(0);                                           //初始化 OLED,正向显示
    My_RTC_Init();
    RTC_Set_WakeUp(RTC_WakeUpClock_CK_SPRE_16bits,0);      //配置 WAKE UP 中断,1 秒中断一次
    RTC_Set_Date(19,11,23,6);                              //设置 2019 年 11 月 23 日星期六
    RTC_Set_Time(12,30,30,RTC_H12_PM);
    while(1)
    {
        RTC_GetTime(RTC_Format_BIN,&RTC_TimeStruct);
        sprintf((char * )tbuf,"Time: % 02d: % 02d: % 02d", RTC_ TimeStruct. RTC_ Hours, RTC_
TimeStruct.RTC_Minutes,RTC_TimeStruct.RTC_Seconds);
        OLED_ShowString(0,0,tbuf,16);
        delay_us(1000);
        RTC_GetDate(RTC_Format_BIN, &RTC_DateStruct);
        sprintf((char * )tbuf,"Date:20 % 02d - % 02d - % 02d",RTC_DateStruct. RTC_Year, RTC_
DateStruct.RTC_Month,RTC_DateStruct.RTC_Date);
        OLED_ShowString(0,2,tbuf,16);
    }
}
```

**注**:本节实验例程源码可扫描"2.15 本章小结"中的二维码,见 2-11 RTC 时钟实验。

将 STLink 与计算机连接在一起,确保硬件连接正确,按 F7 键进行编译,按 F8 键进行烧录。烧录完成后拔掉 STLink,插上 BigFish 扩展板和 OLED 屏幕,用 miniUSB 给 STM32 开发板供电,观察现象。

## 2.11.4  实验现象

OLED 屏幕上显示设置的时间。实验现象可扫描下方二维码。

**二维码 2.11    RTC 时钟实验**

## 2.11.5  作业

创建本实验工程,在 OLED 屏幕上显示时间。

# 2.12　4×4 矩阵键盘实验

**实验目的**

了解矩阵键盘基础使用,设置按键数值并在 OLED 屏幕上显示。

## 2.12.1　4×4 矩阵键盘原理简介

矩阵键盘有两种扫描方式:列扫描方式和反转法扫描方式。

矩阵键盘采取列扫描方式时,首先使第一列输出 0,其余 3 列都输出 1,然后读取行线值。如果所有行线值都为 1,则该列没有键闭合,继续扫描下一列;如果有行线值为 0,则说明该行和列交叉点处的键闭合。

矩阵键盘采用反转法扫描方式时,先将行线作为输出线,列线作为输入线,行线输出全为 0,读输入列线的值,则闭合键所在列线上的值必为 0,其他为 1;然后将行线和列线的输入输出关系互换,并且将刚读到的列线值从列线所接的端口输出,再读入行线的输入值,那么在闭合键所在的行线上的值必为 0。因此,当一个键被按下时,必定可读到一对唯一的行列值,组成一个唯一的 8 位码,根据 8 位码值查表可确定按键值。

## 2.12.2　硬件设计

本实验采用的硬件设备为 STM32 主控板、BigFish 扩展板、OLED 模块、矩阵键盘。STM32 主控板与扩展板、OLED 模块、矩阵键盘硬件连接如图 2.39 所示,键盘对应引脚连接如图 2.40 所示,本实验实现按下按键在 OLED 屏幕上显示对应数值(如果为字母,则显示 ASCII 码值)。

**图 2.39　硬件连接图**

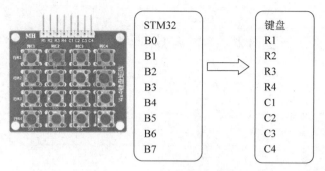

图 2.40　键盘对应引脚连接

## 2.12.3　软件设计

打开工程,在 key.c 中编写如下代码。

```
/* PB0 - 3 口配置成推挽输出,作为 4×4 键盘的行
   PB4 - 7 口配置成上拉输入,作为 4×4 键盘的列 */
#include "key.h"

void KEY_Init(void)
{
GPIO_InitTypeDef GPIO_InitStructure;
    RCC_AHB1PeriphClockCmd(RCC_AHB1Periph_GPIOB,ENABLE);   //使能 GPIOA 时钟

    GPIO_InitStructure.GPIO_Pin   = GPIO_Pin_0|GPIO_Pin_1|GPIO_Pin_2|GPIO_Pin_3;
                                                  //KEY0 - KEY3,矩阵键盘的行
    GPIO_InitStructure.GPIO_Speed = GPIO_Speed_100MHz;
    GPIO_InitStructure.GPIO_OType = GPIO_OType_PP;          //推挽复用输出
    GPIO_InitStructure.GPIO_Mode = GPIO_Mode_OUT;
    GPIO_InitStructure.GPIO_PuPd = GPIO_PuPd_UP;
    GPIO_Init(GPIOB, &GPIO_InitStructure);
    GPIO_InitStructure.GPIO_Pin = GPIO_Pin_4|GPIO_Pin_5|GPIO_Pin_6|GPIO_Pin_7;
                                                  //KEY4 - KEY7,矩阵键盘的列
    GPIO_InitStructure.GPIO_Mode = GPIO_Mode_IN;
    GPIO_InitStructure.GPIO_OType = GPIO_OType_PP;          //设置为上拉输入
    GPIO_InitStructure.GPIO_Speed = GPIO_Speed_100MHz;
    GPIO_Init(GPIOB, &GPIO_InitStructure);
    GPIO_SetBits(GPIOB,GPIO_Pin_4|GPIO_Pin_5|GPIO_Pin_6|GPIO_Pin_7);
}

u8 keyscan(void)
{
    uint8_t LIE,HANG,k,i = 0;

    GPIO_Write(GPIOB, 0xF0);                                //D0 - D3 拉低,D4 - D7 拉高
    if((GPIO_ReadInputData(GPIOB)&0xF0)!= 0xF0)             //有按键按下
```

```
{
  delay_ms(10);                                                    //消抖
  if((GPIO_ReadInputData(GPIOB)&0xF0)!= 0xF0)                      //再次判断是否按下
  {
    LIE = GPIO_ReadInputData(GPIOB);                               //读取按键按下后得到的代码
    HANG = LIE;                                                    //将代码复制给行
    LIE = ~LIE;         //将键码取反,例如:按下某个键得到 0111 0000,取反后得到 1000 1111
    LIE = LIE&0XF0;     //得到列 1000 1111&1111 0000,即 1000 0000,得到列数
    for(i = 0;i < 4&&((HANG&0xF0)!= 0xF0);i++)                     //逐次将行拉高,判断列数中
                                                                   //原来变低的位是否变高
    {                                                              //读到之前检测到为低的列变
                                                                   //高则退出
      GPIO_Write(GPIOB, (HANG&0xF0)|(0x01 << i));
                          //进行行扫描,逐次将行线拉高,列保持为按下时的状态
      HANG = GPIO_ReadInputData(GPIOB);                            //读取 I/O 端口,用以判断是
                                                                   //否扫描到行坐标

    }
    HANG& = 0x0F;                                                  //将行值取出
    k = LIE|HANG;                                                  //行列相加则得到键码
    GPIO_Write(GPIOB, 0xF0);
                //D0~D3 拉低,D4~D7 拉高,此处用来将行列状态初始化为未按下时的状态
    while((GPIO_ReadInputData(GPIOB)&0xF0)!= 0xF0)                 //判释放
    {
      delay_ms(10);
        //后沿消抖,时间需长一点,小按键消抖时间可以短一点,大按键抖动严重消抖需长一点
    }
    switch(k)
    {       case 0x11: return 1;
            case 0x21: return 2;
            case 0x41: return 3;
            case 0x81: return 'A';
            case 0x12: return 4;
            case 0x22: return 5;
            case 0x42: return 6;
            case 0x82: return 'B';
            case 0x14: return 7;
            case 0x24: return 8;
            case 0x44: return 9;
            case 0x84: return 'C';
            case 0x18: return '*';
            case 0x28: return 0;
            case 0x48: return '#';
            case 0x88: return 'D';
    }                                                              //返回键码
  }
}
return 0XFF;
}
```

在 main.c 中编写如下代码。

```c
# include "sys.h"
# include "oled.h"
# include "key.h"

int main(void)
{
    u8 key = 0;
    u8 buf[30];
    delay_init(168);              //初始化延时,168 为 CPU 运行频率
    uart_init(115200);            //串口初始化
    OLED_Init(0);                 //初始化 OLED,正向显示
    KEY_Init();                   //按键初始化
    while(1)
    {
        key = keyscan();
        if(key!= 255)
        {
        printf("%d\r\n",key);
        sprintf((char * )buf,"%d  ",key);
        OLED_ShowString(0,0,buf,16);
        }
        delay_ms(100);
    }
}
```

**注**：本节实验例程源码可扫描"2.15 本章小结"中的二维码,见 2-12 4×4 矩阵键盘实验。

将 STLink 与计算机连接在一起,确保硬件连接正确,按 F7 键进行编译,按 F8 键进行烧录。烧录完成后拔掉 STLink,将 STM32 板连接 BigFish 扩展板和 OLED 屏幕、键盘,用 miniUSB 给 STM32 开发板供电,观察现象。

## 2.12.4　实验现象

OLED 屏幕显示键盘按下的数值。实验现象可扫描下方二维码。

二维码 2.12　4×4 矩阵键盘实验

## 2.12.5　作业

扩展键盘应用,设计计算器功能。

# 2.13　数码管显示实验

## 实验目的

了解数码管基础使用,使用数码管进行显示。

## 2.13.1　数码管简介

数码管可以看作由 8 个 LED 灯组成,共有 a、b、c、d、e、f、g、dp 8 段,如图 2.41 所示。数码管分为共阳数码管和共阴数码管。共阳数码管公共端为阳极,共阴数码管公共端为阴极。

本实验所有 4 位数码管采用动态刷新技术,即利用人体视觉暂留原理,快速地循环每个数码管中显示的字符,达到形成连续字符串的目的。如:当第一位数码管显示"1"时,后面 3 位数码管不显示;经过 5ms 或更短时间后,第 2 位数码管显示"2",第 1 位及第 3 位、第 4 位不显示;再经过 5ms 或更短时间后,第 3 位数码管显示"3",第 1 位、第 2 位及第 3 位不显示;再经过 5ms 或更短时间后,第 4 位数码管显示"4",前 3 位数码管不显示。

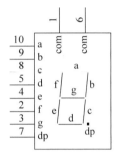

图 2.41　数码管原理图

## 2.13.2　硬件设计

硬件连接如图 2.42 所示,数码管与 STM32 引脚定义如图 2.43 所示。

图 2.42　硬件连接图

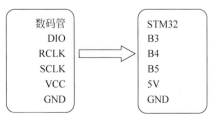

| 数码管 | STM32 |
| --- | --- |
| DIO | B3 |
| RCLK | B4 |
| SCLK | B5 |
| VCC | 5V |
| GND | GND |

图 2.43　数码管 STM32 控制引脚定义

## 2.13.3  软件设计

打开工程,在 Nixie_tube.h 中编写如下代码。

```
#ifndef __Nixie_tube_H
#define __Nixie_tube_H
#include "sys.h"

#define DIO     PBout(3)              //串行数据输入
#define RCLK    PBout(4)              //时钟脉冲信号——上升沿有效
#define SCLK    PBout(5)              //打入信号——上升沿有效

void Nixie_tube_init(void);          //数码管初始化
void LED4_Display (u8 * LED);        //LED 显示
void LED_OUT(u8 X);                   //LED 单字节串行移位函数
#endif
```

在 Nixie_tube.c 中编写如下代码。void LED4_Display (u8 * LED)函数会一次刷新显示 4 个位(依次刷新,一个时刻只刷新一位)。

```
#include "Nixie_tube.h"

void Nixie_tube_init(void)
{
    GPIO_InitTypeDef  GPIO_InitStructure;
    RCC_AHB1PeriphClockCmd(RCC_AHB1Periph_GPIOB, ENABLE);        //使能 GPIOA,GPIOB 时钟

    GPIO_InitStructure.GPIO_Pin = GPIO_Pin_3|GPIO_Pin_4|GPIO_Pin_5; //对应引脚
    GPIO_InitStructure.GPIO_Mode = GPIO_Mode_OUT;               //普通输出模式
    GPIO_InitStructure.GPIO_Speed = GPIO_Speed_100MHz;         //100MHz
    GPIO_InitStructure.GPIO_PuPd = GPIO_PuPd_UP;               //上拉
    GPIO_Init(GPIOB, &GPIO_InitStructure);                    //初始化 GPIOB
}
/* LED 字模表 */
u8 LED_0F[] =
{//0    1    2    3    4    5    6    7    8    9    A    b    C    d    E    F    -
0xC0,0xF9,0xA4,0xB0,0x99,0x92,0x82,0xF8,0x80,0x90,0x8C,0xBF,0xC6,0xA1,0x86,0xFF,0xbf
};
/* LED 显示 */
void LED4_Display (u8 * LED)
{
    u8 * led_table;                                          //查表指针
    u8 i;
    /* 显示第 1 位 */
    led_table = LED_0F + LED[0];
    i = * led_table;
    LED_OUT(i);
```

```
        LED_OUT(0x01);
        RCLK = 0;
        RCLK = 1;
        /* 显示第 2 位 */
        led_table = LED_0F + LED[1];
        i = * led_table;
        LED_OUT(i);
        LED_OUT(0x02);
        RCLK = 0;
        RCLK = 1;
        /* 显示第 3 位 */
        led_table = LED_0F + LED[2];
        i = * led_table;
        LED_OUT(i);
        LED_OUT(0x04);
        RCLK = 0;
        RCLK = 1;
        /* 显示第 4 位 8/
        led_table = LED_0F + LED[3];
        i = * led_table;
        LED_OUT(i);
        LED_OUT(0x08);
        RCLK = 0;
        RCLK = 1;
}

/* LED 单字节串行移位函数 */
void LED_OUT(u8 X)
{
    u8 i;
    for(i = 8; i >= 1; i -- )
    {
        if (X&0x80) DIO = 1; else DIO = 0;
        X << = 1;
        SCLK = 0;
        SCLK = 1;
    }
}
```

在 main.c 中编写如下代码。在主函数的 while(1) 循环中调用显示函数,保证刷新的速度足够快,以至于不会出现闪屏。

```
# include "sys.h"
# include "Nixie_tube.h"
# include "timer.h"

u8 buf[4];
u16 i = 1000;
```

```
int main(void)
{
    NVIC_PriorityGroupConfig(NVIC_PriorityGroup_2);        //设置系统中断优先级分组 2
    delay_init(168);                                        //初始化延时,168 为 CPU 运行频率
    Nixie_tube_init();                                      //初始化数码管
    TIM3_Int_Init(1000 - 1,8400 - 1);
    //定时器时钟频率为 84MHz,分频系数为 8400,所以计数频率为 84MHz/8400 = 10kHz,计数 5000
    //次为 500ms
    while(1)
    {
        LED4_Display(buf);                                  //循环刷新显示
    }
}
```

**注**:本节实验例程源码可扫描"2.15 本章小结"中的二维码,见 2-13 数码管显示实验。

将 STLink 与计算机连接在一起,确保硬件连接正确,按 F7 键进行编译,按 F8 键进行烧录。烧录完成后拔掉 STLink,将 STM32 板连接数码管,用 miniUSB 给 STM32 开发板供电,观察现象。

## 2.13.4　实验现象

数码管上显示设置的数字。实验现象可扫描下方二维码。

二维码 2.13　数码管显示实验

## 2.13.5　作业

掌握数码管原理,实现数码管显示计时功能。

# 2.14　综合设计实验——服务质量评价器

## 2.14.1　功能要求

设计一个服务质量评价器,需具备如下功能:

1. 利用串口通信,按下按键后,计算机中串口调试助手显示当前用户的评价结果(满意或不满意),显示当前评价的总人数以及满意人数占总人数的比例。

2. 设计 2 个评价按键,评价内容为 KEY0 代表满意,KEY1 代表不满意。

3. 在串口输出结果后,OLED 屏幕显示"THANK YOU!"

## 2.14.2 软件设计

编写项目程序代码,根据要求添加并配置 usart、GPIO、oled、key 等源文件。在 main.c 中编写统计当前评价总人数以及满意人数占总人数比例的程序,代码如下。

```
#include "sys.h"
#include "led.h"
#include "key.h"
#include "oled.h"

int main(void)
{
    int agree;                                      //定义满意人数
    int all;                                        //定义总人数
    u8 key = 0, i = 0;
    NVIC_PriorityGroupConfig(NVIC_PriorityGroup_2); //设置系统中断优先级分组 2
    delay_init(168);                                //初始化延时,168 为 CPU 运行频率
    uart_init(115200);                              //串口初始化
    LED_Init();                                     //初始化 LED 灯
    KEY_Init();                                     //初始化按键
    OLED_Init(0);
    while(1)
    {
        key = KEY_Scan(0);                          //扫描按键,不支持连续按
        if(key == 1)                                //KEY0 按下
        {
            agree++;
            all++;
            printf("\n 当前用户的输入结果为满意\r\n");
            printf("当前评级总人数: %d\n 满意人数占总人数的比: %d: %d\r\n",all,agree,all);
            OLED_ShowString(0,0,"THANK YOU",16);
            delay_ms(1000);
            OLED_Clear();
        }
        if(key == 2)                                //KEY_UP 按下
        {
            all++;
            printf("\n 当前用户的输入结果为不满意\r\n");
            printf("当前评级总人数: %d\n 满意人数占总人数的比: %d: %d\r\n",all,agree,all);
            OLED_ShowString(0,0,"THANK YOU",16);
            delay_ms(1000);
            OLED_Clear();
        }
        delay_ms(100);                              //延时 100ms
        USART_RX_CONUT = 0;                         //清除接收计数
        for(i = 0;i < USART_REC_LEN;i++)
        {
```

```
            USART_RX_BUF[i] = 0;                        //清空接收 BUF
        }
    }
}
```

# 2.15　本章小结

本章全面介绍了 STM32 开发板的基本应用,为后续综合实验打下了基础,读者需要了解和掌握以下应用内容。

(1) GPIO 输入输出基本原理及使用方法。

(2) 外部中断的基本原理及应用。

(3) 定时器中断溢出时间的计算及使用方法。

(4) 串口发送和接收数据的配置及使用方法。

(5) 数字量与模拟量转换方法。

(6) PWM 的配置和使用方法。

(7) IIC 通信原理及实现方法。

(8) RTC 实时时钟的配置方法。

(9) OLED 屏幕、4×4 矩阵键盘、数码管的使用方法。

学习本章知识点之后,读者可以运用以上基础应用,进一步进行综合性实验。本章实验例程代码可扫描下方二维码。

二维码 2.15　第 2 章实验例程代码

# 第 3 章

# 电机实践项目

## 3.1  直流电机数字量控制实验

**实验目的**

了解直流电机的工作原理,掌握直流电机的数字量控制转向的方法。

### 3.1.1  直流电机数字量控制原理

直流电机有两个端子,当其外接直流电源时,电机将朝一个方向旋转;把电源正负极反接,电机将以相反的方向旋转。通过切换电源的极性,可以改变电机的方向。

### 3.1.2  硬件设计

该部分硬件有 STM32 主控板、BigFish 扩展板、OLED 模块、STLink、直流电机、电池盒,硬件连接如图 3.1 所示。

图 3.1  硬件连接图

### 3.1.3  软件设计

打开工程文件,新建 motor.h 文件,在该头文件中定义左右电机,根据硬件连接情况,左电机连扩展板的 D9/D10，即对应主控板的 PC8/PB7；右电机连扩展板的 D5/D6，对应主控板的 PD15/PD14。代码如下。

```
#define L_Z_motor PCout(8)                                              // 左电机 +
#define L_F_motor PBout(7)                                              // 左电机 -
#define R_Z_motor PDout(15)                                             // 右电机 +
#define R_F_motor PDout(14)                                             // 右电机 -
```

新建 motor.c 文件，做电机的初始化。

```
void motor_Init(void);
void motor_Init(void)
{
    GPIO_InitTypeDef  GPIO_InitStructure;
    RCC_AHB1PeriphClockCmd(RCC_AHB1Periph_GPIOB|RCC_AHB1Periph_GPIOC|RCC_AHB1Periph_
GPIOD, ENABLE);                                        //使能 GPIOF 时钟
    GPIO_InitStructure.GPIO_Pin = GPIO_Pin_8;
    GPIO_InitStructure.GPIO_Mode = GPIO_Mode_OUT;          //普通输出模式
    GPIO_InitStructure.GPIO_OType = GPIO_OType_PP;         //推挽输出
    GPIO_InitStructure.GPIO_Speed = GPIO_Speed_100MHz;     //100MHz
    GPIO_InitStructure.GPIO_PuPd = GPIO_PuPd_UP;           //上拉
    GPIO_Init(GPIOC, &GPIO_InitStructure);                 //初始化

    GPIO_InitStructure.GPIO_Pin = GPIO_Pin_15|GPIO_Pin_14;
    GPIO_Init(GPIOD, &GPIO_InitStructure);                 //初始化

    GPIO_InitStructure.GPIO_Pin = GPIO_Pin_7;
    GPIO_Init(GPIOB, &GPIO_InitStructure);                 //初始化
    L_Z_motor = 0;
    L_F_motor = 0;
    R_Z_motor = 0;
    R_F_motor = 0;

}
```

main 函数代码如下。

```
#include "sys.h"
#include "led.h"
#include "oled.h"
#include "key.h"
#include "motor.h"

int main(void)
{
    u16 conut = 1;
    u8 key = 0, buf[30];
    NVIC_PriorityGroupConfig(NVIC_PriorityGroup_2);        //设置系统中断优先级分组 2
    delay_init(168);                                       //初始化延时,168 为 CPU 运行频率
```

```
    uart_init(115200);                              //串口初始化
    LED_Init();                                     //初始化 LED 灯
    OLED_Init(0);                                   //初始化 OLED,正向显示
    KEY_Init();
    motor_Init();                                   //初始化直流电机
    while(1)
    {
        L_Z_motor = 1;                              //正转
        L_F_motor = 0;
        delay_ms(1000);
        L_Z_motor = 0;                              //反转
        L_F_motor = 1;
        delay_ms(1000);
    }
}
```

**注**：本节实验例程源码可扫描"3.6 本章小结"中的二维码,见 3-1 直流电机数字量控制实验。

将 STLink 与计算机连接在一起,确保硬件连接正确,按 F7 键进行编译,按 F8 键进行烧录。烧录完成后拔掉 STLink,用电池盒给 STM32 开发板供电,观察现象。

### 3.1.4　实验现象

电机正转 1s,反转 1s,循环往复。实验现象可扫描下方二维码。

二维码 3.1　直流电机数字量控制实验

### 3.1.5　作业

同时控制 2 个直流电机,使其 1 个正转,1 个反转。

# 3.2　直流电机模拟量控制实验

**实验目的**

　　了解直流电机的工作原理,掌握直流电机的模拟量控制转速的方法。

### 3.2.1　直流电机模拟量控制原理

直流电机除了数字量控制,也可通过改变 PWM 的占空比来改变电机的转速。

## 3.2.2　硬件设计

该部分硬件有 STM32 主控板、BigFish 扩展板、OLED 模块、STLink、直流电机、电池盒,硬件连接如图 3.2 所示。

图 3.2　硬件连接图

## 3.2.3　软件设计

首先设定 PWM 的参数: 频率为 1kHz,重载值为 1000-1。通过按键来加减 PWM 值,步进值设为 100。main 函数代码如下。

```
# include "sys.h"
# include "led.h"
# include "oled.h"
# include "key.h"
# include "pwm.h"

int main(void)
{
    u16 conut = 1;
    u8 key = 0, buf[30];
    NVIC_PriorityGroupConfig(NVIC_PriorityGroup_2);    //设置系统中断优先级分组 2
    delay_init(168);                                   //初始化延时,168 为 CPU 运行频率
    uart_init(115200);                                 //串口初始化
    LED_Init();                                        //初始化 LED 灯
    OLED_Init(1);                                      //初始化 OLED,正向显示
    KEY_Init();
    TIM4_PWM_Init(1000 - 1, 84 - 1);                   //84MHz/84 = 1MHz 的计数频率,重装
                                                       //载值为 1000,所以 PWM 频率为 1MHz/
                                                       //1000 = 1kHz

    while(1)
    {
        key = KEY_Scan(0);                             //不支持连续按
```

```
        if(key == 1)
            conut += 100;
        if(key == 2)
            conut -= 100;
        if(conut >= 1000)
            conut = 1000;
        sprintf((char * )buf,"%d% %",conut/10);
        TIM_SetCompare4(TIM4,conut - 1);          //修改比较值,修改占空比
        OLED_ShowString(0,0,buf,16);
    }
}
```

**注**：本节实验例程源码可扫描"3.6 本章小结"中的二维码,见3-2 直流电机模拟量控制实验。

将 STLink 与计算机连接在一起,确保硬件连接正确,按 F7 键进行编译,按 F8 键进行烧录。烧录完成后拔掉 STLink,用电池盒给 STM32 开发板供电,观察现象。

## 3.2.4 实验现象

通过按键控制 PWM 的值,电机以不同的转速运行。实验现象可扫描下方二维码。

二维码 3.2 直流电机模拟量控制实验

## 3.2.5 作业

尝试设置不同的步进值,观察电机的转速变化情况。

# 3.3 舵机控制实验

**实验目的**

了解舵机的工作原理,掌握舵机的控制方法。

## 3.3.1 舵机控制原理

舵机由直流电机、减速齿轮组、传感器和控制电路组成。控制信号进入信号调制芯片,得到直流偏置电压,与内部的基准信号比较得到电压差,此电压差的正负即决定电机的正反转;一个周期之内的脉宽在 0.5ms 与 2.5ms 之间(也就是高电平时间)。具备了以上两点

就可以控制舵机了。控制舵机的方向：脉宽从低到高为正转方向，脉宽从低到高为反方向。脉宽变化得越快，转速越快。

## 3.3.2 硬件设计

该部分硬件有 STM32 主控板、BigFish 扩展板、OLED 模块、STLink、舵机、电池盒，硬件连接如图 3.3 所示。

图 3.3 硬件连接图

## 3.3.3 软件设计

初始化 PWM，代码如下。

```c
# include "pwm.h"
# include "led.h"
# include "usart.h"

//TIM3 PWM 部分初始化
//PWM 输出初始化
//arr: 自动重装值
//psc: 时钟预分频数
void TIM3_PWM_Init(u32 arr,u32 psc)
{
    //此部分需要手动修改 I/O 端口设置

    GPIO_InitTypeDef GPIO_InitStructure;
    TIM_TimeBaseInitTypeDef  TIM_TimeBaseStructure;
    TIM_OCInitTypeDef   TIM_OCInitStructure;

    RCC_APB1PeriphClockCmd(RCC_APB1Periph_TIM3,ENABLE);       //TIM3 时钟使能
    RCC_AHB1PeriphClockCmd(RCC_AHB1Periph_GPIOC, ENABLE);     //使能 ORTF 时钟
    GPIO_PinAFConfig(GPIOC,GPIO_PinSource9,GPIO_AF_TIM3);     //GPIOC9 复用为定时器 3

    GPIO_InitStructure.GPIO_Pin = GPIO_Pin_9;                 //GPIO9
    GPIO_InitStructure.GPIO_Mode = GPIO_Mode_AF;              //复用功能
    GPIO_InitStructure.GPIO_Speed = GPIO_Speed_100MHz;        //速率 100MHz
```

```
    GPIO_InitStructure.GPIO_OType = GPIO_OType_PP;              //推挽复用输出
    GPIO_InitStructure.GPIO_PuPd = GPIO_PuPd_UP;                //上拉
    GPIO_Init(GPIOC,&GPIO_InitStructure);                       //初始化

    TIM_TimeBaseStructure.TIM_Prescaler = psc;                  //定时器分频
    TIM_TimeBaseStructure.TIM_CounterMode = TIM_CounterMode_Up; //向上计数模式
    TIM_TimeBaseStructure.TIM_Period = arr;                     //自动重装载值
    TIM_TimeBaseStructure.TIM_ClockDivision = TIM_CKD_DIV1;
    TIM_TimeBaseInit(TIM3,&TIM_TimeBaseStructure);              //初始化定时器 3

    //初始化 TIM3 Channel4 PWM 模式
    TIM_OCInitStructure.TIM_OCMode = TIM_OCMode_PWM1;           //选择定时器模式: TIM 脉
                                                               //冲宽度调制模式 2
    TIM_OCInitStructure.TIM_OutputState = TIM_OutputState_Enable;   //比较输出使能
    TIM_OCInitStructure.TIM_OCPolarity = TIM_OCPolarity_High;
                                                               //输出极性: TIM 输出比较极性高
    TIM_OCInitStructure.TIM_OCIdleState = TIM_OCIdleState_Reset;
                                                               //空闲低电平
    TIM_OCInitStructure.TIM_Pulse = 0;
    TIM_OC4Init(TIM3, &TIM_OCInitStructure);                   //根据 T 指定的参数初始化 TIM

    TIM_OC4PreloadConfig(TIM3, TIM_OCPreload_Enable);          //使能 TIM3 在 CCR3 上预装载寄存器
    TIM_ARRPreloadConfig(TIM3,ENABLE);                         //使能 ARPE
    TIM_Cmd(TIM3, ENABLE);                                     //使能 TIM3
}
```

main 函数代码如下。

```
# include "sys.h"
# include "led.h"
# include "oled.h"
# include "key.h"
# include "pwm.h"

int main(void)
{
    u16 i;
    NVIC_PriorityGroupConfig(NVIC_PriorityGroup_2);    //设置系统中断优先级分组 2
    delay_init(168);                                   //初始化延时,168 为 CPU 运行频率
    uart_init(115200);                                 //串口初始化
    LED_Init();                                        //初始化 LED 灯
    OLED_Init(1);                                      //初始化 OLED,正向显示
    KEY_Init();
    TIM3_PWM_Init(20000 - 1,84 - 1);                   //84MHz/84 = 1MHz 的计数频率,重装
                                                       //载值为 20000,所以 PWM 频率为
                                                       //1MHz/20000 = 50Hz,舵机的可调范围
                                                       //0.5～2.5ms

    while(1)
    {
```

```
        for(i = 500;i < = 2500;i++)              //脉宽增加正转
        {
            TIM_SetCompare4(TIM3,i);             //修改比较值,修改占空比
            delay_ms(2);
        }
        for(;i > = 500;i -- )                    //脉宽减少反转
        {
            TIM_SetCompare4(TIM3,i);             //修改比较值,修改占空比
            delay_ms(2);

        }
    }
}
```

**注**：本节实验例程源码可扫描"3.6 本章小结"中的二维码,见 3-3 舵机控制实验。

将 STLink 与计算机连接在一起,确保硬件连接正确,按 F7 键进行编译,按 F8 键进行烧录。烧录完成后拔掉 STLink,用电池盒给 STM32 开发板供电,观察现象。

### 3.3.4　实验现象

通过按键改变脉宽的大小,舵机将以不同的转速运行。实验现象可扫描下方二维码。

二维码 3.3　舵机控制实验

### 3.3.5　作业

改变延时时间,观察舵机的运动状态。

# 3.4　数字舵机控制实验

**实验目的**

了解舵机的工作原理,掌握数字舵机的控制方法。

### 3.4.1　数字舵机控制原理

单总线回读数字舵机采用单总线通信方式,与传统舵机相比,其最大特点就是舵机之间可串联,最多可级联 255 个舵机。同时具备角度回读,多种角度工作模式切换功能。舵机内

部带有一块主控芯片,内部已经完成 PWM 的控制。只需一条命令即可实现舵机的控制。

本实验所用舵机为单轴舵机,型号为 ZX361S。可扫描 1.4 本章小结下方二维码,下载总线舵机说明书。具有 8 种角度工作模式:270°控制正反转、180°控制正反转、360°定圈连续旋转正反转、360°定时连续旋转正反转,8 种工作模式可切换,同一个舵机可在这 8 种角度工作模式下切换。

## 3.4.2 硬件设计

该部分硬件有 STM32 主控板、BigFish 扩展板、OLED 模块、串口线、STLink、数字舵机、电池盒,硬件连接如图 3.4 所示。

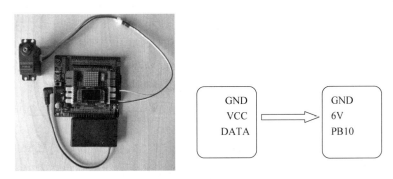

**图 3.4 硬件连接图**

## 3.4.3 软件设计

main 函数代码如下。

```
# include "sys. h"
# include "led. h"
# include "oled. h"

int main(void)
{
    u16 i = 0;
    NVIC_PriorityGroupConfig(NVIC_PriorityGroup_2);    //设置系统中断优先级分组 2
    delay_init(168);                                   //初始化延时,168 为 CPU 运行频率
    uart_init(115200);                                 //串口初始化
    LED_Init();                                        //初始化 LED 灯
    OLED_Init(1);                                      //初始化 OLED,正向显示
    while(1)
    {
        for(i = 500;i < = 2500;i += 100)
        {
            u3_printf(" # 000P % 04dT1000!",i);        //发送指令
            printf(" # 000P % 04dT1000!",i);           //打印观察
            OLED_ShowNum(0,0,i,4,16);
            delay_ms(1000);
        }
```

```
for(i = 2500;i > = 500;i -= 100)
    {
        u3_printf("♯000P％04dT1000!",i);          //发送指令
        printf("♯000P％04dT1000!",i);              //打印观察
        OLED_ShowNum(0,0,i,4,16);
        delay_ms(1000);
    }
}
}
```

**注**：本节实验例程源码可扫描"3.6 本章小结"中的二维码，见 3-4 数字舵机控制实验。

上述代码中♯000P％04dT1000!，"♯"和"!"是固定英文格式。000 代表 ID(范围为 0～254)，必须为 3 位，不足补 0。如 3 号舵机为"003"而不能为"3"。(％04d)1500 代表 PWM 脉冲宽度调制(P)(范围为 500～2500)，必须为 4 位，不足补 0。如 PWM 为 800，则必须为"P0800"。1000 代表 TIME 时间(T)(范围为 0～9999)，同样必须为 4 位，不足补 0，单位为 ms。如 TIME 为 500，则必须为"T0500"，该指令可以叠加同时控制多个舵机。多个指令同时使用(2 个或 2 个以上叠加)时需要在整条指令前后加"{}"，如{G0000♯000P1602T1000!♯001P2500T0000!♯002P1500T1000!}

将 STLink 与计算机连接在一起，确保硬件连接正确，按 F7 键进行编译，按 F8 键进行烧录。烧录完成后拔掉 STLink，用电池盒给 STM32 开发板供电，观察现象。

### 3.4.4　实验现象

运行程序后，数字舵机在设定的模式下工作，改变步进值，舵机转速发生变化。实验现象可扫描下方二维码。

二维码 3.4　数字舵机控制实验

### 3.4.5　作业

改变数字舵机工作模式，观察在不同模式下舵机的运动状态。

# 3.5　步进电机控制实验

**实验目的**

了解步进电机的工作原理，掌握步进电机的控制方法。

### 3.5.1　步进电机控制原理

步进电机是将电脉冲信号转换为角位移或线位移的一种执行机构,当电流流过定子绕组时,就会产生矢量磁场,该磁场会带动转子旋转一个角度,使得转子的自身磁场方向与定子的磁场方向一致。每输入一个脉冲,电机就会旋转一个角度,电机输出的角位移与脉冲数成正比。因此,可以通过控制脉冲频率来改变步进电机的速度。

本实验采用 UNL2003 驱动,2 相 5 线步进电机,带有齿轮减速,这种电机噪声极低,运转平稳,5V 即可驱动。

### 3.5.2　硬件设计

该部分硬件有 STM32 主控板、STLink、步进电机、电池盒,硬件连接如图 3.5 所示。

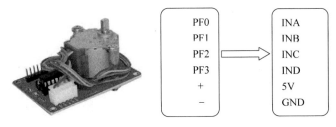

**图 3.5　硬件连接图**

### 3.5.3　软件设计

打开工程文件,新建 step_motor.c 文件,代码如下。

```
# include "step_motor.h"
u8 phasecw[4] = {0x08,0x04,0x02,0x01};                //正转,电机导通相序为 D - C - B - A
u8 phaseccw[4] = {0x01,0x02,0x04,0x08};               //反转,电机导通相序为 A - B - C - D
//ms 延时函数
void step_motor_init(void)
{
    GPIO_InitTypeDef GPIO_InitStructure;
    RCC_AHB1PeriphClockCmd(RCC_AHB1Periph_GPIOF,ENABLE);   //使能 GPIOA 时钟
    GPIO_InitStructure.GPIO_Pin = GPIO_Pin_0|GPIO_Pin_1|GPIO_Pin_2|GPIO_Pin_3;
    GPIO_InitStructure.GPIO_Speed = GPIO_Speed_100MHz;
    GPIO_InitStructure.GPIO_OType = GPIO_OType_PP;        //推挽复用输出
    GPIO_InitStructure.GPIO_Mode = GPIO_Mode_OUT;
    GPIO_InitStructure.GPIO_PuPd = GPIO_PuPd_UP;
    GPIO_Init(GPIOF, &GPIO_InitStructure);
}
//顺时针转动
void MotorCW(void)
```

```
{
  u8 i;
  for(i = 0;i < 4;i++)
  {
    GPIO_Write(GPIOF, phasecw[i]);
    delay_ms(10);                        //转速调节
  }
}
//逆时针转动
void MotorCCW(void)
{
  u8 i;
  for(i = 0;i < 4;i++)
  {
    GPIO_Write(GPIOF, phaseccw[i]);
    delay_ms(10);                        //转速调节
  }
}
//停止转动
void MotorStop(void)
{
    GPIO_Write(GPIOF, 0x00);
}
```

main 函数代码如下。

```
# include "sys. h"
# include "led. h"
# include "oled. h"
# include "step_motor. h"
int main(void)
{
    u16 i;
    NVIC_PriorityGroupConfig(NVIC_PriorityGroup_2);    //设置系统中断优先级分组 2
    delay_init(168);                                   //初始化延时,168 为 CPU 运行频率
    uart_init(115200);                                 //串口初始化
    LED_Init();                                        //初始化 LED 灯
    OLED_Init(1);                                      //初始化 OLED,正向显示
    step_motor_init();
    while(1)
    {
        for(i = 0;i < 500;i++)
        {
          MotorCW();                                   //顺时针转动
        }
        MotorStop();                                   //停止转动
        delay_ms(500);
        for(i = 0;i < 500;i++)
        {
```

```
            MotorCCW();                     //逆时针转动
        }
        MotorStop();                        //停止转动
        delay_ms(500);
    }
}
```

**注**：本节实验例程源码可扫描"3.6 本章小结"中的二维码，见 3-5 步进电机控制实验。

将 STLink 与计算机连接在一起，确保硬件连接正确，按 F7 键进行编译，按 F8 键进行烧录。烧录完成后拔掉 STLink，用电池盒给 STM32 开发板供电，观察现象。

### 3.5.4　实验现象

运行程序后，步进电机顺时针转动，再逆时针转动。实验现象可扫描下方二维码。

二维码 3.5　步进电机控制实验

### 3.5.5　作业

尝试改变实验参数，观察步进电机的转速。

## 3.6　本 章 小 结

本章介绍了机器人控制技术中常用的几种电机的工作原理和控制方法，为后续履带车运动控制实验等综合实验打下基础，读者需要了解和掌握以下应用内容。

（1）了解直流电机的工作原理，掌握直流电机的数字量控制原理和 PWM 控制原理。

（2）了解舵机的工作原理，掌握舵机和数字舵机的控制方法。

（3）了解步进电机的工作原理，掌握步进电机的控制方法。

本章实验例程代码可扫描下方二维码。

二维码 3.6　第 3 章实验例程代码

# 第 4 章

# 传感器实践项目

## 4.1 TTL 传感器实验

**实验目的**

了解 TTL 传感器的工作原理。掌握触碰传感器的特性,学会使用触碰传感器实现开关功能。

### 4.1.1 TTL 传感器简介

TTL 传感器是指将传统的模拟量传感器经过 A/D 转换,使之输出信号为数字量(或数字编码)的传感器,主要包括放大器、A/D 转换器、微处理器(CPU)、存储器、通信接口等。

### 4.1.2 硬件设计

该部分硬件有 STM32 主控板、串口线、STLink、触碰传感器,硬件连接如图 4.1 所示。

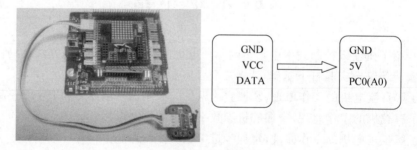

**图 4.1 硬件连接图**

### 4.1.3 软件设计

打开工程文件,新建 ttl.h 文件,在该头文件中定义__TTL_H,代码如下。

```
#ifndef __TTL_H
#define __TTL_H
```

```
# include "sys.h"

# define TTL    GPIO_ReadInputDataBit(GPIOC,GPIO_Pin_0) //PC0
extern void ttl_init(void);
# endif
```

新建 TTL.c 文件,代码如下。

```
# include "ttl.h"

void ttl_init()
{
    GPIO_InitTypeDef   GPIO_InitStructure;

  RCC_AHB1PeriphClockCmd(RCC_AHB1Periph_GPIOC, ENABLE);        //使能 GPIOC 时钟

  GPIO_InitStructure.GPIO_Pin = GPIO_Pin_0;        //C0 对应引脚
  GPIO_InitStructure.GPIO_Mode = GPIO_Mode_IN;        //普通输入模式
  GPIO_InitStructure.GPIO_Speed = GPIO_Speed_100MHz;        //100MHz
  GPIO_InitStructure.GPIO_PuPd = GPIO_PuPd_UP;        //上拉
  GPIO_Init(GPIOC, &GPIO_InitStructure);        //初始化 GPIOC0

}
```

main 函数代码如下。

```
# include "sys.h"
# include "led.h"
# include "key.h"
# include "ttl.h"

int main(void)
{
//  u8 key = 0;
    NVIC_PriorityGroupConfig(NVIC_PriorityGroup_2);        //设置系统中断优先级分组 2
    delay_init(168);        //初始化延时,168 为 CPU 运行频率
    uart_init(115200);        //串口初始化
    LED_Init();        //初始化 LED 灯
    KEY_Init();        //初始化按键
    ttl_init();        //初始化 TTL
    while(1)
    {
        if(TTL == 0)
        {
            LED0 = 0;
            delay_ms(200);
        }
        LED0 = 1;
    }
}
```

**注**：本节实验例程源码可扫描"4.12 本章小结"中的二维码，见 4-1 TTL 传感器实验。

将 STLink 与计算机连接在一起，确保硬件连接正确，按 F7 键进行编译，按 F8 键进行烧录。烧录完成后拔掉 STLink，用 miniUSB 给 STM32 开发板供电，观察现象。

### 4.1.4　实验现象

闭合触碰开关，LED0 亮；松开触碰开关，LED0 灭。实验现象可扫描下方二维码。

二维码 4.1　TTL 传感器实验

### 4.1.5　作业

改变延时参数，重新烧录，观察对运行效果的影响，尤其是当延时参数小到一定程度后的运行效果。然后去掉延时语句，对比观察，并思考为什么。

## 4.2　超声波传感器实验

**实验目的**

了解超声波传感器的工作原理，学会用超声波传感器测量距离。

### 4.2.1　超声波传感器简介

HC-SR04 超声波测距模块可提供 2～400cm 的非接触式距离测量，测距精度可达3mm。模块包括超声波发射器、接收器与控制电路。该模块具有如下特点。

（1）采用 I/O 端口 TRIG 触发测距，可以给最少 $10\mu s$ 的高电平信号。

（2）模块自动发送 8 个 40kHz 的方波，自动检测是否有信号返回。

（3）有信号返回，通过 I/O 端口 ECHO 输出一个高电平，高电平持续的时间就是波从发射到返回的时间。测试距离＝(高电平时间×声速)/2。

HC-SR04 时序触发如图 4.2 所示。

### 4.2.2　硬件设计

该部分硬件有 STM32 主控板、串口线、STLink、超声波传感器、OLED 模块。超声波传

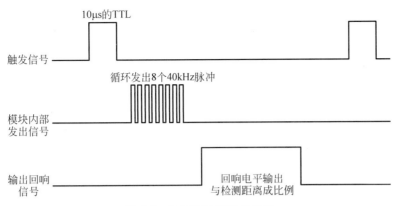

图 4.2 HC-SR04 时序触发图

感器模块实物与接口如图 4.3 所示,硬件连接如图 4.4 所示。

图 4.3 超声波传感器模块实物与接口图

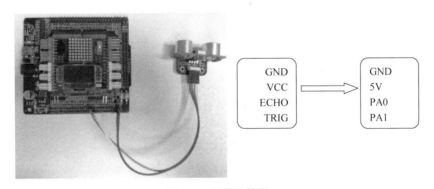

图 4.4 硬件连接图

## 4.2.3 软件设计

在初始化时是以 21MHz 的频率计数,那么一个数的时间就是 $1/21\text{MHz} = 0.047\ 619\ 047\ 619\ 047\ 6\mu s$,声音在空气的传播速度是 340m/s,也即 $0.034\text{cm}/\mu s$,所用的时间是往返时间,所以距离要除以 2,也即 0.017。代码如下。

```
# include "sys.h"
# include "led.h"
# include "oled.h"
# include "timer.h"
```

```
int main(void)
{
    u8 buf[20];
    NVIC_PriorityGroupConfig(NVIC_PriorityGroup_2);      //设置系统中断优先级分组 2
    delay_init(168);                                     //初始化延时,168 为 CPU 运行频率
    uart_init(115200);                                   //串口初始化
    OLED_Init(1);                                        //初始化 OLED,正向显示
    TIM5_CH1_Cap_Init(0XFFFFFFFF,8-1);                   //以 21MHz 的频率计数
    while(1)
    {
        Wave_SRD_Strat();
        LED0 = !LED0;
        sprintf((char * )buf," % fCM",Distance);
        OLED_ShowString(0,0,buf,16);
        delay_ms(100);
    }

}
```

**注**：本节实验例程源码可扫描"4.12 本章小结"中的二维码,见 4-2 超声波传感器实验。

将 STLink 与计算机连接在一起,确保硬件连接正确,按 F7 键进行编译,按 F8 键进行烧录。烧录完成后拔掉 STLink,用 miniUSB 给 STM32 开发板供电,观察现象。

### 4.2.4　实验现象

运行程序后,传感器对准测量物,OLED 屏显示当前距离值。实验现象可扫描下方二维码。

二维码 4.2　超声波传感器实验

### 4.2.5　作业

做多次测量,取平均值作为最终的测量距离。

# 4.3　温湿度传感器实验

**实验目的**

了解温湿度传感器的工作原理,学会用温湿度传感器测量环境的温湿度。

## 4.3.1　温湿度传感器简介

DHT11 数字温湿度传感器是一款含有已校准数字信号输出的温湿度复合传感器,采用专用的数字模块采集技术和温湿度传感技术,确保具有极高的可靠性和稳定性。传感器包括一个电阻式感湿元件和一个 NTC 测温元件,具有响应速度快、抗干扰能力强的优点。DHT11 传感器必须经过校准才可以使用,校准系数以程序的形式存在 OTP 内存中,传感器内部在检测信号的过程中要调用这些校准系数。

DHT11 数字温湿度传感器采用单总线数据格式。即,单个数据引脚端口完成输入输出双向传输。数据包由 5Byte(40Bit)组成。数据分小数部分和整数部分,一次完整的数据传输为 40bit,高位先出。DHT11 的数据格式为:8bit 湿度整数数据＋8bit 湿度小数数据＋8bit 温度整数数据＋8bit 温度小数数据＋8bit 校验和。其中,校验和数据为前 4Byte相加。传感器数据输出的是未编码的二进制数据。数据(湿度、温度、整数、小数)之间应该分开处理。如表 4.1 所示。

**表 4.1　DHT11 数字温湿度传感器数据格式表**

| Byte4 | Byte3 | Byte2 | Byte1 | Byte0 |
|---|---|---|---|---|
| 00101101 | 00000000 | 00011100 | 00000000 | 0100100 |
| 整数 | 小数 | 整数 | 小数 | 校验和 |
| 湿度 | | 温度 | | 校验和 |

由以上数据就可得到湿度和温度的值,计算方法:

湿度＝Byte4. Byte3＝45.0（%RH）

温度＝Byte2. Byte1＝28.0（℃）

校验＝Byte4＋Byte3＋Byte2＋ Byte1＝73（＝湿度＋温度）（校验正确）

可以看出,DHT11 的数据格式是十分简单的,DHT11 和 MCU 的一次通信时间最大为 3ms 左右。

DHT11 的传输时序如图 4.5 所示。

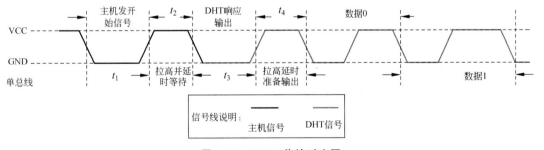

**图 4.5　DHT11 传输时序图**

首先主机发送开始信号,即拉低数据线,保持 $t_1$(至少 18ms)时间,然后拉高数据线 $t_2$(20～40$\mu$s)时间,然后读取 DHT11 的响应,保持 $t_3$(40～50$\mu$s)时间,作为响应信号,然后

DHT11 拉高数据线,保持 $t_4$(40～50μs)时间后,开始输出数据。DHT11 输出数字 0 的时序如图 4.6 所示。

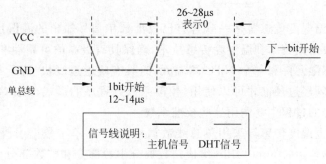

**图 4.6  DHT11 输出数字 0 的时序图**

DHT11 输出数字 1 的时序如图 4.7 所示。

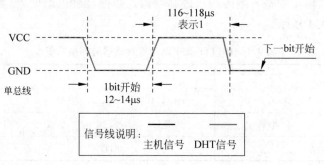

**图 4.7  DHT11 输出数字 1 的时序图**

## 4.3.2  硬件设计

该部分硬件有 STM32 主控板、串口线、STLink、温湿度传感器、OLED 模块。实物与接口如图 4.8 所示,硬件连接如图 4.9 所示。

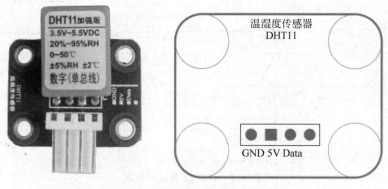

**图 4.8  温湿度传感器实物与接口图**

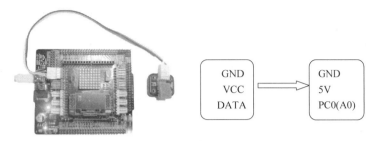

图 4.9 硬件连接图

## 4.3.3 软件设计

打开工程文件,新建 dht11.h 文件,在该头文件中定义 __DHT11_H,代码如下。

```
#ifndef __DHT11_H
#define __DHT11_H
#include "sys.h"

//I/O方向设置
#define DHT11_IO_IN()  {GPIOC->MODER&=~(3<<(0*2));GPIOC->MODER|=0<<0*2;}
                                                    //PG9 输入模式
#define DHT11_IO_OUT() {GPIOC->MODER&=~(3<<(0*2));GPIOC->MODER|=1<<0*2;}
                                                    //PG9 输出模式

#define  DHT11_DQ_OUT PCout(0)               //数据端口,PG9
#define  DHT11_DQ_IN  PCin(0)                //数据端口,PG9

u8 DHT11_Init(void);                         //初始化 DHT11
u8 DHT11_Read_Data(u8 *temp,u8 *humi);       //读取温湿度
u8 DHT11_Read_Byte(void);                    //读出一个字节
u8 DHT11_Read_Bit(void);                     //读出一个位
u8 DHT11_Check(void);                        //检测是否存在 DHT11
void DHT11_Rst(void);                        //复位 DHT11
#endif
```

新建 dht11.c 文件,代码如下。

```
#include "dht11.h"
#include "delay.h"

//复位 DHT11
void DHT11_Rst(void)
{
    DHT11_IO_OUT();                          //SET OUTPUT
    DHT11_DQ_OUT = 0;                        //拉低 DQ
    delay_ms(20);                            //拉低至少 18ms
    DHT11_DQ_OUT = 1;                        //DQ = 1
```

```
    delay_us(30);                            //主机拉高 20～40μs
}
//等待 DHT11 的回应
//返回 1:未检测到 DHT11 的存在
//返回 0:存在
u8 DHT11_Check(void)
{
    u8 retry = 0;
    DHT11_IO_IN();                           //SET INPUT
    while (DHT11_DQ_IN&&retry < 100)         //DHT11 会拉低 40～80μs
    {
        retry++;
        delay_us(1);
    }
    if(retry > = 100)return 1;
    else retry = 0;
    while (!DHT11_DQ_IN&&retry < 100)        //DHT11 拉低后会再次拉高 40～80μs
    {
        retry++;
        delay_us(1);
    }
    if(retry > = 100)return 1;
    return 0;
}
//从 DHT11 读取一个位
//返回值: 1/0
u8 DHT11_Read_Bit(void)
{
    u8 retry = 0;
    while(DHT11_DQ_IN&&retry < 100)          //等待变为低电平
    {
        retry++;
        delay_us(1);
    }
    retry = 0;
    while(!DHT11_DQ_IN&&retry < 100)         //等待变高电平
    {
        retry++;
        delay_us(1);
    }
    delay_us(40);                            //等待 40μs
    if(DHT11_DQ_IN)return 1;
    else return 0;
}
//从 DHT11 读取一个字节
//返回值: 读到的数据
u8 DHT11_Read_Byte(void)
{
    u8 i,dat;
    dat = 0;
```

```
        for (i = 0;i < 8;i++)
        {
            dat << = 1;
            dat| = DHT11_Read_Bit();
        }
        return dat;
    }
//从 DHT11 读取一次数据
//temp:温度值(范围:0~50℃)
//humi:湿度值(范围:20% ~90%)
//返回值: 0,正常;1,读取失败
u8 DHT11_Read_Data(u8  * temp,u8  * humi)
{
    u8 buf[5];
    u8 i;
    DHT11_Rst();
    if(DHT11_Check() == 0)
    {
        for(i = 0;i < 5;i++)                         //读取 40 位数据
        {
            buf[i] = DHT11_Read_Byte();
        }
        if((buf[0] + buf[1] + buf[2] + buf[3]) == buf[4])
        {
            * humi = buf[0];
            * temp = buf[2];
        }
    }else return 1;
    return 0;
}
//初始化 DHT11 的 I/O 端口 DQ,同时检测 DHT11 的存在
//返回 1:不存在
//返回 0:存在
u8 DHT11_Init(void)
{
    GPIO_InitTypeDef   GPIO_InitStructure;

    RCC_AHB1PeriphClockCmd(RCC_AHB1Periph_GPIOC, ENABLE);    //使能 GPIOC 时钟

    GPIO_InitStructure.GPIO_Pin = GPIO_Pin_0;
    GPIO_InitStructure.GPIO_Mode = GPIO_Mode_OUT;            //普通输出模式
    GPIO_InitStructure.GPIO_OType = GPIO_OType_PP;           //推挽输出
    GPIO_InitStructure.GPIO_Speed = GPIO_Speed_50MHz;        //50MHz
    GPIO_InitStructure.GPIO_PuPd = GPIO_PuPd_UP;             //上拉
    GPIO_Init(GPIOC, &GPIO_InitStructure);                   //初始化
    DHT11_Rst();
    return DHT11_Check();
}
```

main 函数代码如下。

```c
#include "sys.h"
#include "led.h"
#include "oled.h"
#include "dht11.h"

int main(void)
{
    u8 t = 0;
    u8 temperature;
    u8 humidity;
    u8 buf[10];
    NVIC_PriorityGroupConfig(NVIC_PriorityGroup_2);        //设置系统中断优先级分组2
    delay_init(168);                                       //初始化延时,168为CPU运行频率
    uart_init(115200);                                     //串口初始化
    LED_Init();                                            //初始化LED灯
    OLED_Init(1);                                          //初始化OLED,正向显示
    while(DHT11_Init())                                    //DHT11初始化
    {
        OLED_ShowString(0,0,(unsigned char * )"DHT11 Error",16);
        printf("EEROR\r\n");
    }
    OLED_Clear();
    while(1)
    {
        if(t % 10 == 0)                                    //每100ms读取一次
        {
            DHT11_Read_Data(&temperature,&humidity);       //读取温湿度值
            sprintf((char * )buf," % d",temperature);
            OLED_ShowString(0,0,buf,16);                   //显示温度
            sprintf((char * )buf," % d",humidity);
            OLED_ShowString(0,2,buf,16);                   //显示湿度
        }
        delay_ms(10);
        t++;
        if(t == 20)
        {
            t = 0;
            LED0 = ! LED0;
        }
    }
}
```

**注**：本节实验例程源码可扫描"4.12 本章小结"中的二维码,见 4-3 温湿度传感器实验。

将 STLink 与计算机连接在一起,确保硬件连接正确,按 F7 键进行编译,按 F8 键进行烧录。烧录完成后拔掉 STLink,用 miniUSB 给 STM32 开发板供电,观察现象。

### 4.3.4 实验现象

运行程序后,OLED 屏显示当前环境的温度和湿度。实验现象可扫描下方二维码。

二维码 4.3 温湿度传感器实验

# 4.4 红外热释电传感器实验

### 实验目的

了解红外热释电传感器的工作原理,学会使用红外热释电传感器。

### 4.4.1 红外热释电传感器简介

人体红外感应模块具有低功耗、小体积等特点,其内部采用的数字信号处理,抗干扰性强、灵敏度高、可靠性强,可广泛应用于自动感应电路。

HC-SR501 模块具有全自动感应(当有人进入其感应范围则输出高电平,人离开感应范围则自动延时关闭高电平输出低电平)、两种触发方式(L 表示不可重复,H 表示可重复,可跳线选择,默认为 H)等特点,并且预留有光敏控制,可添加光敏电阻,白天或者光线强时不感应(5539 光敏电阻配合使用)。使用时需要将模块的 OUT 端口接到开发板的 A0 端口,然后设置 A0 为普通输入模式,下拉,读 I/O 状态即可,高电平为有人靠近,LED0 亮。

HC-SR501 模块参数如表 4.2 所示。

表 4.2 HC-SR501 模块参数

| 工作电压 | 延时时间 | 触发方式 | 输出电平 | 工作温度 | 感应范围 |
| --- | --- | --- | --- | --- | --- |
| 3~12V | 2s | 可重复 | 3V | -20~60℃ | ≤100°锥角,2~5m |

### 4.4.2 硬件设计

该部分硬件有 STM32 主控板、串口线、STLink、红外热释电传感器、OLED 模块,硬件连接如图 4.10 所示。

### 4.4.3 软件设计

main 函数代码如下。

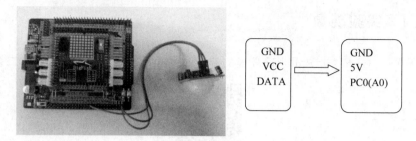

**图 4.10　硬件连接图**

```
# include "sys. h"
# include "led. h"
# include "Infrared_pyroelectricity. h"

int main(void)
{
    NVIC_PriorityGroupConfig(NVIC_PriorityGroup_2);   //设置系统中断优先级分组2
    delay_init(168);                                  //初始化延时,168 为 CPU 运行频率
    LED_Init();                                        //初始化 LED 灯
    Infrared_pyroelectricity_Init();
    while(1)
    {
        if(READ)                                       //如果测量高电平
            LED0 = 0;                                  //开启 LED0
        else
            LED0 = 1;                                  //否则,关闭 LED0
    }
}
```

**注**：本节实验例程源码可扫描"4.12 本章小结"中的二维码，见 4-4 红外热释电传感器实验。

将 STLink 与计算机连接在一起，确保硬件连接正确，按 F7 键进行编译，按 F8 键进行烧录。烧录完成后拔掉 STLink，用 miniUSB 给 STM32 开发板供电，观察现象。

## 4.4.4　实验现象

运行程序后，当检测到有人进入时 LED0 亮，没有检测到 LED0 灭。实验现象可扫描下方二维码。

**二维码 4.4　红外热释电传感器实验**

# 4.5　加速度传感器实验

## 实验目的

了解加速度传感器的工作原理,学会用加速度传感器检测物体的方向。

### 4.5.1　三轴加速度传感器简介

加速度传感器可以对物体运动过程中的加速度进行测量,可实现对物体的姿态或者运动方向的检测。

本实验中所用的三轴加速度传感器是 Freescale(飞思卡尔)公司生产的微型电容式三轴加速度传感器 MMA7361 芯片。MMA7361 采用信号调理、单极低通滤波器和温度补偿技术,提供 $1.5g/6g$ 两个量程,并且带有低通滤波且已做 $0g$ 补偿。

### 4.5.2　硬件设计

该部分硬件有 STM32 主控板、BigFish 扩展板、串口线、STLink、加速度传感器、OLED 模块。加速度传感器实物与接口如图 4.11 所示,硬件连接如图 4.12 所示。

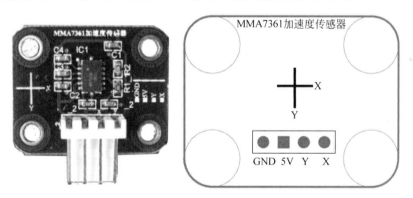

图 4.11　三轴加速度传感器实物与接口图

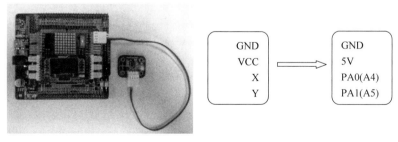

图 4.12　硬件连接图

### 4.5.3　软件设计

main 函数代码如下。

```
# include "sys.h"
# include "led.h"
# include "oled.h"
# include "adc.h"

int main(void)
{
    u16 x,y;
    u8 buf[20];
    NVIC_PriorityGroupConfig(NVIC_PriorityGroup_2);     //设置系统中断优先级分组 2
    delay_init(168);                                    //初始化延时,168 为 CPU 运行频率
    OLED_Init(1);                                       //初始化 OLED,正向显示
    Adc_Init();                                         //初始化 ADC
    while(1)
    {
        x = Get_Adc_Average(ADC_Channel_0,10);          //获取 x 轴数据
        y = Get_Adc_Average(ADC_Channel_1,10);          //获取 y 轴数据
        sprintf((char * )buf,"x: % d",x);               //显示在 OLED 屏幕上
        OLED_ShowString(0,0,buf,16);
        sprintf((char * )buf,"y: % d",y);
        OLED_ShowString(0,2,buf,16);
    }
}
```

**注**：本节实验例程源码可扫描"4.12 本章小结"中的二维码,见 4-5 加速度传感器实验。

将 STLink 与计算机连接在一起,确保硬件连接正确,按 F7 键进行编译,按 F8 键进行烧录。烧录完成后拔掉 STLink,用 miniUSB 给 STM32 开发板供电,观察现象。

### 4.5.4　实验现象

运行程序后,晃动传感器,在 OLED 屏上显示当前三个方向的加速度值。实验现象可扫描下方二维码。

二维码 4.5　加速度传感器实验

## 4.6　压力传感器实验

**实验目的**

了解压力传感器的工作原理,学会利用压力传感器测量物体的重量。

## 4.6.1　压力传感器简介

将应变片粘贴在悬臂梁上,当悬臂梁受到外力作用时会产生形变,应变片会跟着悬臂梁发生形变,从而改变应变片的长度和截面积。而电阻 $R$ 的大小跟其长度和截面积有关,因此,当悬臂梁受外力作用时,应变片的电阻会发生变化,即可得到压力 $F$ 与电阻 $R$ 的变化关系。

本实验采用 HX711 压力传感器模块,具有 24 位 A/D 转换,集成了包括稳压电源、片内时钟振荡器等外围电路,具有集成度高、响应速度快、抗干扰性强等优点。输入选择开关可任意选取通道 A 或通道 B,与其内部的低噪声可编程放大器相连。通道 A 的可编程增益为 128 或 64,对应的满额度差分输入信号幅值分别为 ±20mV 或 ±40mV。通道 B 则为固定的 32 增益,用于系统参数检测。模块内提供的稳压电源可以直接向外部传感器和模块内的 A/D 转换器提供电源。参数如表 4.3 所示。

表 4.3　HX711 压力传感器模块参数

| 量程 | 支架直径 | 校准后精度 | 输出信号 |
| --- | --- | --- | --- |
| 10kg、5kg 或 1kg | 10cm | 小于 1g | 数字信号 |

## 4.6.2　硬件设计

该部分硬件有 STM32 主控板、BigFish 扩展板、串口线、STLink、压力传感器、OLED 模块。硬件连接如图 4.13 所示。

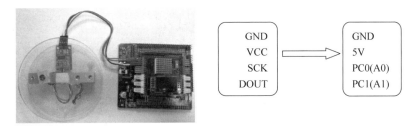

图 4.13　硬件连接图

## 4.6.3　软件设计

打开工程文件,新建 HX711.h 文件,在该头文件中定义 __HX711_H,代码如下。

```
#ifndef __HX711_H
#define __HX711_H

#include "sys.h"
```

```
# include "delay. h"

# define HX711_SCK PCout(0)// PC0
# define HX711_DOUT PCin(1)// PC1

void Init_HX711pin(void);
u32 HX711_Read(void);
void Get_Maopi(void);
void Get_Weight(void);

extern u32 HX711_Buffer;
extern u32 Weight_Maopi;
extern float Weight_Shiwu;
extern u8 Flag_Error;

# endif
```

新建 HX711. c 文件,代码如下。

```
# include "HX711. h"

u32 HX711_Buffer;
u32 Weight_Maopi;
float Weight_Shiwu;
u8 Flag_Error = 0;

//校准参数
# define GapValue 398. 9

void Init_HX711pin(void)
{
    GPIO_InitTypeDef GPIO_InitStructure;

    RCC_AHB1PeriphClockCmd(RCC_AHB1Periph_GPIOC,ENABLE);        //使能 GPIOC 时钟

    //HX711_SCK
    GPIO_InitStructure.GPIO_Pin = GPIO_Pin_0;                    // 端口配置
    GPIO_InitStructure.GPIO_Speed = GPIO_Speed_100MHz;
    GPIO_InitStructure.GPIO_OType = GPIO_OType_PP;               //推挽复用输出
    GPIO_InitStructure.GPIO_Mode = GPIO_Mode_OUT;
    GPIO_InitStructure.GPIO_PuPd = GPIO_PuPd_UP;
    GPIO_Init(GPIOC, &GPIO_InitStructure);                       //根据设定参数初始化 GPIOB

    //HX711_DOUT
    GPIO_InitStructure.GPIO_Pin = GPIO_Pin_1;
    GPIO_InitStructure.GPIO_Mode = GPIO_Mode_IN;
    GPIO_InitStructure.GPIO_OType = GPIO_OType_PP;               //设置成上拉输入
    GPIO_InitStructure.GPIO_Speed = GPIO_Speed_100MHz;
    GPIO_Init(GPIOC, &GPIO_InitStructure);
```

```
    GPIO_SetBits(GPIOC,GPIO_Pin_0);              //初始化设置为 0
}

//读取 HX711

u32 HX711_Read(void)                             //增益为 128
{
    unsigned long count;
    unsigned char i;
    HX711_DOUT = 1;
    delay_us(1);
    HX711_SCK = 0;
    count = 0;
    while(HX711_DOUT);
    for(i = 0;i < 24;i++)
    {
        HX711_SCK = 1;
        count = count << 1;
        delay_us(1);
        HX711_SCK = 0;
        if(HX711_DOUT)
            count++;
        delay_us(1);
    }
    HX711_SCK = 1;
count = count^0x800000;                          //第 25 个脉冲下降沿来时,转换数据
delay_us(1);
HX711_SCK = 0;
return(count);
}

//获取毛皮质量
void Get_Maopi(void)
{
    Weight_Maopi = HX711_Read();
}

//称重
void Get_Weight(void)
{
    s32 x;
    HX711_Buffer = HX711_Read();
    if(HX711_Buffer > Weight_Maopi)
    {
        x = HX711_Buffer;
        x = x - Weight_Maopi;                    //获取实物的 AD 采样数值

        Weight_Shiwu = (s32)((float)x/GapValue);
        //计算实物的实际质量
    }

}
```

main 函数代码如下。

```
# include "sys. h"
# include "led. h"
# include "oled. h"
# include "key. h"
# include "HX711. h"


int main(void)
{
    u8 buf[30];
    NVIC_PriorityGroupConfig(NVIC_PriorityGroup_2);    //设置系统中断优先级分组 2
    delay_init(168);                                   //初始化延时,168 为 CPU 运行频率
    uart_init(115200);                                 //串口初始化
    LED_Init();                                        //初始化 LED 灯
    OLED_Init(1);                                       //初始化 OLED,正向显示
    KEY_Init();                                        //按键初始化
    Init_HX711pin();                                    //初始化压力传感器
    Get_Maopi();                                        //获取毛重
    delay_ms(500);
    delay_ms(500);
    Get_Maopi();                                        //在初始化时请不要放任何东西
    while(1)
    {
        Get_Weight();
        sprintf((char * )buf,"% fG   ",Weight_Shiwu);
        OLED_ShowString(0,0,buf,16);
    }

}
```

**注**：本节实验例程源码可扫描"4.12 本章小结"中的二维码,见 4-6 压力传感器实验。

将 STLink 与计算机连接在一起,确保硬件连接正确,按 F7 键进行编译,按 F8 键进行烧录。烧录完成后拔掉 STLink,用 miniUSB 给 STM32 开发板供电,观察现象。

### 4.6.4　实验现象

运行程序后,在压力传感器上放置物品,OLED 屏显示物品的质量。实验现象可扫描下方二维码。

二维码 4.6　压力传感器实验

### 4.6.5　作业

利用压力传感器、4×4 键盘、OLED 屏等,制作电子秤。要求：放上物品,输入单价后

（能输入小数），显示总价；在 OLED 上显示；输入有误时可删除。

放上物品，输入金额，支持小数点（＊按键）、输错删除（C 按键）、结算（D 按键）、设置时间（A 按键）、移动光标（3 按键）、加减（1、2 按键）、确认（4 按键）。

参考硬件：STM32 主控板、BigFish 扩展板、串口线、STLink、压力传感器、4×4 矩阵键盘、OLED 模块。硬件连接如图 4.14 所示。

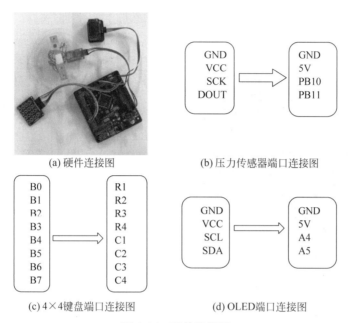

(a) 硬件连接图　　　　　　(b) 压力传感器端口连接图

(c) 4×4键盘端口连接图　　　　　　(d) OLED端口连接图

**图 4.14　硬件连接图**

# 4.7　烟雾传感器实验

## 实验目的

了解烟雾传感器的工作原理，学会利用烟雾传感器对室内烟雾浓度做出预警。

## 4.7.1　烟雾传感器简介

MQ-2 烟雾感应模块是用针对特殊气体或微粒敏感的电阻来判断是否存在可燃气体或烟雾颗粒。输出有两种方式：A0 口输出当前特殊气体含量参考值（0～1023）；D0 口根据预先设定的参考值的阈值输出高电平或低电平信号。MQ-2 技术参数如表 4.4 所示。

**表 4.4　MQ-2 技术参数**

| 输入电压 | DC5V | DO 输出 | TTL 数字量 0 和 1(0.1V 和 5V) |
|---|---|---|---|
| 功耗(电流) | 150mA | AO 输出 | 0.1～0.3V(相对无污染)，最高浓度电压为 4V 左右 |

## 4.7.2　硬件设计

该部分硬件有 STM32 主控板、BigFish 扩展板、串口线、STLink、烟雾传感器、OLED 模块模块,硬件连接如图 4.15 所示。

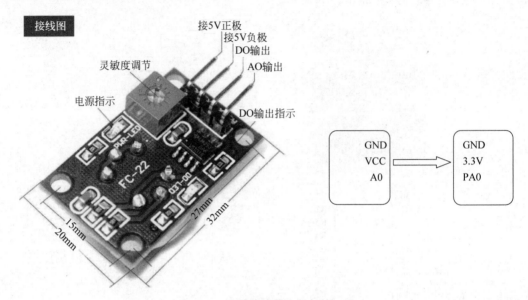

图 4.15　烟雾传感器实物与接口图

## 4.7.3　软件设计

main 函数代码如下:

```
# include "sys. h"
# include "led. h"
# include "oled. h"
# include "adc. h"

int main(void)
{
    float vlue = 0;
    u8 buf[10];
    NVIC_PriorityGroupConfig(NVIC_PriorityGroup_2);      //设置系统中断优先级分组 2
    delay_init(168);                                      //初始化延时,168 为 CPU 运行频率
    OLED_Init(1);                                         //初始化 OLED,正向显示
    Adc_Init();
    while(1)
    {
        vlue = Get_Adc_Average(ADC_Channel_0,20);        //通道 0,20 次的平均结果
        vlue = (vlue/4096) * 100;                         //计算百分比
        sprintf((char * )buf," % .2f % % ",vlue);
```

```
        OLED_ShowString(0,0,buf,16);
        LED0 = !LED0;                          //LED0 灯闪烁,提示运行正常
    }
}
```

**注**:本节实验例程源码可扫描"4.12 本章小结"中的二维码,见 4-7 烟雾传感器实验。

将 STLink 与计算机连接在一起,确保硬件连接正确,按 F7 键进行编译,按 F8 键进行烧录。烧录完成后拔掉 STLink,用 miniUSB 给 STM32 开发板供电,观察现象。

### 4.7.4 实验现象

运行程序后,用打火机放气(不打火),靠近传感器,观察 OLED 屏幕数值的变化。实验现象可扫描下方二维码。

**二维码 4.7 烟雾传感器实验**

# 4.8 颜色识别实验

**实验目的**

了解颜色传感器的工作原理,学会利用颜色传感器识别物体的颜色特征。

### 4.8.1 颜色传感器简介

TCS3200 颜色传感器包括了一块 TAOS TCS3200RGB 感应芯片和 4 个白色 LED 灯,能在一定的范围内检测和测量几乎所有的可见光。TCS3200 有大量的光检测器,每个都有红、绿、蓝和清除 4 种滤光器。每 6 种颜色滤光器均匀地按数组分布来清除颜色中偏移位置的颜色分量。内置的振荡器能输出方波,其频率与所选择的光的强度成比例。

通常所看到的物体颜色,实际上是物体表面吸收了照射到它上面的白光(日光)中的一部分有色成分,而反射出的另一部分有色光在人眼中的反应。白色是由各种频率的可见光混合在一起构成的,也就是说白光中包含着各种颜色的色光(如红 R、黄 Y、绿 G、青 V、蓝 B、紫 P)。根据德国物理学家赫姆霍兹(Helmholtz)的三原色理论可知,各种颜色是由不同比例的三原色(红、绿、蓝)混合而成的。

由上面的三原色感应原理可知,如果知道构成各种颜色的三原色的值,就能够知道所检测物体的颜色。对于 TCS3200 来说,当选定一个颜色滤波器时,它只允许某种特定的原色通过,阻止其他原色通过。例如,当选择红色滤波器时,入射光中只有红色可以通过,蓝色和

绿色都被阻止,这样就可以得到红色光的光强;同理,选择其他滤波器,就可以得到蓝色光和绿色光的光强。通过这三个光强值,就可以分析出反射到 TCS3200 传感器上的光的颜色。

TCS3200 颜色传感器有 4 种滤光器,可以通过其引脚 S2 和 S3 的高低电平来选择滤波器模式,如表 4.5 所示。

表 4.5    TCS3200 颜色表

| S2 | S3 | 颜 色 类 别 |
| --- | --- | --- |
| LOW | LOW | 红 |
| LOW | HIGH | 蓝 |
| HIGH | LOW | 清除,无脉冲 |
| HIGH | HIGH | 绿 |

TCS3200 有可编程的彩色光到电信号频率的转换器,当被测物体反射光的红、绿、蓝三色光线分别透过相应滤波器到达 TAOS TCS3200RGB 感应芯片时,其内置的振荡器会输出方波,方波频率与所感应的光强成比例,光线越强,内置的振荡器方波频率越高。TCS3200 传感器有一个 OUT 引脚,输出信号的频率与内置振荡器的频率也成比例,它的比率因子可以靠其引脚 S0 和 S1 的高低电平来选择,如表 4.6 所示。

表 4.6    输出信号表

| S0 | S1 | 输 出 频 率 |
| --- | --- | --- |
| LOW | LOW | 不上电 |
| LOW | HIGH | 2% |
| HIGH | LOW | 20% |
| HIGH | HIGH | 100% |

有了输出频率比例因子,再进行白平衡校正来得到 RGB 比例因子,即可通过 OUT 引脚输出信号频率来换算出被测物体由三原色光强组成的 RGB 颜色值。

白平衡校正方法是:把一个白色物体放置在 TCS3200 颜色传感器之下,两者相距 10mm 左右,点亮传感器上的 4 个白光 LED 灯,用控制器的定时器设置一个固定时间 1s,然后选通三原色的滤波器,让被测物体反射光中红、绿、蓝三色光分别通过滤波器,计算 1s 内三色光对应的 TCS3200 传感器 OUT 输出信号脉冲数(单位时间的脉冲数包含了输出信号的频率信息),再通过正比算式得到白色物体 RGB 值 255 与三色光脉冲数的比例因子。有了白平衡校正得到的 RGB 比例因子,则其他颜色物体反射光中红、绿、蓝三色光对应的 TCS3200 输出信号 1s 内脉冲数乘以 R、G、B 比例因子,就可换算出被测物体的 RGB 标准值。

## 4.8.2  硬件设计

该部分硬件有 STM32 主控板、BigFish 扩展板、串口线、STLink、颜色识别传感器、OLED 模块,实物与接口如图 4.16 所示。

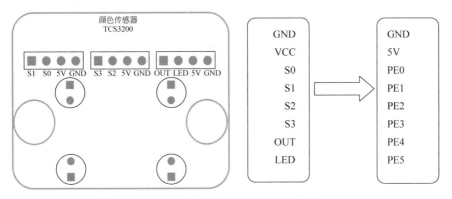

图 4.16　颜色传感器实物与接口图

## 4.8.3　软件设计

打开工程文件,新建 rgb.h 文件,在该头文件中定义 __ TTL_H 以及管脚,代码如下。

```
# ifndef __ RGB_H
# define __ RGB_H
# include "sys.h"
# include "exti.h"
# include "timer.h"

# define s0      PEout(0)
# define s1      PEout(1)
# define s2      PEout(2)
# define s3      PEout(3)
# define led     PEout(5)

# define LOW     0
# define HIGH    1

void TSC_FilterColor(int Level01, int Level02);
void TSC_WB(int Level0, int Level1);
void RGB_Init(void);
# endif
```

新建 rgb.c 文件,代码如下。

```
# include "rgb.h"

//RGB I/O初始化
void RGB_Init(void)
{
    GPIO_InitTypeDef  GPIO_InitStructure;
```

```
    RCC_AHB1PeriphClockCmd(RCC_AHB1Periph_GPIOE, ENABLE);        //使能 GPIOF 时钟
    GPIO_InitStructure.GPIO_Pin = GPIO_Pin_0|GPIO_Pin_1|GPIO_Pin_2|GPIO_Pin_3|GPIO_Pin_5;
                                                                 //对应引脚
    GPIO_InitStructure.GPIO_Mode = GPIO_Mode_OUT;                //普通输出模式
    GPIO_InitStructure.GPIO_OType = GPIO_OType_PP;               //推挽输出
    GPIO_InitStructure.GPIO_Speed = GPIO_Speed_100MHz;           //100MHz
    GPIO_InitStructure.GPIO_PuPd = GPIO_PuPd_UP;                 //上拉
    GPIO_Init(GPIOE, &GPIO_InitStructure);                       //初始化

    s0 = 0;
    s1 = 1;

}

//选择滤波器模式,决定让红、绿、蓝哪种光线通过滤波器
void TSC_FilterColor(int Level01, int Level02)
{
    if(Level01 != LOW)
      Level01 = HIGH;
    if(Level02 != LOW)
      Level02 = HIGH;
    s2 = Level01;
    s3 = Level02;
}

//设置反射光中红、绿、蓝三色光分别通过滤波器时如何处理数据的标志
//该函数被 TSC_Callback 调用
void TSC_WB(int Level0, int Level1)
{
    number = 0;                                                 //计数值清零
    count ++;                                                   //输出信号计数标志
    TSC_FilterColor(Level0, Level1);                            //滤波器模式
      TIM_SetCounter(TIM3,0);                                   //计数器清空
}
```

main 函数代码如下。

```
# include "sys.h"
# include "led.h"
# include "timer.h"
# include "oled.h"

float g_SF[3];                  //存储从 TCS3200 输出信号的脉冲数转换为 RGB 标准值的 RGB 比例因子
int main(void)
{
    u8 buf[10], i = 0;
    u16 color[3];
    NVIC_PriorityGroupConfig(NVIC_PriorityGroup_2);             //设置系统中断优先级分组 2
    delay_init(168);                                            //初始化延时,168 为 CPU 运行频率
    uart_init(115200);                                          //串口初始化
```

```
RGB_Init();
OLED_Init(1);                                    //OLED 屏幕初始化
EXTIX_Init();                                    //开启中断
TIM3_Int_Init(10000 - 1,8400 - 1);
led = 1;
delay_ms(4000);
g_SF[0] = 255.0/g_array[0];                      //红色光比例因子
g_SF[1] = 255.0/g_array[1];                      //绿色光比例因子
g_SF[2] = 255.0/g_array[2];                      //蓝色光比例因子

while(1)
{
    count = 0;
    delay_ms(4000);
    for(i = 0; i < 3; i++)
    color[i] = g_array[i] * g_SF[i];
    sprintf((char * )buf,"R: % d ",color[0]);
    OLED_ShowString(0,0,buf,16);

    sprintf((char * )buf,"G: % d ",color[1]);
    OLED_ShowString(0,2,buf,16);

    sprintf((char * )buf,"B: % d ",color[2]);
    OLED_ShowString(0,4,buf,16);
}
}
```

**注**: 本节实验例程源码可扫描"4.12 本章小结"中的二维码,见 4-8 颜色识别实验。

将 STLink 与计算机连接在一起,确保硬件连接正确,按 F7 键进行编译,按 F8 键进行烧录。烧录完成后拔掉 STLink,用 miniUSB 给 STM32 开发板供电,观察现象。

### 4.8.4  实验现象

运行程序后,把被测物体靠近传感器,观察 OLED 屏幕上 RGB 的数值。实验现象可扫描下方二维码。

二维码 4.8  颜色识别实验

# 4.9  红外测距实验

## 实验目的

了解红外测距传感器的工作原理,学会利用红外测距传感器完成避障等功能。

### 4.9.1　红外测距传感器简介

GP2Y0A21YKIR Sensor 红外测距传感器用来对物体的距离进行测量,可实现轮式机器人的避障功能。它具有体积小、功耗低、测距精度高等特点。主要参数如下。

(1) 测量射程范围:10～80cm。

(2) 电源电压:4.5～5.5V。

(3) 平均功耗:33～40mA。

(4) 峰值功耗:约 200mA。

(5) 更新频率/周期:25Hz/40ms,由单片机采样频率决定。

(6) 模拟输出噪声:<200mV。

(7) 测量距离与输出模拟电压关系:2.4～0.4V 模拟信号对应 10～80cm,输出与距离成反比非线性关系。

### 4.9.2　硬件设计

该部分硬件有 STM32 主控板、BigFish 扩展板、串口线、STLink、红外测距传感器,硬件连接如图 4.17 所示。

图 4.17　红外测距传感器实物与接口图

### 4.9.3　软件设计

main 函数代码如下。

```
#include "sys.h"
#include "led.h"
#include "key.h"
#include "adc.h"

int DisMeasure(int value)
{
    return ((2914/(value+5))-1);
}

int main(void)
{
```

```
u16 adcx;
float temp,distance;
NVIC_PriorityGroupConfig(NVIC_PriorityGroup_2);    //设置系统中断优先级分组 2
delay_init(168);                                   //初始化延时,168 为 CPU 运行频率
uart_init(115200);                                 //串口初始化
Adc_Init();                                        //初始化 ADC
while(1)
{
    adcx = Get_Adc_Average(ADC_Channel_0,20);      //获取通道 5 的转换值,20 次取平均值
    temp = (3.3/4096) * adcx;                      //计算电压
    distance = (1/(adcx * 0.0000228324 + 0.00140335)) - 4.0;     //换算公式
    printf("距离: %.2f CM   电压: %.2f V \r\n",distance,temp);
    delay_ms(100);
}
}
```

**注**:本节实验例程源码可扫描"4.12 本章小结"中的二维码,见 4-9 红外测距实验。

将 STLink 与计算机连接在一起,确保硬件连接正确,按 F7 键进行编译,按 F8 键进行烧录。烧录完成后拔掉 STLink,用 miniUSB 给 STM32 开发板供电,观察现象。

### 4.9.4　实验现象

运行程序后,通过串口助手观察测量距离。实验现象可扫描下方二维码。

二维码 4.9　红外测距实验

# 4.10　红外编码器实验

**实验目的**

了解红外编码器的工作原理,学会利用红外编码器计数。

### 4.10.1　红外编码器简介

红外编码器由一对红外装置(接收和发射)组成,通过轮盘上的小孔洞来完成计数。当红外线被接收到被遮挡,会产生一个电平的跳变。单片机可以用外部中断来检测,当检测到电平跳变时,在外部中断函数中,把设定的计数值+1,通过此方法来完成计数。

### 4.10.2　硬件设计

该部分硬件有 STM32 主控板、BigFish 扩展板、串口线、STLink、红外测距传感器。红

外编码器实物与接口如图 4.18 所示,硬件连接如图 4.19 所示。

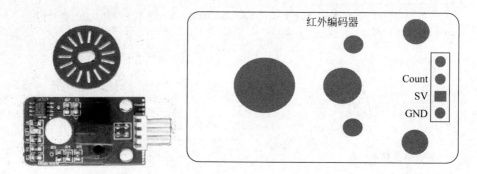

图 4.18  红外编码器实物与接口图

图 4.19  红外编码器硬件连接图

## 4.10.3  软件设计

打开工程文件,新建 ray.h 文件,在该头文件中定义__ RAY_H,代码如下。

```
#ifndef __ RAY_H
#define __ RAY_H
#include "sys.h"
extern void GPIOC_Init(void);
#endif
```

新建 ray.c 文件,代码如下。

```
#include "ray.h"
#include "led.h"
#include "usart.h"

//TIM4 PWM 部分初始化
//PWM 输出初始化
//arr: 自动重装值
//psc: 时钟预分频数
void GPIOC_Init(void)
{
    //此部分需手动修改 I/O 端口设置
    GPIO_InitTypeDef  GPIO_InitStructure;
```

```
        RCC_AHB1PeriphClockCmd(RCC_AHB1Periph_GPIOC, ENABLE);        //使能 GPIOC 时钟

        //GPIOC0 初始化设置
        GPIO_InitStructure.GPIO_Pin = GPIO_Pin_2|GPIO_Pin_3;         //红外对射对应引脚
        GPIO_InitStructure.GPIO_Mode = GPIO_Mode_IN;                 //普通输入模式
        GPIO_InitStructure.GPIO_Speed = GPIO_Speed_100MHz;          //100MHz
        GPIO_InitStructure.GPIO_PuPd = GPIO_PuPd_DOWN;              //下拉
        GPIO_Init(GPIOC, &GPIO_InitStructure);                      //初始化
}
```

main 函数代码如下。

```
#include "sys.h"
#include "led.h"
#include "oled.h"
#include "key.h"
#include "pwm.h"
#include "exti.h"
#include "timer.h"
#include "ray.h"

int main(void)
{
NVIC_PriorityGroupConfig(NVIC_PriorityGroup_2);        //设置系统中断优先级分组 2
    delay_init(168);                                   //初始化延时,168 为 CPU 运行频率
    uart_init(115200);                                 //串口初始化
    KEY_Init();
    GPIOC_Init();
    TIM4_PWM_Init(2000-1,21-1);                        //左电机
    TIM3_PWM_Init(2000-1,21-1);                        //右电机
    EXTIX_Init();                                      //外部中断初始化
    TIM2_Int_Init(10000-1,8400-1);
      TIM_SetCompare3(TIM3,1500);                      //修改比较值,修改占空比
    TIM_SetCompare4(TIM4,1500);
    while(1)
    {
        if(time_flag)
        {
            time_flag = 0;
                        if(printf_flag == 1)
            {
            printf_flag = 0;
            printf("L_rev: % f    R_rev: % f\r\n",L_rev * 0.03,R_rev * 0.03);
            }
        }
    }
}
```

注：本节实验例程源码可扫描"4.12 本章小结"中的二维码,见 4-10 红外编码实验。

将 STLink 与计算机连接在一起,确保硬件连接正确,按 F7 键进行编译,按 F8 键进行烧录。烧录完成后拔掉 STLink,用 miniUSB 给 STM32 开发板供电,观察现象。

### 4.10.4　实验现象

运行程序后,通过串口助手观察电机的转速。实验现象可扫描下方二维码。

二维码 4.10　红外编码实验

## 4.11　RFID 模块实验

### 实验目的

了解 RFID 模块的工作原理,学会利用 RFID 模块读取标签卡信息。

### 4.11.1　RFID 模块简介

本节实验利用 STM32F4 自带的 SPI 实现对 RFID 的控制。

SPI(Serial Peripheral Interface)是串行外围设备接口。SPI 主要应用在 EEPROM、Flash、实时时钟、AD 转换器以及数字信号处理器和数字信号解码器之间。SPI 是一种高速的、全双工、同步的通信总线,并且在芯片的管脚上只占用 4 根线,节约了芯片的管脚。SPI的内部简明图如图 4.20 所示。

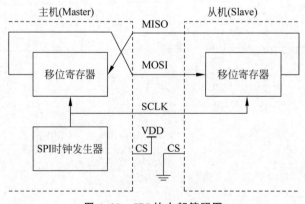

图 4.20　SPI 的内部简明图

图 4.20 中,SPI 接口一般使用 4 条线通信。MISO 为主设备数据输入,从设备数据输出。MOSI 是主设备数据输出,从设备数据输入。SCLK 为时钟信号,由主设备产生。CS

为设备片选信号,由主设备控制。

从图 4.20 可以看出,主机和从机都有一个串行移位寄存器,主机通过向它的 SPI 串行寄存器写入一个字节来发起一次传输。寄存器通过 MOSI 信号线将字节传送给从机,从机也将自己的移位寄存器中的内容通过 MISO 信号线返回给主机。外设的写操作和读操作是同步完成的。如果只进行写操作,主机只需忽略接收到的字节;反之,若主机要读取从机的一个字节,就必须发送一个空字节来引发从机的传输。

SPI 模块为了和外设进行数据交换,根据外设工作要求,其输出串行同步时钟极性和相位可以进行配置,时钟极性(CPOL)对传输协议没有重大的影响。如果 CPOL＝0,则串行同步时钟的空闲状态为低电平;如果 CPOL＝1,则串行同步时钟的空闲状态为高电平。时钟相位(CPHA)能够配置用于选择两种不同的传输协议之一进行数据传输。如果 CPHA＝0,则在串行同步时钟的第一个跳变沿(上升或下降)数据被采样;如果 CPHA＝1,则在串行同步时钟的第二个跳变沿(上升或下降)数据被采样。SPI 主模块和与之通信的外设备时钟相位及极性应该一致。不同时钟相位下的总线数据传输时序如图 4.21 所示。

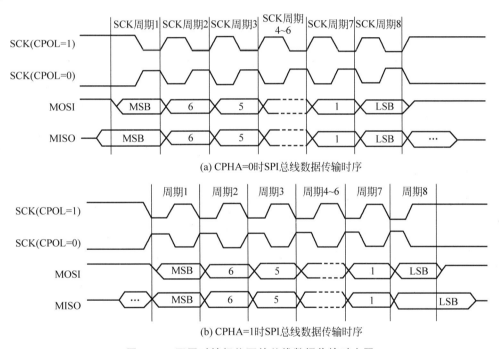

(a) CPHA=0时SPI总线数据传输时序

(b) CPHA=1时SPI总线数据传输时序

图 4.21　不同时钟相位下的总线数据传输时序图

STM32F4 的 SPI 时钟最高可以到 37.5MHz,支持 DMA,可以配置为 SPI 协议或者 I2S 协议(支持全双工 I2S)。

MFRC522 是高度集成的非接触式 RFID。该模块利用调制和解调的原理,可以完全集成到各种非接触式通信方法和协议中。

## 4.11.2　硬件设计

该部分硬件有 STM32 主控板、BigFish 扩展板、串口线、STLink、RFID 模块,实物与接口如图 4.22 所示。

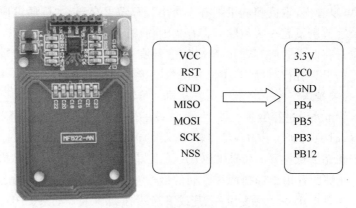

图 4.22　RFID 模块实物与接口图

## 4.11.3　软件设计

main 函数代码如下。

```
# include "sys.h"
# include "led.h"
# include "oled.h"
# include "rc522.h"


int main(void)
{
    NVIC_PriorityGroupConfig(NVIC_PriorityGroup_2);          //设置系统中断优先级分组 2
    delay_init(168);                                          //初始化延时,168 为 CPU 运行频率
    uart_init(115200);                                        //串口初始化
    RFIDGPIO_Init();                                          //初始化 RFID
    printf("RFID²âÊÔ\r\n");
    while(1)
    {
        //寻卡、防冲突、选卡
        if(Request_Anticoll_Select(PICC_REQALL,Card_Type,Card_Buffer,Card_ID) == MI_OK)
{       printf("Card_ID:%d%d%d%d\r\n",Card_ID[0],Card_ID[1],Card_ID[2],Card_ID[3]);
        if(PcdAuthState(PICC_AUTHENT1A,3,Default_Key,Card_ID) == MI_OK)
            {
                    printf("密码验证成功:\r\n");
                if(PcdRead(3,data_buffer) == MI_OK)
                {
                    Printing(data_buffer,16);
                }
            }
        }
    }
}
```

**注**：本节实验例程源码可扫描"4.12 本章小结"中的二维码,见 4-11 RFID 模块实验。

将 STLink 与计算机连接在一起,确保硬件连接正确,按 F7 键进行编译,按 F8 键进行烧录。烧录完成后拔掉 STLink,用 miniUSB 给 STM32 开发板供电,观察现象。

### 4.11.4　实验现象

运行程序后,将标签卡放在 RFID 模块上方,通过串口助手可读出卡内信息。实验现象可扫描下方二维码。

**二维码 4.11　RFID 模块实验**

## 4.12　本 章 小 结

本章介绍了机器人控制技术中常用的几种传感器的工作原理和应用场合,为后续履带车运动控制实验和视觉环形检测台实验等综合实验打下基础,读者需要了解和掌握以下应用内容。

（1）了解本章所介绍的传感器的工作原理。

（2）熟悉各类传感器的应用。

本章实验例程代码可扫描下方二维码。

**二维码 4.12　第 4 章实验例程代码**

# 第 5 章

# 通信模块实践项目

## 5.1 蓝牙通信实验

### 实验目的

了解蓝牙通信原理,实现蓝牙通信,通过手机发送字符串,在 OLED 屏幕上显示发送的字符。

### 5.1.1 蓝牙通信模块简介

蓝牙技术可以实现点对点及点对多点通信,可以工作在全球通用的 2.4GHz ISM(即工业、科学、医学)频段内,其数据速率为 1Mb/s。具有蓝牙的设备使用无线电波进行连接,设备间需要先进行配对,才能相互交流,建立好网络环境后,一台设备为主设备,其他所有设备为从设备。

**1. 蓝牙通信的主从关系**

蓝牙设备间进行通信时,必须有一台设备为主设备,另一台设备为从设备。通信时,主端设备发起查找与配对,建链成功后,两台设备间才可以收发数据。理论上,一个蓝牙主端设备可以同时连接 7 个蓝牙从端设备并通信。具有蓝牙技术的设备可以在两个角色间切换,既可以工作在从模式,等待其他主设备来连接,又可以在需要时转换为主模式,发起呼叫连接其他设备。在从设备等待主设备发起连接时,需要提供自身的蓝牙地址、配对密码等信息,配对完成后,可直接由主设备发起呼叫。

**2. 蓝牙通信的呼叫过程**

蓝牙由主设备发起呼叫时,首先需要查找出周围可被查找的蓝牙设备。主设备找到从设备后,需要输入从设备的 PIN 码与从设备配对,也有设备不需要输入 PIN 码。配对成功后,在从设备上记录主设备的信任信息,从设备便可以被主设备呼叫,已经完成配对的设备在下次呼叫时,不需要再重新配对。已完成配对的设备,可以由从设备发起建链请求,但做数据通信的蓝牙模块一般不发起呼叫。链路建立成功后,主从设备之间即可进行双向的数据或语音通信。在通信状态下,主设备和从设备都可以发起断链,断开蓝牙链路。

**3. 蓝牙通信的数据传输**

最常见的蓝牙数据传输应用之一是一对一串口数据通信,两个蓝牙设备之间的配对信息通常在蓝牙设备出厂前就设好,主设备预存从设备的 PIN 码、地址等,在主从设备间加电就可以自动建链,透明串口传输,无须外围电路干预。从设备在一对一应用中可以设为两种类型:一是静默状态,即只能与指定的主设备通信,不被别的蓝牙设备查找;二是开发状态,即可被指定主查找,也可以被别的蓝牙设备查找建链。

本实验所用的 HC-05 蓝牙串口通信模块如图 5.1 所示,具有两种工作模式:命令响应工作模式和自动连接工作模式,在自动连接工作模式下模块又可分为主(Master)、从(Slave)和回环(Loopback)三种工作角色。当模块处于自动连接工作模式时,将自动根据事先设定的方式进行连接的传输数据;当模块处于命令响应工作模式时执行 AT 命令,用户可向模块发送各种 AT 指令,为模块设定控制参数或发布控制命令。通过控制模块外部引脚(PIO11)输入电平,可以实现模块工作状态的动态转换。

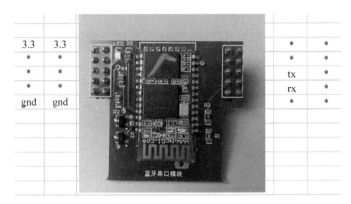

图 5.1　实物及接口图

HC-05 蓝牙串口模块参数如表 5.1 所示。

表 5.1　HC-05 蓝牙串口模块参数

| 蓝牙协议版本 | 蓝牙 V2.0,带蓝牙增强速率 |
|---|---|
| USB 协议 | 全速 USB V1.1,兼容 USB V2.0 |
| 频率 | 2.4GHz ISM 频段 |
| 调制方式 | 高斯频移键键控 |
| 发射功率 | $-4\sim 6$dBm |
| 灵敏度 | $\leqslant -80$dBm(0.1% BER) |
| 通信速率 | 异步:2Mb/s(最大) |
| 供电电源 | 3.3V |
| 工作温度 | $-20\sim +55$℃ |

## 5.1.2　硬件设计

将蓝牙模块的 TX 引脚和开发板串口 3 的 RX 引脚(PB10)连接,蓝牙模块的 RX 引脚和开发板串口 3 的 TX 引脚(PB11)连接,连接好电源和 OLED 之后,将"蓝牙串口助手.apk"安装到手机中,也可自行搜索蓝牙串口助手,下载并安装蓝牙串口助手 APP。STM32 开发板上连接 OLED 屏幕,连接顺序如图 5.2 所示。

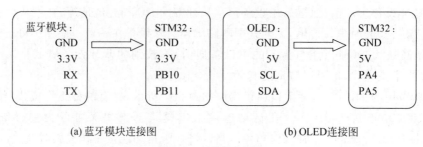

(a) 蓝牙模块连接图　　　　　　　　　(b) OLED连接图

**图 5.2　引脚连接图**

## 5.1.3　软件设计

打开工程，在 usart.c 中编写如下代码。对串口 3 进行初始化，配置串口模式、波特率、数据格式等，使能串口。

```c
# include "sys. h"
# include "usart. h"
# include "stdio. h"
# include "string. h"
/ * 加入以下代码，支持 printf 函数，而不需要选择 use MicroLIB * /
# if 1
# pragma import(__ use_no_semihosting)

/ * 标准库需要的支持函数 * /
struct __FILE
{
    int handle;
};
FILE __ stdout;
/ * 定义_sys_exit 函数以避免使用半主机模式 * /
void _sys_exit(int x)
{
    x = x;
}
/ * 重定义 fputc 函数 * /
int fputc(int ch, FILE * f)
{
    while((USART1 - > SR&0X40) == 0);        //循环发送，直到发送完毕
    USART1 - > DR = (u8) ch;
    return ch;
}
# endif
u8 USART_RX_BUF[USART_REC_LEN];            //接收缓冲，最大 USART_REC_LEN 字节
u8 USART3_TX_BUF[USART_REC_LEN];           //发送缓冲，最大 USART3_MAX_SEND_LEN 字节
u8 USART3_RX_BUF[USART_REC_LEN];           //接收缓冲，最大 USART3_MAX_RECV_LEN 字节

/ * 接收到的数据状态
```

```
    [15]:0,没有接收到数据;1,接收到了一批数据
    [14:0]:接收到的数据长度 */
vu16 USART3_RX_STA = 0;


/* 初始化 I/O 串口 3
   bound:波特率 */
void usart3_init(u32 bound)
{
    NVIC_InitTypeDef NVIC_InitStructure;
    GPIO_InitTypeDef GPIO_InitStructure;
    USART_InitTypeDef USART_InitStructure;

    RCC_AHB1PeriphClockCmd(RCC_AHB1Periph_GPIOB,ENABLE);        //使能 GPIOB 时钟
    RCC_APB1PeriphClockCmd(RCC_APB1Periph_USART3,ENABLE);       //使能 USART3 时钟
    USART_DeInit(USART3);                                       //复位串口 3

    GPIO_PinAFConfig(GPIOB,GPIO_PinSource11,GPIO_AF_USART3);    //GPIOB11 复用为 USART3
    GPIO_PinAFConfig(GPIOB,GPIO_PinSource10,GPIO_AF_USART3);    //GPIOB10 复用为 USART3

    GPIO_InitStructure.GPIO_Pin = GPIO_Pin_11 | GPIO_Pin_10;   //GPIOB11 和 GPIOB10 初始化
    GPIO_InitStructure.GPIO_Mode = GPIO_Mode_AF;               //复用功能
    GPIO_InitStructure.GPIO_Speed = GPIO_Speed_50MHz;         //速率为 50MHz
    GPIO_InitStructure.GPIO_OType = GPIO_OType_PP;             //推挽复用输出
    GPIO_InitStructure.GPIO_PuPd = GPIO_PuPd_UP;              //上拉
    GPIO_Init(GPIOB,&GPIO_InitStructure);                     //初始化 GPIOB11 和 GPIOB10

    USART_InitStructure.USART_BaudRate = bound;              //波特率
    USART_InitStructure.USART_WordLength = USART_WordLength_8b;  //字长为 8 位数据格式
    USART_InitStructure.USART_StopBits = USART_StopBits_1;   //一个停止位
    USART_InitStructure.USART_Parity = USART_Parity_No;      //无奇偶校验位
    USART_InitStructure.USART_HardwareFlowControl = USART_HardwareFlowControl_None;
                                                            //无硬件数据流控制
    USART_InitStructure.USART_Mode = USART_Mode_Rx | USART_Mode_Tx;
                                                            //收发模式
    USART_Init(USART3, &USART_InitStructure);              //初始化串口 3
    USART_Cmd(USART3, ENABLE);                             //使能串口
    USART_ITConfig(USART3, USART_IT_RXNE, ENABLE);        //开启中断

    NVIC_InitStructure.NVIC_IRQChannel = USART3_IRQn;
    NVIC_InitStructure.NVIC_IRQChannelPreemptionPriority = 0 ;  //抢占优先级 0
    NVIC_InitStructure.NVIC_IRQChannelSubPriority = 0;        //子优先级 0
    NVIC_InitStructure.NVIC_IRQChannelCmd = ENABLE;          //IRQ 通道使能
    NVIC_Init(&NVIC_InitStructure);                         //根据指定的参数初始化 VIC 寄存器
    TIM7_Int_Init(100 - 1,8400 - 1);                       //100ms 中断
    USART3_RX_STA = 0;                                     //清零
    TIM_Cmd(TIM7, DISABLE);                                //关闭定时器 7
}


/* 串口 3,printf 函数
   确保一次发送数据不超过 USART3_MAX_SEND_LEN 字节 */
```

```
void u3_printf(char * fmt,...)
{   u16 i,j;
    va_list ap;
    va_start(ap,fmt);
    vsprintf((char *)USART3_TX_BUF,fmt,ap);
    va_end(ap);
    i = strlen((const char *)USART3_TX_BUF);              //此次发送数据的长度
    for(j = 0;j < i;j++)                                   //循环发送数据
    {   while(USART_GetFlagStatus(USART3,USART_FLAG_TC) == RESET);
                                                           //循环发送,直到发送完毕
        USART_SendData(USART3,USART3_TX_BUF[j]);
    }
}
```

在 timer.c 中编写如下代码。TIM7 每隔 10ms 产生一次中断,用于判断连续接收 2 个字符时间间隔是否大于 10ms,若超过 10ms 没有接收到下一数据,则表示此次接收完毕。

```
/ * USART3_RX_STA 接收到的数据状态
  [15]:0,没有接收到数据;1,接收到了一批数据
  [14:0]:接收到的数据长度 * /
void TIM7_IRQHandler(void)
{
    if (TIM_GetITStatus(TIM7, TIM_IT_Update) != RESET)    //判断更新中断
    {
    USART3_RX_STA| = 1 << 15;                              //标记接收完成
    TIM_ClearITPendingBit(TIM7, TIM_IT_Update   );        //清除 TIM7 更新中断标志
    TIM_Cmd(TIM7, DISABLE);                                //关闭 TIM7
    }
}
```

在 usart.c 中编写 USART3 的中断服务函数。在 USART_RX_STA 中计数接收到的有效数据个数,USART_RX_BUF 中保存计算机发送过来的数据。通过判断接收连续 2 个字符之间的时间差不大于 10ms 来确定是不是一次连续的数据。如果 2 个字符接收间隔超过 10ms,则认为不是一次连续数据。若超过 100ms 没有接收到任何数据,则表示此次接收完毕。

```
void USART3_IRQHandler(void)
{
    u8 res;
    if(USART_GetITStatus(USART3, USART_IT_RXNE) != RESET)   //接收到数据
    {
    res = USART_ReceiveData(USART3);
    if((USART3_RX_STA&(1 << 15)) == 0)   //接收完的一批数据,还没有被处理,则不再接收其他数据
    {
        if(USART3_RX_STA < USART_REC_LEN)                    //还可以接收数据
        {
            TIM_SetCounter(TIM7,0);                          //计数器清空
```

```
            if(USART3_RX_STA == 0)
            TIM_Cmd(TIM7, ENABLE);                    //使能定时器 7
            USART3_RX_BUF[USART3_RX_STA++] = res;     //记录接收到的值
        }else
        {
            USART3_RX_STA | = 1 << 15;                //强制标记接收完成
        }
    }
  }
}
```

在 main. c 中编写如下代码。STM32 接收到数据后,OLED 屏幕将显示接收到的数据。

```
# include "sys. h"
# include "led. h"
# include "oled. h"

int main(void)
{
    u8 rxlen;
    NVIC_PriorityGroupConfig(NVIC_PriorityGroup_2);   //设置系统中断优先级分组 2
    delay_init(168);                                  //初始化延时,168 为 CPU 运行频率
    uart_init(115200);                                //串口初始化
    usart3_init(9600);                                //初始化串口 3 波特率为 38400
    LED_Init();                                        //初始化 LED 灯
    OLED_Init(1);                                       //初始化 OLED,正向显示

    while(1)
    {
        delay_ms(1);
        OLED_ShowNum(10,6,USART3_RX_STA,16,16);
        if(USART3_RX_STA&0X8000)                       //接收到一次数据
        {
            LED0 = 0;
            rxlen = USART3_RX_STA&0X7FFF;              //得到数据长度
            USART3_RX_STA = 0;                         //启动下一次接收
            USART3_RX_BUF[rxlen + 1] = 0;              //自动添加结束符
            OLED_ShowString(0,0,USART3_RX_BUF,16);
        }
    }
}
```

**注**: 本节实验例程源码可扫描"5.5 本章小结"中的二维码,见 5-1 蓝牙通信实验。

在手机端安装"蓝牙串口助手.apk",打开蓝牙串口助手并进行设置,等待扫描结束后,单击搜索到的 HC-05 设备,初次连接需输入密码 1234 进行配对,如图 5.3 所示。

将 STLink 与计算机连接在一起,确保硬件连接正确,按 F7 键进行编译,按 F8 键进行烧录。烧录完成后拔掉 STLink,STM32 开发板连接蓝牙模块和 OLED 屏幕,用电池给 STM32 开发板供电,观察现象。

| 单击搜索到的HC-05设备，初次连接需输入密码1234进行配对 | 配对完成后选择操作模式为"命令行模式" | 设置结束符，选择结束符为char('\n') |

图 5.3　设置蓝牙串口助手

## 5.1.4　实验现象

OLED 屏幕显示接收到的数据。实验现象可扫描下方二维码。

二维码 5.1　蓝牙通信实验

# 5.2　NRF 通信实验

### 实验目的

　　了解 NRF 通信原理，实现 NRF 通信，从发射端发送字符串，在接收端 OLED 屏幕上显示字符。

## 5.2.1　NRF 通信模块简介

　　本实验所用模块为 NRF24L01，此模块为 2.4～2.5GHz ISM 频段单片无线收发器芯片，包括频率发生器、增强型 SchockBurst 模式控制器、功率放大器、晶体振荡器、调制器和解调器。NRF24L01 具有 4 线 SPI 通信端口,通过 SPI 接口可以选择输出功率频道并设置协议,通信速率最高为 8Mb/s,可以与 MCU 连接完成无线数据传送工作。通过软件可以设置 NRF 工作频率、通信地址、传输速率和数据包长度。通过 IRQ 引脚可以判断 MCU 是否完成数据接收和数据发送。

NRF 模块一般应用于无线鼠标、键盘、游戏机操纵杆、无线门禁、无线数据通信、安防系统、遥控装置、遥感勘测、智能运动设备、工业传感器、玩具等领域。

本实验所用 NRF24L01 模块参数如表 5.2 所示。

表 5.2 NRF24L01 模块参数

| | |
|---|---|
| 工作电压 | 1.9～3.6V,输入引脚可承受 5V 电压输入 |
| 工作温度 | -40～+80℃ |
| 工作频率 | 2.4～2.5GHz |
| 可调功率参数 | 0dBm、-6dBm、-12dBm、-18dBm |
| 空中传输速率 | 1Mb/s、2Mb/s |
| 发射电流 | 11.3mA(0dBm) |
| 持续接收电流 | 13.5mA(2Mb/s) |
| 数据通信接口 | SPI |
| 最大数据包长 | 32 |
| 通信信道 | 125(1MHz 间隔) |

## 5.2.2 硬件设计

本实验所用硬件设备 NRF 模块接口如图 5.4 所示。

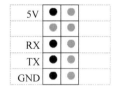

图 5.4 实物接口图

本实验需要两块 STM32 主控板,一块作为发射端,一块作为接收端。将发射端 NRF 模块 TX 引脚连接至 STM32 主控板的 TX 引脚。将接收端 NRF 模块 RX 引脚连接至另一块 STM32 主控板的 RX 引脚。连接好 NRF 模块之后,接收端 STM32 开发板连接 OLED 屏幕。硬件连接如图 5.5 所示。

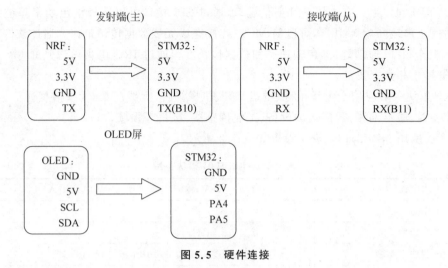

图 5.5   硬件连接

## 5.2.3   软件设计

新建两个工程,一个用于发射端,一个用于接收端。在两个工程的 nrf24l01.c 中编写如下代码,对 NRF 模块进行初始化配置。

```c
#include "nrf24l01.h"
#include "delay.h"
#include "spi.h"

const u8 TX_ADDRESS[TX_ADR_WIDTH] = {0x34,0x43,0x10,0x10,0x01};    //发送地址
const u8 RX_ADDRESS[RX_ADR_WIDTH] = {0x34,0x43,0x10,0x10,0x01};
const u8 ip_tx[5] = {0x00,0x01,0x02,0x03,0x04};
const u8 ip0_rx[5] = {0x00,0x01,0x02,0x03,0x04};
const u8 ip1_rx[5] = {0x01,0x01,0x02,0x03,0x04};
const u8 ip2_rx[5] = {0x02,0x01,0x02,0x03,0x04};
const u8 ip3_rx[5] = {0x03,0x01,0x02,0x03,0x04};
const u8 ip4_rx[5] = {0x04,0x01,0x02,0x03,0x04};
const u8 ip5_rx[5] = {0x05,0x01,0x02,0x03,0x04};

u8 careg[2] = {0xff,0x00};                              //用于查看寄存器的值

void NRF24L01_Init()
{
    SPI1_Init();
}

/* 检测 24L01 是否存在
   返回值:0,成功;1,失败 */
u8 NRF24L01_Check(void)
{   u8 buf[5] = {0XA5,0XA5,0XA5,0XA5,0XA5};
    u8 i;
```

```
    SPI1_SetSpeed(SPI_BaudRatePrescaler_8);
                                    //SPI 速度为 10.5MHz(24L01 的最大 SPI 时钟为 10MHz)
    NRF24L01_Write_Buf(NRF_WRITE_REG + TX_ADDR,buf,5);
                                    //写入 5 个字节的地址
    NRF24L01_Read_Buf(TX_ADDR,buf,5);    //读出写入的地址
    for(i = 0;i < 5;i++)if(buf[i]!= 0XA5)break;
    if(i!= 5)return 1;                   //检测 24L01 错误
    return 0;                            //检测到 24L01
}

/ * SPI 写寄存器
  reg:指定寄存器地址
  value:写入的值 * /
u8 NRF24L01_Write_Reg(u8 reg,u8 value)
{
    u8 status;
    status = SPI1_ReadWriteByte(reg);        //发送寄存器号
    SPI1_ReadWriteByte(value);               //写入寄存器的值
    return(status);                          //返回状态值
}
/ * 读取 SPI 寄存器值
  reg:要读的寄存器 * /
u8 NRF24L01_Read_Reg(u8 reg)
{
    u8 reg_val;
    SPI1_ReadWriteByte(reg);                 //发送寄存器号
    reg_val = SPI1_ReadWriteByte(0XFF);      //读取寄存器内容
    return(reg_val);                         //返回状态值
}
/ * 在指定位置读出指定长度的数据
  reg:寄存器(位置)
  * pBuf:数据指针
  len:数据长度
  返回值,此次读到的状态寄存器值 * /
u8 NRF24L01_Read_Buf(u8 reg,u8 * pBuf,u8 len)
{
    u8 status,u8_ctr;
    status = SPI1_ReadWriteByte(reg);            //发送寄存器值(位置),并读取状态值
    for(u8_ctr = 0;u8_ctr < len;u8_ctr++)
    pBuf[u8_ctr] = SPI1_ReadWriteByte(0XFF);     //读出数据
    return status;                               //返回读到的状态值
}
/ * 在指定位置写指定长度的数据
  reg:寄存器(位置)
  * pBuf:数据指针
  len:数据长度
  返回值,此次读到的状态寄存器值 * /
u8 NRF24L01_Write_Buf(u8 reg, u8 * pBuf, u8 len)
{
```

```c
    u8 status,u8_ctr;
    status = SPI1_ReadWriteByte(reg);                       //发送寄存器值(位置),并读取状态值
    for(u8_ctr = 0; u8_ctr < len; u8_ctr++)
    SPI1_ReadWriteByte( * pBuf++);                          //写入数据
    return status;                                          //返回读到的状态值
}

/* 启动 NRF24L01 发送一次数据
   txbuf:待发送数据首地址
   返回值:发送完成状况 */
u8 NRF24L01_TxPacket(u8 * txbuf)
{
    u8 sta;
    SPI1_SetSpeed(SPI_BaudRatePrescaler_8);                 //SPI 速度为 10.5MHz(24L01 的最大 SPI
                                                            //时钟为 10MHz)
        NRF24L01_Write_Buf(WR_TX_PLOAD,txbuf,TX_PLOAD_WIDTH);
                                                            //写数据到 TX BUF,32 字节
    delay_ms(10);
    sta = NRF24L01_Read_Reg(STATUS);                        //读取状态寄存器的值
    NRF24L01_Write_Reg(NRF_WRITE_REG + STATUS,sta);         //清除 TX_DS 或 MAX_RT 中断标志
    if(sta&MAX_TX)                                          //达到最大重发次数
    {
        NRF24L01_Write_Reg(FLUSH_TX,0xff);                  //清除 TX FIFO 寄存器
        return MAX_TX;
    }
    if(sta&TX_OK)                                           //发送完成
    {
        return TX_OK;
    }
    return 0xff;                                            //其他原因发送失败
}
/* 启动 NRF24L01 发送一次数据
   txbuf:待发送数据首地址
   返回值:0,接收完成;其他,错误代码 */
u8 NRF24L01_RxPacket(u8 * rxbuf)
{
    u8 sta;
    SPI1_SetSpeed(SPI_BaudRatePrescaler_8);
                                        //SPI 速度为 10.5MHz(24L01 的最大 SPI 时钟为 10MHz)
    sta = NRF24L01_Read_Reg(STATUS);        //读取状态寄存器的值
    NRF24L01_Write_Reg(NRF_WRITE_REG + STATUS,sta);
                                        //清除 TX_DS 或 MAX_RT 中断标志
    careg[0] = sta;
    if(sta&RX_OK)                           //接收到数据
    {
        NRF24L01_Read_Buf(RD_RX_PLOAD,rxbuf,RX_PLOAD_WIDTH);    //读取数据
        NRF24L01_Write_Reg(FLUSH_RX,0xff);                      //清除 RX FIFO 寄存器
        return 0;
    }
    return 1;                                               //没收到任何数据
```

```
}

/* 该函数初始化 NRF24L01 到 RX 模式
   设置 RX 地址, 写 RX 数据宽度, 选择 RF 频道、波特率和 LNA HCURR。
   当 CE 变高后, 即进入 RX 模式, 并可以接收数据了 */
void NRF24L01_RX_Mode(void)
{
    NRF24L01_Write_Buf(NRF_WRITE_REG + RX_ADDR_P0,(u8 *)ip0_rx,RX_ADR_WIDTH);
                                                //写 RX0 节点地址
    NRF24L01_Write_Buf(NRF_WRITE_REG + RX_ADDR_P1,(u8 *)ip1_rx,RX_ADR_WIDTH);
                                                //写 RX1 节点地址
    NRF24L01_Write_Buf(NRF_WRITE_REG + RX_ADDR_P2,(u8 *)ip2_rx,RX_ADR_WIDTH);
                                                //写 RX2 节点地址
    NRF24L01_Write_Buf(NRF_WRITE_REG + RX_ADDR_P3,(u8 *)ip3_rx,RX_ADR_WIDTH);
                                                //写 RX3 节点地址
    NRF24L01_Write_Buf(NRF_WRITE_REG + RX_ADDR_P4,(u8 *)ip4_rx,RX_ADR_WIDTH);
                                                //写 RX4 节点地址
    NRF24L01_Write_Buf(NRF_WRITE_REG + RX_ADDR_P5,(u8 *)ip5_rx,RX_ADR_WIDTH);
                                                //写 RX5 节点地址
    NRF24L01_Write_Buf(NRF_WRITE_REG + TX_ADDR,(u8 *)ip1_rx,RX_ADR_WIDTH);
                                                //写 TX 节点地址
    NRF24L01_Write_Reg(NRF_WRITE_REG + EN_AA,0x3f);      //使能通道 0 的自动应答
    NRF24L01_Write_Reg(NRF_WRITE_REG + EN_RXADDR,0x3f);  //使能通道 0 的接收地址
    NRF24L01_Write_Reg(NRF_WRITE_REG + RF_CH,40);        //设置 RF 通信频率
    NRF24L01_Write_Reg(NRF_WRITE_REG + RF_SETUP,0x0f);   //设置 TX 发射参数,0dB 增益,
                                                         //2Mb/s,低噪声增益开启
    NRF24L01_Write_Reg(NRF_WRITE_REG + CONFIG, 0x0f);    //配置基本工作模式的参数;
                                                         //PWR_UP,EN_CRC,16BIT_CRC,
                                                         //接收模式
    NRF24L01_Write_Reg(NRF_WRITE_REG + RX_PW_P0,RX_PLOAD_WIDTH);
                                                //选择通道 0 的有效数据宽度
    NRF24L01_Write_Reg(NRF_WRITE_REG + RX_PW_P1,RX_PLOAD_WIDTH);
                                                //选择通道 1 的有效数据宽度
    NRF24L01_Write_Reg(NRF_WRITE_REG + RX_PW_P2,RX_PLOAD_WIDTH);
                                                //选择通道 2 的有效数据宽度
    NRF24L01_Write_Reg(NRF_WRITE_REG + RX_PW_P3,RX_PLOAD_WIDTH);
                                                //选择通道 3 的有效数据宽度
    NRF24L01_Write_Reg(NRF_WRITE_REG + RX_PW_P4,RX_PLOAD_WIDTH);
                                                //选择通道 4 的有效数据宽度
    NRF24L01_Write_Reg(NRF_WRITE_REG + RX_PW_P5,RX_PLOAD_WIDTH);
                                                //选择通道 5 的有效数据宽度
}
/* 该函数初始化 NRF24L01 到 TX 模式
   设置 TX 地址, 写 TX 数据宽度, 设置 RX 自动应答的地址, 填充 TX 发送数据, 选择 RF 频道、波特率和
LNA HCURR
   PWR_UP,CRC 使能
   当 CE 变高后, 即进入 RX 模式, 并可以接收数据
   CE 为高大于 10μs, 则启动发送. */
void NRF24L01_TX_Mode(u8 channel)
{
```

```
        if(channel == 0)
        {
          NRF24L01_Write_Buf(NRF_WRITE_REG + TX_ADDR,(u8 * )ip_tx,TX_ADR_WIDTH);
          NRF24L01_Write_Buf(NRF_WRITE_REG + RX_ADDR_P0,(u8 * )ip0_rx,RX_ADR_WIDTH);
        }
        if(channel == 1)
        {
        NRF24L01_Write_Buf(NRF_WRITE_REG + TX_ADDR,(u8 * )ip1_rx,TX_ADR_WIDTH);
        NRF24L01_Write_Buf(NRF_WRITE_REG + RX_ADDR_P0,(u8 * )ip1_rx,RX_ADR_WIDTH);
        }
        if(channel == 2)
        {
        NRF24L01_Write_Buf(NRF_WRITE_REG + TX_ADDR,(u8 * )ip2_rx,TX_ADR_WIDTH);
        NRF24L01_Write_Buf(NRF_WRITE_REG + RX_ADDR_P0,(u8 * )ip2_rx,1);
        }
        if(channel == 3)
        {
        NRF24L01_Write_Buf(NRF_WRITE_REG + TX_ADDR,(u8 * )ip3_rx,TX_ADR_WIDTH);
        NRF24L01_Write_Buf(NRF_WRITE_REG + RX_ADDR_P0,(u8 * )ip3_rx,1);
        }
        if(channel == 4)
        {
        NRF24L01_Write_Buf(NRF_WRITE_REG + TX_ADDR,(u8 * )ip4_rx,TX_ADR_WIDTH);
        NRF24L01_Write_Buf(NRF_WRITE_REG + RX_ADDR_P0,(u8 * )ip4_rx,1);
        }
        if(channel == 5)
        {
        NRF24L01_Write_Buf(NRF_WRITE_REG + TX_ADDR,(u8 * )ip5_rx,TX_ADR_WIDTH);
        NRF24L01_Write_Buf(NRF_WRITE_REG + RX_ADDR_P0,(u8 * )ip5_rx,1);
        }
        NRF24L01_Write_Reg(NRF_WRITE_REG + EN_AA,0x3f);        //使能通道 0 的自动应答
        NRF24L01_Write_Reg(NRF_WRITE_REG + EN_RXADDR,0x3f);    //使能通道 0 的接收地址
        NRF24L01_Write_Reg(NRF_WRITE_REG + SETUP_RETR,0x1a);   //设置自动重发间隔时间:500us +
                                                               //86us;最大自动重发次数:10 次
        NRF24L01_Write_Reg(NRF_WRITE_REG + RF_CH,40);          //设置 RF 通道为 40
        NRF24L01_Write_Reg(NRF_WRITE_REG + RF_SETUP,0x0f);     //设置 TX 发射参数,0dB 增益,
                                                               //2Mb/s,低噪声增益开启
        NRF24L01_Write_Reg(NRF_WRITE_REG + CONFIG,0x0e);       //配置基本工作模式的参数;
                                                               //PWR_UP,EN_CRC,16BIT_CRC,接收模
                                                               //式,开启所有中断
    }
```

由于 NRF24L01 采用 SPI 通信接口,在两个工程的 spi.c 中编写如下代码,初始化 SPI 通信模式。

```
# include "spi.h"
/* 以下是 SPI 模块的初始化代码,配置成主机模式
   SPI 口初始化
   这里是针对 SPI1 的初始化 */
```

```
void SPI1_Init(void)
{
  GPIO_InitTypeDef  GPIO_InitStructure;
  SPI_InitTypeDef   SPI_InitStructure;

  RCC_AHB1PeriphClockCmd(RCC_AHB1Periph_GPIOB, ENABLE);          //使能 GPIOA 时钟
  RCC_APB2PeriphClockCmd(RCC_APB2Periph_SPI1, ENABLE);          //使能 SPI1 时钟

  /* GPIOFB3,4,5 初始化设置 */
  GPIO_InitStructure.GPIO_Pin = GPIO_Pin_3|GPIO_Pin_4|GPIO_Pin_5;  //PB3~5 复用功能输出
  GPIO_InitStructure.GPIO_Mode = GPIO_Mode_AF;                 //复用功能
  GPIO_InitStructure.GPIO_OType = GPIO_OType_PP;               //推挽输出
  GPIO_InitStructure.GPIO_Speed = GPIO_Speed_100MHz;           //100MHz
  GPIO_InitStructure.GPIO_PuPd = GPIO_PuPd_UP;                 //上拉
  GPIO_Init(GPIOB, &GPIO_InitStructure);                       //初始化

  GPIO_PinAFConfig(GPIOB,GPIO_PinSource3,GPIO_AF_SPI1);        //PB3 复用为 SPI1
  GPIO_PinAFConfig(GPIOB,GPIO_PinSource4,GPIO_AF_SPI1);        //PB4 复用为 SPI1
  GPIO_PinAFConfig(GPIOB,GPIO_PinSource5,GPIO_AF_SPI1);        //PB5 复用为 SPI1

  /* 这里只针对 SPI 口初始化 */
  RCC_APB2PeriphResetCmd(RCC_APB2Periph_SPI1,ENABLE);         //复位 SPI1
  RCC_APB2PeriphResetCmd(RCC_APB2Periph_SPI1,DISABLE);   `    //停止复位 SPI1

  SPI_InitStructure.SPI_Direction = SPI_Direction_2Lines_FullDuplex;
                          //设置 SPI 单向或者双向的数据模式:SPI 设置为双线双向全双工
  SPI_InitStructure.SPI_Mode = SPI_Mode_Master;         //设置 SPI 工作模式:设置为主 SPI
  SPI_InitStructure.SPI_DataSize = SPI_DataSize_8b;     //设置 SPI 的数据大小:SPI 发送接收
                                                        //8 位帧结构
  SPI_InitStructure.SPI_CPOL = SPI_CPOL_Low;            //串行同步时钟的空闲状态为低电平
  SPI_InitStructure.SPI_CPHA = SPI_CPHA_1Edge;          //串行同步时钟的第一个跳变沿(上
                                                        //升或下降)数据被采样
  SPI_InitStructure.SPI_NSS = SPI_NSS_Soft;             //NSS 信号由硬件(NSS 管脚)还是软件
                                                        //(使用 SSI 位)管理:内部 NSS 信号由
                                                        //SSI 位控制
  SPI_InitStructure.SPI_BaudRatePrescaler = SPI_BaudRatePrescaler_256;
                                  //定义波特率预分频的值:波特率预分频值为 256
  SPI_InitStructure.SPI_FirstBit = SPI_FirstBit_MSB;    //指定数据传输从 MSB 位还是 LSB 位
                                                        //开始:数据传输从 MSB 位开始
  SPI_InitStructure.SPI_CRCPolynomial = 7;              //CRC 值计算的多项式
  SPI_Init(SPI1, &SPI_InitStructure);                   //根据 SPI_InitStruct 中指定的参数
                                                        //初始化外设 SPIx 寄存器
  SPI_Cmd(SPI1, ENABLE);                                //使能 SPI 外设
  SPI1_ReadWriteByte(0xff);                             //启动传输
}
/* SPI1 速度设置函数
 SPI 速度 = fAPB2/分频系数
 @ref SPI_BaudRate_Prescaler:SPI_BaudRatePrescaler_2~SPI_BaudRatePrescaler_256
 fAPB2 时钟一般为 84MHz: */
void SPI1_SetSpeed(u8 SPI_BaudRatePrescaler)
```

```
{
    assert_param(IS_SPI_BAUDRATE_PRESCALER(SPI_BaudRatePrescaler));      //判断有效性
    SPI1 -> CR1& = 0XFFC7;                                  //位 3～5 清零,用来设置波特率
    SPI1 -> CR1| = SPI_BaudRatePrescaler;                   //设置 SPI1 速度
    SPI_Cmd(SPI1,ENABLE);                                   //使能 SPI1
}
/ * SPI1 读写一个字节
 TxData:要写入的字节
 返回值:读取到的字节 * /
u8 SPI1_ReadWriteByte(u8 TxData)
{
  while (SPI_I2S_GetFlagStatus(SPI1, SPI_I2S_FLAG_TXE) == RESET){}    //等待发送区空
  SPI_I2S_SendData(SPI1, TxData);                          //通过外设 SPIx 发送一个字节数据
  while (SPI_I2S_GetFlagStatus(SPI1, SPI_I2S_FLAG_RXNE) == RESET){}
                                                           //等待接收完一个字节数据
    return SPI_I2S_ReceiveData(SPI1);                      //返回通过 SPIx 最近接收的数据
}
```

在发射端(主)工程的 main. c 中编写如下代码,使其通过 NRF 模块发送数据。

```
# include "sys. h"
# include "oled. h"
# include "spi. h"
# include "nrf24l01. h"
# include "usart. h"

int main(void)
{
    NVIC_PriorityGroupConfig(NVIC_PriorityGroup_2);        //设置系统中断优先级分组 2
    delay_init(168);                                       //初始化延时,168 为 CPU 运行频率
    uart_init(9600);                                       //串口初始化
    usart3_init(9600);
    OLED_Init(1);                                          //初始化 OLED,正向显示
    NRF24L01_Init();
    char data[10] = {"123456789"};
    while(1)
    {
        u3_printf("123\n");
        delay_ms(1000);
    }
}
```

在接收端(从)工程 main. c 中编写如下代码,使其将接收到的数据显示在 OLED 屏幕上。

```
# include "sys. h"
# include "oled. h"

int main(void)
```

```
{
    u8 rxlen;
    NVIC_PriorityGroupConfig(NVIC_PriorityGroup_2);          //设置系统中断优先级分组2
    delay_init(168);                                         //初始化延时,168为CPU运行频率
    uart_init(115200);                                       //串口初始化
    usart3_init(9600);                                       //初始化串口3波特率为38400
    OLED_Init(1);                                            //初始化OLED,正向显示
    while(1)
    {
        OLED_ShowString(0,0,(unsigned char *)"nrf ok",16);
        delay_ms(1);
        if(USART3_RX_STA&0X8000)                             //接收到一次数据
        {
            rxlen = USART3_RX_STA&0X7FFF;                    //得到数据长度
            USART3_RX_STA = 0;                               //启动下一次接收
            USART3_RX_BUF[rxlen + 1] = 0;                    //自动添加结束符
            OLED_ShowString(0,3,USART3_RX_BUF,16);
        }
    }
}
```

注：本节实验例程源码可扫描"5.5 本章小结"中的二维码,见 5-2 NRF 通信实验。

将 STLink 与计算机连接在一起,确保硬件连接正确,按 F7 键进行编译,按 F8 键进行烧录。烧录完成后拔掉 STLink,STM32 开发板连接好 NRF 无线模块,将 OLED 与接收端 STM32 开发板连接完成,用电池给 STM32 开发板供电,观察接收端 OLED 屏幕的数据显示。

## 5.2.4　实验现象

发射端 NRF 模块发送数据,接收端 NRF 模块接收数据,接收端 OLED 屏幕将显示接收到的数据。实验现象可扫描下方二维码。

二维码 5.2　NRF 通信实验

# 5.3　WiFi 通信实验

## 实验目的

了解 WiFi 通信原理,实现 WiFi 通信,通过 WiFi 遥控小车运动。

### 5.3.1 WiFi 通信模块简介

WiFi 通信是一种使用无线电波在空气中进行信息传输的电磁辐射,其波长在电磁波谱中比红外光长。WiFi 无线电波的频率通常为 2.4GHz 或者 5.8GHz,这两个频带可以被细分为多个信道,每个信道可以同时被不同的网络所共享。本实验采用无线路由器模块无线速率为 150Mb/s,具有双网口,可以支持有线、无线连接,支持连接 USB 摄像头,可以作为高清(HD)无线网络监控,具体参数如表 5.3 所示。

表 5.3 无线路由器参数

| 型号 | GL-AR150 |
| --- | --- |
| CPU | Atheros9331,400MHz |
| 内存/闪存 | 内存:DDR2 64MB;闪存:16MB Flash |
| 接口 | 1 个 WAN,1 个 LAN,1 个 USB2.0,1 个 Micro USB(Power) |
| PCB 扩展接口 | 4×GPIO |
| 频率 | 2.4GHz |
| 发射功率 | 18dBm(最大) |
| 电源 | 5V/1A Micro USB |
| 功耗 | 小于 1W(不含 USB 外接设备消耗) |
| 温度 | 工作温度为 0~45℃,存储温度为 −20~70℃ |
| 协议标准 | IEEE 802.11n/g/b、IEEE 802.3、IEEE 802.3u |
| 上网模式 | 静态 IP 地址、DHCP、PPPoE、中继模式 |

### 5.3.2 硬件设计

本实验分为两部分内容。第一部分实验为 WiFi 视频传输实验。将无线路由器的标准 USB 接口连接 USB 摄像头,通过 miniUSB 线将无线路由器与计算机连接(或使用手机电源适配器),电源接通后,无线路由器顶端的绿色指示灯亮起,路由器开始启动。稍等约 30s,待红色指示灯与绿色指示灯开始间断闪动时,表示启动完毕。

连接模块如图 5.6 所示。

图 5.6 连接图

此时,搜索无线网络连接,可以找到 SSID 为 GL-AR150-×××的设备。单击连接后,输入无线密码:goodlife。若连接失败,将无线网卡的 IP 设为自动获取。在浏览器中输入192.168.8.1,出现登录界面。在密码区中输入密码:12345678。在监控页面可以对摄像头传输的画面分辨率进行设置,由于摄像头数据非加密,设置完成后在浏览器地址栏中输入IP+端口号(192.168.8.1:8083,中间冒号在英文状态下输入)即可访问摄像头,浏览器建议使用火狐、谷歌浏览器,设置及浏览器显示效果如图 5.7 和图 5.8 所示。

图 5.7　设置摄像头界面

图 5.8　浏览器显示效果

第二部分实验为 WiFi 控制坦克小车实验,小车如图 5.9 所示。通过实验完成遥控机器人功能。将路由器外壳拆开,拿出路由器里面的电路板,按图 5.10 接线,实验完成后将路由器复原。

图 5.9　坦克小车实物图

STM32 与路由器接线：

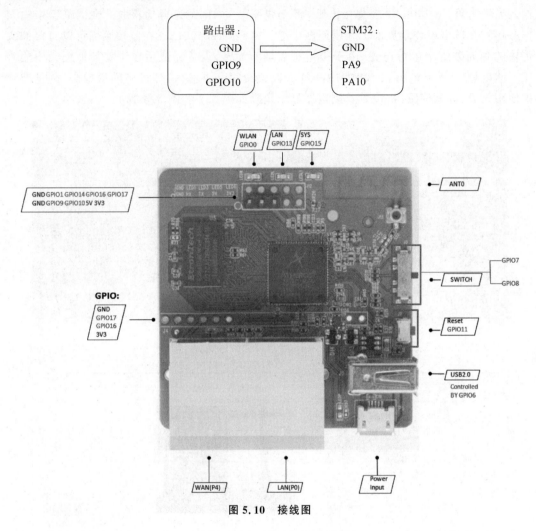

图 5.10　接线图

## 5.3.3　软件设计

WiFi 视频传输实验只需将硬件连接起来,无须软件设计,因此本小节内容仅完成遥控机器人功能设计。打开工程,在 motor.c 中编写如下代码,初始化 GPIO。

```
# include "motor.h"

void motor_Init(void)
{
    GPIO_InitTypeDef  GPIO_InitStructure;
    RCC_AHB1PeriphClockCmd(RCC_AHB1Periph_GPIOB|RCC_AHB1Periph_GPIOC|RCC_AHB1Periph_
GPIOD, ENABLE);                                    //使能 GPIOF 时钟
```

```
    GPIO_InitStructure.GPIO_Pin = GPIO_Pin_8;
    GPIO_InitStructure.GPIO_Mode = GPIO_Mode_OUT;              //普通输出模式
    GPIO_InitStructure.GPIO_OType = GPIO_OType_PP;             //推挽输出
    GPIO_InitStructure.GPIO_Speed = GPIO_Speed_100MHz;         //100MHz
    GPIO_InitStructure.GPIO_PuPd = GPIO_PuPd_UP;               //上拉
    GPIO_Init(GPIOC, &GPIO_InitStructure);                     //初始化

    GPIO_InitStructure.GPIO_Pin = GPIO_Pin_15 | GPIO_Pin_14;
    GPIO_Init(GPIOD, &GPIO_InitStructure);                     //初始化
    GPIO_InitStructure.GPIO_Pin = GPIO_Pin_7;
    GPIO_Init(GPIOB, &GPIO_InitStructure);                     //初始化
    L_Z_motor = 0;
    L_F_motor = 0;
    R_Z_motor = 0;
    R_F_motor = 0;
}
```

在 main.c 中编写如下代码,用于控制坦克小车前进、后退、左转、右转运动。

```
#include "sys.h"
#include "led.h"
#include "key.h"
#include "string.h"
#include "motor.h"

int main(void)
{
    NVIC_PriorityGroupConfig(NVIC_PriorityGroup_2);     //设置系统中断优先级分组 2
    delay_init(168);                                    //初始化延时,168 为 CPU 运行频率
    uart_init(115200);                                  //串口初始化
    usart3_init(9600);
    LED_Init();                                         //初始化 LED 灯
    motor_Init();
    while(1)
    {
        if(USART3_RX_BUF[3] == 0x01)
        {
            L_Z_motor = 1;                              //前进
            L_F_motor = 0;

            R_Z_motor = 1;
            R_F_motor = 0;
            LED0 = 0;
        }
        if(USART3_RX_BUF[3] == 0x02)
        {
            L_Z_motor = 0;
            L_F_motor = 1;
```

```
        R_Z_motor = 0;
        R_F_motor = 1;                        //后退
        LED0 = 0;
    }
    if(USART3_RX_BUF[3] == 0x03)
    {
        L_Z_motor = 0;
        L_F_motor = 1;
        R_Z_motor = 1;
        R_F_motor = 0;                        //左转
        LED0 = 0;
    }
    if(USART3_RX_BUF[3] == 0x04)
    {
        L_Z_motor = 1;
        L_F_motor = 0;
        R_Z_motor = 0;
        R_F_motor = 1;                        //右转
        LED0 = 0;
    }
    if(USART3_RX_BUF[3] == 0x00)
    {
        L_Z_motor = 0;
        L_F_motor = 0;
        R_Z_motor = 0;
        R_F_motor = 0;                        //停止
        LED0 = 0;
    }
    LED0 = 1;
}

}
```

注：本节实验例程源码可扫描"5.5 本章小结"中的二维码，见 5-3 WiFi 通信实验。

　　断开计算机连接，安装手机 App 如图 5.11 所示，连接无线路由器，打开手机 App 进行如图所示设置，待 App 上显示"初始化引擎成功"可控制小车。

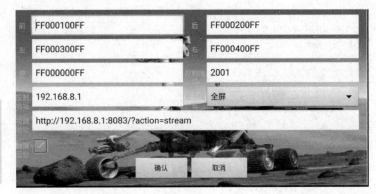

图 5.11　App 设置

在 STM32 主动板上安装扩展板,并连接两个直流电机,如图 5.12 所示。将 STLink 与计算机连接在一起,确保硬件连接正确,按 F7 键进行编译,按 F8 键进行烧录。烧录完成后拔掉 STLink,将手机连接无线路由器进行遥控。将 STM32 开发板连接无线路由器与坦克小车的两个直流电机,用电池给 STM32 开发板供电,操作手机,观察坦克小车运动。

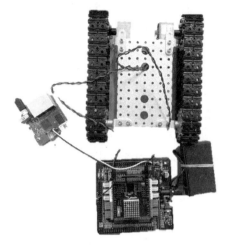

图 5.12　设备连接图

### 5.3.4　实验现象

通过手机 App 可以遥控坦克小车前进、后退、向左转、向右转运动。实验现象可扫描下方二维码。

二维码 5.3-1　WiFi 通信实验-1　　　二维码 5.3-2　WiFi 通信实验-2

# 5.4　GPS 通信实验

**实验目的**

> 了解 GPS 通信原理,在 STM32 开发板上实现 GPS 通信,通过 OLED 屏幕查看 GPS 数据。

### 5.4.1　GPS 通信模块简介

GPS(全球定位系统)是 20 世纪 70 年代由美国国防部研制的新一代卫星导航定位系

统。该系统可以为人类提供高精度的导航、定位和授时服务。GPS 的测速精度可以达到 0.1m/。GPS 系统不需要观测站之间相互通视,因此点位的选择更加灵活。GPS 测量工作可以在任何地点、任何时间连续进行,不会受到天气状况的影响。GPS 的接收机一般重量较轻、体积较小,可以极大减少外业劳动强度。实验表明,GPS 在小于 50km 基线上,相对定位精度可达 $1\times10^{-6}\sim2\times10^{-6}$,而在 $100\sim500$km 基线上相对定位精度可达 $10^{-6}\sim10^{-7}$。随着观测技术与数据处理方法的改善,在大于 1000km 的距离上,相对定位精度达到或优于 $10^{-8}$。目前,利用经典的静态定位法,测量一条基线的相对定位所需要的观测时间,根据精度要求不同一般为 $1\sim3$h。同时,GPS 测量中,在精确测定观测站平台位置的同时,也可以精确测定观测站的大地高程。

GPS 的定位原理采用三角定位法:通过测量不同位置卫星和接收器之间的距离,确定接收器位置。GPS 卫星在空中连续发送带有时间和位置信息的无线电信号,供 GPS 接收器接收。通常来说,一个接收器至少需要与 4 颗 GPS 卫星直接联系,才能精确得出所处位置;当只能联系 3 颗卫星时,接收器无法判断海拔高度;当只能联系 2 颗卫星时,接收器无法计算精确位置。

本实验采用 GPS 模块为 ATK-NEO-6M-V23,模块核心采用 NEO-6M 模组,具有 50 个通道,追踪灵敏度最高为 $-161$dBm,测量输出频率最高为 5Hz。ATK-NEO-6M-V23 模块可通过串口进行参数设置,并可保存在 EEPROM。模块兼容 3.3V/5V 电平,可以连接各种单片机系统,模块引脚说明如表 5.4 所示。

表 5.4 GPS 模块引脚说明

| 名称 | 说　　明 |
| --- | --- |
| PPS | 时钟脉冲输出脚 |
| RXD | 模块串口接收脚(TTL 电平,不能直接接 RS232 电平),可接单片机的 TXD |
| TXD | 模块串口发送脚(TTL 电平,不能直接接 RS232 电平),可接单片机的 RXD |
| GND | 接地 |
| VCC | 电源(3.3~5.0V) |

模块中 PPS 引脚同时连接到模块自带的状态 PPS 指示灯,该引脚连接在 UBLOXNEO-6M 模组的 TIMEPULSE 端口,该端口的输出特性可以通过程序设置。PPS 指示灯(即 PPS 引脚)在默认条件下有 2 个状态:常亮表示模块已开始工作,但还未实现定位;闪烁(100ms 灭,900ms 亮)表示模块已经定位成功。通过 PPS 指示灯可以判断模块当前状态。此模块可以外接有源天线,提高模块的接收能力,通过外接有源天线,将天线放到室外,模块放在室内,可以实现室内定位。

## 5.4.2　硬件设计

图 5.13 为硬件实物,将 GPS 模块 TX 引脚连接 STM32 开发板 PB11 引脚,GPS 模块 RX 引脚连接开发板 PB10 引脚。在 STM32 开发板上连接扩展板,并与 OLED 屏幕连接。将连接好的 STM32 开发板与 GPS、OLED 模块拿到室外,注意不要有遮挡。下载程序至开发板后看到 OLED 屏幕上显示经纬度、海拔、速度和时间信息。

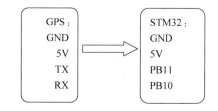

**图 5.13　接线图**

## 5.4.3　软件设计

打开工程,在 gps.c 中编写如下程序。

```c
# include "gps.h"
# include "led.h"
# include "delay.h"
# include "usart.h"
# include "stdio.h"
# include "stdarg.h"
# include "string.h"
# include "math.h"

nmea_msg gpsx;

/* 从 buf 里面得到第 cx 个逗号所在的位置
 返回值:0~0XFE,代表逗号所在位置的偏移
 0XFF,代表不存在第 cx 个逗号 */
u8 NMEA_Comma_Pos(u8 * buf,u8 cx)
{
    u8 * p = buf;
    while(cx)
    {
        if( * buf == ' * '|| * buf <' '|| * buf >'z')return 0XFF;
                                //遇到' * '或者非法字符,则不存在第 cx 个逗号
        if( * buf == ',')cx -- ;
        buf++ ;
    }
    return buf - p;
}
/* m^n 函数
 返回值:m^n 次方. */
u32 NMEA_Pow(u8 m,u8 n)
{
    u32 result = 1;
    while(n -- )result * = m;
    return result;
}
```

```
/* str 转换为数字,以','或者'*'结束
   buf:数字存储区
   dx:小数点位数,返回给调用函数
   返回值:转换后的数值 */
int NMEA_Str2num(u8 * buf,u8 * dx)
{
    u8  * p = buf;
    u32 ires = 0, fres = 0;
    u8 ilen = 0, flen = 0, i;
    u8 mask = 0;
    int res;
    while(1)                                    //得到整数和小数的长度
    {
        if( * p == ' - '){mask| = 0X02;p++;}     //是负数
        if( * p == ','||( * p == ' * '))break;   //遇到结束了
        if( * p == ' . '){mask| = 0X01;p++;}     //遇到小数点了
        else if( * p>'9'||( * p<'0'))           //有非法字符
        {
            ilen = 0;
            flen = 0;
            break;
        }
        if(mask&0X01)flen++;
        else ilen++;
        p++;
    }
    if(mask&0X02)buf++;                          //去掉负号
    for(i = 0;i < ilen;i++)                      //得到整数部分数据
    {
        ires += NMEA_Pow(10,ilen - 1 - i) * (buf[i] - '0');
    }
    if(flen > 5)flen = 5;                        //最多取 5 位小数
    * dx = flen;                                //小数点位数
    for(i = 0;i < flen;i++)                      //得到小数部分数据
    {
        fres += NMEA_Pow(10,flen - 1 - i) * (buf[ilen + 1 + i] - '0');
    }
    res = ires * NMEA_Pow(10,flen) + fres;
    if(mask&0X02)res = - res;
    return res;
}
/* 分析 GPGSV 信息
   gpsx:nmea 信息结构体
   buf:接收到的 GPS 数据缓冲区首地址 */
void NMEA_GPGSV_Analysis(nmea_msg * gpsx,u8 * buf)
{
    u8  * p, * p1,dx;
    u8 len,i,j,slx = 0;
    u8 posx;
    p = buf;
```

```
        p1 = (u8 *)strstr((const char *)p,"$GPGSV");
        len = p1[7] - '0';                            //得到GPGSV的条数
        posx = NMEA_Comma_Pos(p1,3);                  //得到可见卫星总数
        if(posx!= 0XFF)gpsx -> svnum = NMEA_Str2num(p1 + posx,&dx);
        for(i = 0;i < len;i++)
        {
            p1 = (u8 *)strstr((const char *)p,"$GPGSV");
            for(j = 0;j < 4;j++)
            {
                posx = NMEA_Comma_Pos(p1,4 + j * 4);
                if(posx!= 0XFF)gpsx -> slmsg[slx].num = NMEA_Str2num(p1 + posx,&dx);
                                                       //得到卫星编号
                else break;
                posx = NMEA_Comma_Pos(p1,5 + j * 4);
                if(posx!= 0XFF)gpsx -> slmsg[slx].eledeg = NMEA_Str2num(p1 + posx,&dx);
                                                       //得到卫星仰角
                else break;
                posx = NMEA_Comma_Pos(p1,6 + j * 4);
                if(posx!= 0XFF)gpsx -> slmsg[slx].azideg = NMEA_Str2num(p1 + posx,&dx);
                                                       //得到卫星方位角
                else break;
                posx = NMEA_Comma_Pos(p1,7 + j * 4);
                if(posx!= 0XFF)gpsx -> slmsg[slx].sn = NMEA_Str2num(p1 + posx,&dx);
                                                       //得到卫星信噪比
                else break;
                slx++;
            }
            p = p1 + 1;                                //切换到下一个GPGSV信息
        }
}
/* 分析GPGGA信息
 gpsx:nmea信息结构体
 buf:接收到的GPS数据缓冲区首地址 */
void NMEA_GPGGA_Analysis(nmea_msg * gpsx,u8 * buf)
{
    u8  * p1,dx;
    u8 posx;
    p1 = (u8 *)strstr((const char *)buf,"$GPGGA");
    posx = NMEA_Comma_Pos(p1,6);                      //得到GPS状态
    if(posx!= 0XFF)gpsx -> gpssta = NMEA_Str2num(p1 + posx,&dx);
    posx = NMEA_Comma_Pos(p1,7);                      //得到用于定位的卫星数
    if(posx!= 0XFF)gpsx -> posslnum = NMEA_Str2num(p1 + posx,&dx);
    posx = NMEA_Comma_Pos(p1,9);                      //得到海拔高度
    if(posx!= 0XFF)gpsx -> altitude = NMEA_Str2num(p1 + posx,&dx);
}
/* 分析GPGSA信息
 gpsx:nmea信息结构体
 buf:接收到的GPS数据缓冲区首地址 */
void NMEA_GPGSA_Analysis(nmea_msg * gpsx,u8 * buf)
{
```

```
    u8 * p1,dx;
    u8 posx;
    u8 i;
    p1 = (u8 * )strstr((const char * )buf," $ GPGSA");
    posx = NMEA_Comma_Pos(p1,2);                          //得到定位类型
    if(posx!= 0XFF)gpsx -> fixmode = NMEA_Str2num(p1 + posx,&dx);
    for(i = 0;i < 12;i++)                                 //得到定位卫星编号
    {
        posx = NMEA_Comma_Pos(p1,3 + i);
        if(posx!= 0XFF)gpsx -> poss1[i] = NMEA_Str2num(p1 + posx,&dx);
        else break;
    }
    posx = NMEA_Comma_Pos(p1,15);                         //得到 PDOP 位置精度因子
    if(posx!= 0XFF)gpsx -> pdop = NMEA_Str2num(p1 + posx,&dx);
    posx = NMEA_Comma_Pos(p1,16);                         //得到 HDOP 位置精度因子
    if(posx!= 0XFF)gpsx -> hdop = NMEA_Str2num(p1 + posx,&dx);
    posx = NMEA_Comma_Pos(p1,17);                         //得到 VDOP 位置精度因子
    if(posx!= 0XFF)gpsx -> vdop = NMEA_Str2num(p1 + posx,&dx);
}
/ * 分析 GPRMC 信息
   gpsx:nmea 信息结构体
   buf:接收到的 GPS 数据缓冲区首地址 * /
void NMEA_GPRMC_Analysis(nmea_msg * gpsx,u8 * buf)
{
    u8 * p1,dx;
    u8 posx;
    u32 temp;
    float rs;
    p1 = (u8 * )strstr((const char * )buf,"GPRMC");
                              //" $ GPRMC",经常有 & 和 GPRMC 分开的情况,故只判断 GPRMC
    posx = NMEA_Comma_Pos(p1,1);                          //得到 UTC 时间
    if(posx!= 0XFF)
    {
        temp = NMEA_Str2num(p1 + posx,&dx)/NMEA_Pow(10,dx);  //得到 UTC 时间,去掉 ms
        gpsx -> utc.hour = temp/10000;
        gpsx -> utc.min = (temp/100) % 100;
        gpsx -> utc.sec = temp % 100;
    }
    posx = NMEA_Comma_Pos(p1,3);                          //得到纬度
    if(posx!= 0XFF)
    {
        temp = NMEA_Str2num(p1 + posx,&dx);
        gpsx -> latitude = temp/NMEA_Pow(10,dx + 2);      //得到°
        rs = temp % NMEA_Pow(10,dx + 2);                  //得到'
        gpsx -> latitude = gpsx -> latitude * NMEA_Pow(10,5) + (rs * NMEA_Pow(10,5 - dx))/60;
                                                          //转换为°
    }
    posx = NMEA_Comma_Pos(p1,4);                          //南纬还是北纬
    if(posx!= 0XFF)gpsx -> nshemi = * (p1 + posx);
    posx = NMEA_Comma_Pos(p1,5);                          //得到经度
```

```
    if(posx!= 0XFF)
    {
        temp = NMEA_Str2num(p1 + posx,&dx);
        gpsx -> longitude = temp/NMEA_Pow(10,dx + 2);          //得到°
        rs = temp % NMEA_Pow(10,dx + 2);                       //得到'
        gpsx -> longitude = gpsx -> longitude * NMEA_Pow(10,5) + (rs * NMEA_Pow(10,5 - dx))/60;
                                                               //转换为°
    }
    posx = NMEA_Comma_Pos(p1,6);                               //东经还是西经
    if(posx!= 0XFF)gpsx -> ewhemi = * (p1 + posx);
    posx = NMEA_Comma_Pos(p1,9);                               //得到 UTC 日期
    if(posx!= 0XFF)
    {
        temp = NMEA_Str2num(p1 + posx,&dx);                   //得到 UTC 日期
        gpsx -> utc.date = temp/10000;
        gpsx -> utc.month = (temp/100) % 100;
        gpsx -> utc.year = 2000 + temp % 100;
    }
}
//分析 GPVTG 信息
//gpsx:nmea 信息结构体
//buf:接收到的 GPS 数据缓冲区首地址
void NMEA_GPVTG_Analysis(nmea_msg * gpsx,u8 * buf)
{
    u8 * p1,dx;
    u8 posx;
    p1 = (u8 * )strstr((const char * )buf," $ GPVTG");
    posx = NMEA_Comma_Pos(p1,7);                              //得到地面速率
    if(posx!= 0XFF)
    {
        gpsx -> speed = NMEA_Str2num(p1 + posx,&dx);
        if(dx < 3)gpsx -> speed * = NMEA_Pow(10,3 - dx);      //确保扩大 1000 倍
    }
}
//提取 NMEA - 0183 信息
/ * gpsx:nmea 信息结构体
buf:接收到的 GPS 数据缓冲区首地址 * /
void GPS_Analysis(nmea_msg * gpsx,u8 * buf)
{
    NMEA_GPGSV_Analysis(gpsx,buf);                            //GPGSV 解析
    NMEA_GPGGA_Analysis(gpsx,buf);                            //GPGGA 解析
    NMEA_GPGSA_Analysis(gpsx,buf);                            //GPGSA 解析
    NMEA_GPRMC_Analysis(gpsx,buf);                            //GPRMC 解析
    NMEA_GPVTG_Analysis(gpsx,buf);                            //GPVTG 解析
}

/ * GPS 校验和计算
buf:数据缓存区首地址
len:数据长度
cka,ckb:两个校验结果. * /
```

```
void Ublox_CheckSum(u8 * buf,u16 len,u8 * cka,u8 * ckb)
{
    u16 i;
     * cka = 0; * ckb = 0;
    for(i = 0;i < len;i++)
    {
        * cka = * cka + buf[i];
        * ckb = * ckb + * cka;
    }
}
///////////////////////////////////UBLOX 配置代码/////////////////////////////////
/ * 检查 CFG 配置执行情况
返回值:0,ACK 成功
        1,接收超时错误
        2,没有找到同步字符
        3,接收到 NACK 应答 * /
u8 Ublox_Cfg_Ack_Check(void)
{
    u16 len = 0,i;
    u8 rval = 0;
    while((USART3_RX_STA&0X8000) == 0 && len < 100)          //等待接收到应答
    {
        len++;
        delay_ms(5);
    }
    if(len < 250)                                            //超时错误
    {
        len = USART3_RX_STA&0X7FFF;                          //此次接收到的数据长度
        for(i = 0;i < len;i++)if(USART3_RX_BUF[i] == 0XB5)break; //查找同步字符 0XB5
        if(i == len)rval = 2;                                //没有找到同步字符
        else if(USART3_RX_BUF[i + 3] == 0X00)rval = 3;       //接收到 NACK 应答
        else rval = 0;                                       //接收到 ACK 应答
    }else rval = 1;                                          //接收超时错误
    USART3_RX_STA = 0;                                       //清除接收
    return rval;
}
/ * 配置保存
  将当前配置保存在外部 EEPROM 里面
  返回值:0,执行成功;1,执行失败. * /
u8 Ublox_Cfg_Cfg_Save(void)
{
    u8 i;
    _ublox_cfg_cfg * cfg_cfg = (_ublox_cfg_cfg * )USART3_TX_BUF;
    cfg_cfg - > header = 0X62B5;                             //cfg header
    cfg_cfg - > id = 0X0906;                                 //cfg cfg id
    cfg_cfg - > dlength = 13;                                //数据区长度为 13 个字节
    cfg_cfg - > clearmask = 0;                               //清除掩码为 0
    cfg_cfg - > savemask = 0XFFFF;                           //保存掩码为 0XFFFF
    cfg_cfg - > loadmask = 0;                                //加载掩码为 0
    cfg_cfg - > devicemask = 4;                              //保存在 EEPROM 里面
```

```
    Ublox_CheckSum((u8 * )(&cfg_cfg - > id),sizeof(_ublox_cfg_cfg) - 4,&cfg_cfg - > cka,&cfg_
cfg - > ckb);
    Ublox_Send_Date((u8 * )cfg_cfg,sizeof(_ublox_cfg_cfg));        //发送数据给 NEO - 6M
    for(i = 0;i < 6;i++)if(Ublox_Cfg_Ack_Check() == 0)break;        //EEPROM 写入需要比较久时间,
                                                                   //所以连续判断多次

    return i == 6?1:0;
}
/ * 配置 NMEA 输出信息格式
msgid:要操作的 NMEA 消息条目,具体见下面的参数表
        00,GPGGA;01,GPGLL;02,GPGSA;
        03,GPGSV;04,GPRMC;05,GPVTG;
        06,GPGRS;07,GPGST;08,GPZDA;
        09,GPGBS;0A,GPDTM;0D,GPGNS;
    uart1set:0,输出关闭;1,输出开启
    返回值:0,执行成功;其他,执行失败 * /
u8 Ublox_Cfg_Msg(u8 msgid,u8 uart1set)
{
    _ublox_cfg_msg * cfg_msg = (_ublox_cfg_msg * )USART3_TX_BUF;
    cfg_msg - > header = 0X62B5;                               //cfg header
    cfg_msg - > id = 0X0106;                                   //cfg msg id
    cfg_msg - > dlength = 8;                                   //数据区长度为 8 字节
    cfg_msg - > msgclass = 0XF0;                               //NMEA 消息
    cfg_msg - > msgid = msgid;                                 //要操作的 NMEA 消息条目
    cfg_msg - > iicset = 1;                                    //默认开启
    cfg_msg - > uart1set = uart1set;                           //开关设置
    cfg_msg - > uart2set = 1;                                  //默认开启
    cfg_msg - > usbset = 1;                                    //默认开启
    cfg_msg - > spiset = 1;                                    //默认开启
    cfg_msg - > ncset = 1;                                     //默认开启
    Ublox_CheckSum((u8 * )(&cfg_msg - > id),sizeof(_ublox_cfg_msg) - 4,&cfg_msg - > cka,&cfg_
msg - > ckb);
    Ublox_Send_Date((u8 * )cfg_msg,sizeof(_ublox_cfg_msg));   //发送数据给 NEO - 6M
    return Ublox_Cfg_Ack_Check();
}
/ * 配置 NMEA 输出信息格式
baudrate:波特率,4800/9600/19200/38400/57600/115200/230400
返回值:0,执行成功;其他,执行失败(这里不会返回 0 了) * /
u8 Ublox_Cfg_Prt(u32 baudrate)
{
    _ublox_cfg_prt * cfg_prt = (_ublox_cfg_prt * )USART3_TX_BUF;
    cfg_prt - > header = 0X62B5;                               //cfg header
    cfg_prt - > id = 0X0006;                                   //cfg prt id
    cfg_prt - > dlength = 20;                                  //数据区长度为 20 个字节
    cfg_prt - > portid = 1;                                    //操作串口 1
    cfg_prt - > reserved = 0;                                  //保留字节,设置为 0
    cfg_prt - > txready = 0;                                   //TX Ready 设置为 0
    cfg_prt - > mode = 0X08D0;                                 //8 位,1 个停止位,无校验位
    cfg_prt - > baudrate = baudrate;                           //波特率设置
    cfg_prt - > inprotomask = 0X0007;                          //0 + 1 + 2
    cfg_prt - > outprotomask = 0X0007;                         //0 + 1 + 2
```

```
    cfg_prt->reserved4 = 0;                                          //保留字节,设置为0
    cfg_prt->reserved5 = 0;                                          //保留字节,设置为0
    Ublox_CheckSum((u8 *)(&cfg_prt->id),sizeof(_ublox_cfg_prt) - 4,&cfg_prt->cka,&cfg_
prt->ckb);
    Ublox_Send_Date((u8 *)cfg_prt,sizeof(_ublox_cfg_prt));          //发送数据给 NEO-6M
    delay_ms(200);                                                   //等待发送完成
    usart3_init(baudrate);                                          //重新初始化串口3
    return Ublox_Cfg_Ack_Check();                                   //这里不会返回0,因为UBLOX发
                                                                    //回来的应答在串口重新初始化
                                                                    //的时候已经被丢弃了
}
/* 配置 UBLOX NEO-6 的时钟脉冲输出
interval:脉冲间隔(μs)
length:脉冲宽度(μs)
status:脉冲配置:1,高电平有效;0,关闭;-1,低电平有效
返回值:0,发送成功;其他,发送失败 */
u8 Ublox_Cfg_Tp(u32 interval,u32 length,signed char status)
{
    _ublox_cfg_tp * cfg_tp = (_ublox_cfg_tp * )USART3_TX_BUF;
    cfg_tp->header = 0X62B5;                                        //cfg header
    cfg_tp->id = 0X0706;                                           //cfg tp id
    cfg_tp->dlength = 20;                                          //数据区长度为20字节
    cfg_tp->interval = interval;                                   //脉冲间隔,μs
    cfg_tp->length = length;                                       //脉冲宽度,μs
    cfg_tp->status = status;                                       //时钟脉冲配置
    cfg_tp->timeref = 0;                                           //参考UTC时间
    cfg_tp->flags = 0;                                             //flags 为 0
    cfg_tp->reserved = 0;                                          //保留位为0
    cfg_tp->antdelay = 820;                                        //天线延时为820ns
    cfg_tp->rfdelay = 0;                                           //RF延时为0ns
    cfg_tp->userdelay = 0;                                         //用户延时为0ns
    Ublox_CheckSum((u8 *)(&cfg_tp->id),sizeof(_ublox_cfg_tp) - 4,&cfg_tp->cka,&cfg_tp->ckb);
    Ublox_Send_Date((u8 *)cfg_tp,sizeof(_ublox_cfg_tp));          //发送数据给 NEO-6M
    return Ublox_Cfg_Ack_Check();
}
/* 配置 UBLOX NEO-6 的更新速率
measrate:测量时间间隔,单位为 ms,最少不能小于 200ms(5Hz)
reftime:参考时间,0 = UTC Time; 1 = GPS Time(一般设置为1)
返回值:0,发送成功;其他,发送失败 */
u8 Ublox_Cfg_Rate(u16 measrate,u8 reftime)
{
    _ublox_cfg_rate * cfg_rate = (_ublox_cfg_rate * )USART3_TX_BUF;
    if(measrate < 200)return 1;                                   //小于200ms,直接退出
    cfg_rate->header = 0X62B5;                                     //cfg header
    cfg_rate->id = 0X0806;                                        //cfg rate id
    cfg_rate->dlength = 6;                                        //数据区长度为6字节
    cfg_rate->measrate = measrate;                                //脉冲间隔,μs
    cfg_rate->navrate = 1;                                        //导航速率(周期),固定为1
    cfg_rate->timeref = reftime;                                  //参考时间为GPS时间
```

```
        Ublox_CheckSum((u8 * )(&cfg_rate - > id),sizeof(_ublox_cfg_rate) - 4,&cfg_rate - > cka,
    &cfg_rate - > ckb);
        Ublox_Send_Date((u8 * )cfg_rate,sizeof(_ublox_cfg_rate));    //发送数据给 NEO - 6M
        return Ublox_Cfg_Ack_Check();
}
/ * 发送一批数据给 Ublox NEO - 6M,这里通过串口 3 发送
dbuf:数据缓存首地址
len:要发送的字节数 * /
void Ublox_Send_Date(u8 * dbuf,u16 len)
{
    u16 j;
    for(j = 0;j < len;j++)                                      //循环发送数据
    {
        while((USART3 - > SR&0X40) == 0);                       //循环发送,直到发送完毕
        USART3 - > DR = dbuf[j];
    }
}
```

在 main. c 中编写如下代码。

```
# include "sys.h"
# include "oled.h"
# include "gps.h"


void Gps_Msg_Show(void);
int main(void)
{
    u8 key = 0XFF,rxlen;
    NVIC_PriorityGroupConfig(NVIC_PriorityGroup_2);        //设置系统中断优先级分组 2
    delay_init(168);                                       //初始化延时,168 为 CPU 运行频率
    uart_init(115200);                                     //串口初始化
    usart3_init(38400);                                    //初始化串口 3 波特率为 38400
    OLED_Init(1);                                          //初始化 OLED,正向显示
    if(Ublox_Cfg_Rate(1000,1)!= 0)                         //设置定位信息更新速度为 1000ms,
                                                           //顺便判断 GPS 模块是否在位

    {
        OLED_ShowString(0,0,"NEO - 6M Setting...",16);
        while((Ublox_Cfg_Rate(1000,1)!= 0)&&key)           //持续判断,直到可以检查到 NEO -
                                                           //6M,且数据保存成功

        {
            usart3_init(9600);                             //初始化串口 3 波特率为 9600(EEPROM
                                                           //没有保存数据的时候,波特率为
                                                           //9600)

            Ublox_Cfg_Prt(38400);                          //重新设置模块的波特率为 38400
            usart3_init(38400);                            //初始化串口 3 波特率为 38400
            Ublox_Cfg_Tp(1000000,100000,1);                //设置 PPS 为 1 秒钟输出 1 次,脉冲宽
                                                           //度为 100ms

            key = Ublox_Cfg_Cfg_Save();                    //保存配置
        }
```

```
        OLED_ShowString(0,0,"NEO-6M Set Done!!",16);
        delay_ms(500);
        OLED_Clear();                                       //清除显示
    }
    while(1)
    {
        delay_ms(1);
        if(USART3_RX_STA&0X8000)                            //接收到一次 GPS 数据
        {
            rxlen = USART3_RX_STA&0X7FFF;                   //得到数据长度
            USART3_RX_STA = 0;                              //启动下一次接收
            USART3_RX_BUF[rxlen + 1] = 0;                   //自动添加结束符
            GPS_Analysis(&gpsx,(u8 *)USART3_RX_BUF);        //分析字符串
            Gps_Msg_Show();
        }
    }
}

/* 显示 GPS 定位信息 */
void Gps_Msg_Show(void)
{   u8 p[30];
    float tp;

    tp = gpsx.longitude;
    sprintf((char *)p,"Lo:%.5f %1c",tp/=100000,gpsx.ewhemi);       //得到经度字符串
    OLED_ShowString(0,0,p,12);

    tp = gpsx.latitude;
    sprintf((char *)p,"La:%.5f %1c",tp/=100000,gpsx.nshemi);       //得到纬度字符串
    OLED_ShowString(0,1,p,12);

    tp = gpsx.altitude;
    sprintf((char *)p,"Altitude:%.1fm",tp/=10);                    //得到高度字符串
    OLED_ShowString(0,2,p,12);

    tp = gpsx.speed;
    sprintf((char *)p,"Speed:%.3fkm/h",tp/=1000);                  //得到速度字符串
    OLED_ShowString(0,3,p,12);
                        //Valid satellite
    sprintf((char *)p,"Vs:%02d",gpsx.posslnum);                    //用于定位的卫星数
    OLED_ShowString(0,4,p,12);
                        //Visible satellite
    sprintf((char *)p,"Vis:%02d",gpsx.svnum%100);                  //可见卫星数
    OLED_ShowString(0,5,p,12);
    sprintf((char *)p,"Date:%04d/%02d/%02d",gpsx.utc.year,gpsx.utc.month,gpsx.utc.
date);                                                            //显示 UTC 日期
    OLED_ShowString(0,6,p,12);
    sprintf((char *)p,"Time:%02d:%02d:%02d",gpsx.utc.hour,gpsx.utc.min,gpsx.utc.sec);
                                                                  //显示 UTC 时间
    OLED_ShowString(0,7,p,12);            //该时间为国际时间,需要+8小时才是中国北京时间
}
```

注：本节实验例程源码可扫描"5.5 本章小结"中的二维码,见 5-4 GPS 通信实验。

将 STLink 与计算机连接在一起,确保硬件连接正确,按 F7 键进行编译,按 F8 键进行烧录。烧录完成后拔掉 STLink,连接 STM32 开发板与 GPS、OLED 模块,用电池给 STM32 开发板供电,观察 OLED 屏幕显示数据。

### 5.4.4　实验现象

OLED 屏幕上显示经纬度、海拔、速度和时间信息。实验现象可扫描下方二维码。

二维码 5.4　GPS 通信实验

# 5.5　本章小结

本章介绍了通信模块的基本应用,读者需要了解和掌握以下应用内容。

(1) 蓝牙通信的基本原理及应用。

(2) NRF 通信的基本原理及应用。

(3) WiFi 通信的基本原理及应用。

(4) GPS 通信的基本原理及应用。

学习了本章知识点之后,读者可以扩展学习以上通信的其他应用方法,限于篇幅,本书不再介绍。本章实验例程代码可扫描下方二维码。

二维码 5.5　第 5 章实验例程代码

# 第 6 章

# 运动控制综合实践项目

本章结合第 1 章所述检测对象——PID 协调履带机器人底盘,在电机控制技术基础上讲解运动控制的相关实验。

## 6.1 履带车运动控制实验

**实验目的**

以履带车为例,掌握机器人底盘差速转动的运动控制,完成履带车的前进、后退、左转、右转、原地旋转等动作。能够在程序中使用直流电机的模拟量和数字量控制底盘移动。

### 6.1.1 履带车运动控制原理

首先按照图 6.1 所示结构搭建履带底盘。参考第 3 章电机综合实践项目,可通过数字量或模拟量控制直流电机,转动时采用的是差速转动。所谓"差速转动",指主要依靠"两个轮子转动的方向和速度的各种搭配"完成各种动作。两轮转动与小车运动关系如图 6.2所示。

图 6.1　履带车底盘结构

该实验内容为硬件搭接完成后,实现履带车前进、后退、左转、右转、原地旋转等动作。

### 6.1.2 硬件设计

该部分硬件组成包括履带车底盘、STM32 主控板、BigFish 扩展板、串口线、STLink、两块

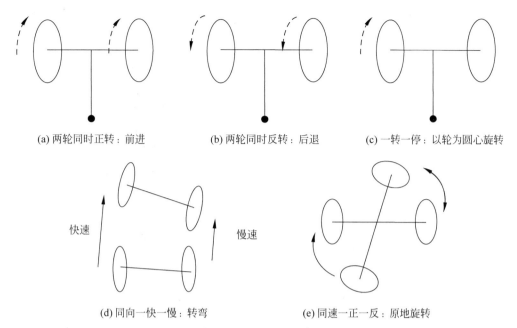

(a) 两轮同时正转：前进　　　(b) 两轮同时反转：后退　　　(c) 一转一停：以轮为圆心旋转

快速　　　慢速

(d) 同向一快一慢：转弯　　　　　(e) 同速一正一反：原地旋转

图 6.2　差速运动图解

直流电机、锂电池。硬件连接图如图 6.3 所示,两块电机分别连接扩展板 D5/D6、D9/D10。

图 6.3　硬件连接图

## 6.1.3　软件设计

以数字量直流电机的控制为例,分析实现履带车的前进、后退、右转及原地转动。打开工程,在主程序中系统初始化,直流电机的初始化之后,编写如下代码。

```
int main(void)
{
    delay_init(168);                    //初始化延时,168 为 CPU 运行频率
    motor_Init();                       //初始化直流电机
    while(1)
```

```
{   / * 小车前进 * /
    L_Z_motor = 1;                                    //左轮正转
    L_F_motor = 0;
    R_Z_motor = 1;                                    //右轮正转
    R_F_motor = 0;
    delay_ms(2000);
    / * 小车后退 * /
    L_Z_motor = 0;                                    //左轮反转
    L_F_motor = 1;
    R_Z_motor = 0;                                    //右轮反转
    R_F_motor = 1;
      delay_ms(2000);
    / * 小车右转 * /
    L_Z_motor = 1;                                    //左轮正转
    L_F_motor = 0;
    R_Z_motor = 0;                                    //右轮停止
    R_F_motor = 0;
    delay_ms(2000);
    / * 原地转动 * /
    L_Z_motor = 1;                                    //左轮正转
    L_F_motor = 0;
    R_Z_motor = 0;                                    //右轮反转
    R_F_motor = 1;
    }
}
```

其中,在 main.c 文件中包含头文件 "motor.h",直流电机初始化工作在 motor.c 中完成,根据引脚对照表,D5/D6、D9/D10 对应主控板 PD15/PD14、PC8/PB7,使能初始化相应位置,具体内容如下。

```
void motor_Init(void)
{
    GPIO_InitTypeDef   GPIO_InitStructure;

    RCC_AHB1PeriphClockCmd(RCC_AHB1Periph_GPIOB|RCC_AHB1Periph_GPIOC|RCC_AHB1Periph_
GPIOD, ENABLE);                                      //使能 GPIOF 时钟

    GPIO_InitStructure.GPIO_Pin = GPIO_Pin_8;
    GPIO_InitStructure.GPIO_Mode = GPIO_Mode_OUT;     //普通输出模式
    GPIO_InitStructure.GPIO_OType = GPIO_OType_PP;    //推挽输出
    GPIO_InitStructure.GPIO_Speed = GPIO_Speed_100MHz; //100MHz
    GPIO_InitStructure.GPIO_PuPd = GPIO_PuPd_UP;      //上拉
    GPIO_Init(GPIOC, &GPIO_InitStructure);            //初始化

    GPIO_InitStructure.GPIO_Pin = GPIO_Pin_15|GPIO_Pin_14;
    GPIO_Init(GPIOD, &GPIO_InitStructure);
```

```
GPIO_InitStructure.GPIO_Pin = GPIO_Pin_7;
GPIO_Init(GPIOB, &GPIO_InitStructure);

L_Z_motor = 0;
L_F_motor = 0;

R_Z_motor = 0;
R_F_motor = 0;
}
```

　　**注**：本节实验例程源码可扫描"6.3 本章小结"中的二维码,见 6-1 履带车运动控制
实验。

　　编译后烧录程序,观察小车运行状态。

## 6.1.4　实验现象

　　履带车前进 2s 之后,后退 2s,再左转 2s,然后保持原地旋转。实验现象可扫描下方二
维码。

**二维码 6.1　履带车运动控制实验**

## 6.1.5　作业

　　尝试采用 PWM 电机模拟量控制的方式,实现履带车的前进、后退与转弯运动。

# 6.2　PID 履带车控制实验

### 实验目的

　　利用 PID 模型调节参数,控制履带车实现其直线运动。

## 6.2.1　PID 控制简介

　　当今的闭环自动控制技术都是基于反馈的概念以减少不确定性。反馈理论的要素包括
三个部分:测量、比较和执行。测量关键的是被控变量的实际值,与期望值相比较,用这个
偏差来纠正系统的响应,执行调节控制。在工程实际中,应用最为广泛的调节器控制规律为
比例、积分、微分控制,简称 PID 控制,又称 PID 调节。PID 控制器(比例-积分-微分控制器)
是一个在工业控制应用中常见的反馈回路部件,由比例单元 P、积分单元 I 和微分单元 D 组

成。PID 控制的基础是比例控制；积分控制可消除稳态误差，但可能增加超调；微分控制可加快大惯性系统响应速度以及减弱超调趋势。这个理论和应用的关键是，做出正确的测量和比较后，如何才能更好地纠正系统。

PID 控制器作为最早实用化的控制器已有近百年历史，现在仍然是应用最广泛的工业控制器。PID 控制器简单易懂，使用中不需要精确的系统模型等先决条件，因而成为应用最为广泛的控制器。

PID 控制的目的是使控制对象当前的状态值与用户的设定值相同（最大限度地接近）。典型的单级 PID 控制器如图 6.4 所示，PID 控制实际上由用户设定值 $r(t)$ 与被控制对象当前的值 $y(t)$ 两者同时送入由特定硬件电路模型或特定的软件算法组成的控制算法逻辑中，利用不同的控制算法对 $e(t)$ 进行分析、判断、处理，从而产生当前应该输出的控制信号 $u(t)$，控制信号经过执行机构施加到控制对象上，从而产生预期的控制效果。其中 $K_p$ 为比例增益，$K_i$ 为积分增益，$K_d$ 为微分增益，$e(t)$ 为设定值与当前值的误差。$t$ 为当前时间，$\tau$ 为积分变量，数值为从 0 到当前时间 $t$。

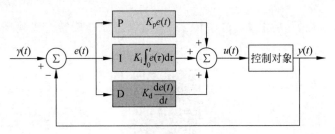

**图 6.4　典型的单级 PID 控制器模型**

比例（P）控制：比例控制是一种最简单的控制方式。其控制器的输出与输入误差信号成比例关系。当仅有比例控制时系统输出存在稳态误差。比例项输出如式（6.1）所示。

$$P_{out} = K_p e(t) \tag{6.1}$$

不同比例增益 $K_p$ 下，受控变量的阶跃响应（$K_i$、$K_d$ 维持稳定值）如图 6.5 所示。由于比例控制只考虑控制对象当前误差，反应灵敏，有误差马上反映到输出。只要偏差已经产生了比例算法才采取措施进行调整，所以单独的比例算法不可能将控制对象的状态值控制在

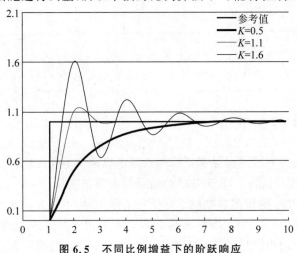

**图 6.5　不同比例增益下的阶跃响应**

设定值上,始终在设定值上下波动。

积分(I)控制:在积分控制中,控制器的输出与输入误差信号的积分成正比关系。对于只有比例控制的系统存在稳态误差,为了消除稳态误差,在控制器中必须引入"积分项"。积分项是误差对时间的积分,随着时间的增加,积分项会增大。这样,即便误差很小,积分项也会随着时间的增加而加大,它推动控制器的输出增大使稳态误差进一步减小,直到等于零。因此,比例积分(PI)控制器可以使系统在进入稳态后无稳态误差。积分项输出:

$$I_{out} = K_i \int_0^t e(\tau) d\tau \tag{6.2}$$

不同积分增益 $K_i$ 下,受控变量的阶跃响应($K_p$,$K_d$ 维持稳定值)如图 6.6 所示。

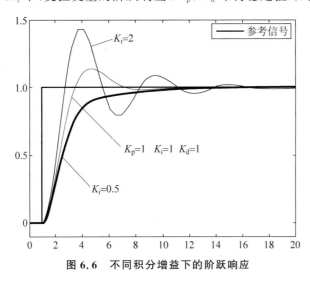

图6.6 不同积分增益下的阶跃响应

微分(D)控制:在微分控制中,控制器的输出与输入误差信号的微分成正比关系。微分调节就是偏差值的变化率,使用微分调节能够实现系统的超前控制。如果输入偏差值线性变化,则在调节器输出侧叠加一个恒定的调节量。大部分控制系统不需要调节微分时间,因为只有时间滞后的系统才需要附加这个参数。当系统的偏差趋近于某一个固定值时(变化率为0),微分算法不输出信号对其偏差进行调整,所以微分算法不能单独使用,它只关心偏差的变化速度,不考虑是否有偏差。但是微分算法能获得控制对象近期的变化趋势,当偏差有剧烈变化时,大幅度调整输出信号,对其进行抑制,避免了控制对象的震荡。微分项输出:

$$D_{out} = K_d \frac{d}{dt} e(t) \tag{6.3}$$

图 6.7 所示为不同微分增益 $K_d$ 下,受控变量的阶跃响应($K_p$,$K_i$ 维持稳定值)。

综上可得 PID 控制数学表达式:

$$u(t) = MV(t) = K_p e(t) + K_i \int_0^t e(\tau) d\tau + K_d \frac{d}{dt} e(t) \tag{6.4}$$

对于实验而言,由于电机惯性等因素影响,直流电机的转速设置值与实际值之间是存在偏差的,比如,在 5.1.1 节中履带车前进实验中,履带车并非完全直线前进。此时,需要通过红外编码器反馈取得实际测量值,得出偏差 $e$,输入 PID 模型,得出校正的电机转速。

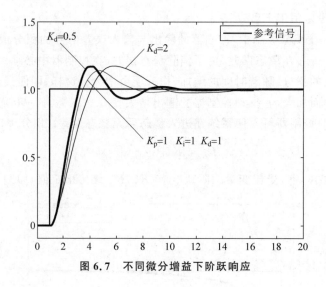

图 6.7　不同微分增益下阶跃响应

## 6.2.2　硬件设计

实验涉及的硬件有红外编码器、直流电机、履带底盘、主控板、扩展板、电池。如图 6.8 所示,将编码器安装在直流电机上,其中,编码器信号连接主控板管脚的 PE3/PE4。并将两个直流电机安装在如图 6.9 所示的履带车底板上,直流电机连接扩展板的(D5/D6)和(D9/D10)。

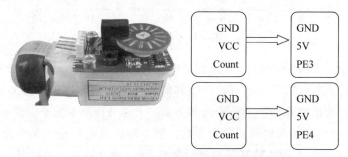

图 6.8　红外编码器的安装及管脚连接图

图 6.9　履带底盘 PID 硬件连接图

## 6.2.3　软件设计

打开工程文件,做如下定义:

```
#define EXPECT    30000        //期望值
#define Kp        5            //PID 的 P 系数
#define Ki        3            //PID 的 I 系数
#define Kd        2            //PID 的 D 系数
```

期望值是希望达到的值,PID 模型计算会根据反馈信号的值通过不断的计算,从而达到希望的值。这里的反馈信号是左右轮的编码器中断的次数。在主函数的开始,用如下 4 行代码初始化左右轮的参数和项目结构体。

```
pidParamInit(&L_pidParam_InitStructure,Kp,Ki,Kd);              //初始化参数
pidParamInit(&R_pidParam_InitStructure,Kp,Ki,Kd);
pidInit(&L_pidObj_InitStructure,EXPECT,&L_pidParam_InitStructure,0.02);
                                                               //初始化项目结构体
pidInit(&R_pidObj_InitStructure,EXPECT,&R_pidParam_InitStructure,0.02);
```

关于 0.02 这个参数,它是由定时器决定的,设置定时器中断为 20ms,所以为 0.02s。PID 更新的周期设置程序如下:

```
TIM2_Int_Init(200-1,8400-1);     //定时器时钟频率为 84MHz,分频系数为 8400,所以
                                 //84MHz/8400=10kHz 的计数频率,计数 200 次为 20ms
```

在定时器中断服务函数中,获取左右轮的通过圆孔次数,也就是红外编码器的次数;并且会更新一个标志。这个标志会在主循环中用来开启 PID 计算。

```
void TIM2_IRQHandler(void)                        //定时器 2 中断服务函数
{
    if(TIM_GetITStatus(TIM2,TIM_IT_Update) == SET)    //溢出中断
    {
        printf_flag++;
        if(L_number < 50000)                          //滤掉无效数值,保留有效计数值
            L_rev = L_number;
        else
            L_rev = 0;
        if(R_number < 50000)
            R_rev = R_number;
        else
            R_rev = 0;
        L_number = 0;
        R_number = 0;
        time_flag = 1;
    }

    TIM_ClearITPendingBit(TIM2,TIM_IT_Update);        //清除中断标志位
}
```

PID 计算完成之后,将数值填入 PWM 修改占空比的函数;对 2000 取余是为了限制数值范围,+1500 是为了提供一个基础的占空比值,因为占空比要达到一定的数值,电机才会转动。

```
if(time_flag)
    {
        time_flag = 0;
        L = pidUpdate(&L_pidObj_InitStructure, L_rev);
        R = pidUpdate(&R_pidObj_InitStructure, R_rev);
        TIM_SetCompare3(TIM3, R % 2000 + 1500);          //修改比较值,修改占空比
        TIM_SetCompare4(TIM4, L % 2000 + 1500);          //修改比较值,修改占空比
        if(printf_flag == 1)
        {
            printf_flag = 0;
            printf("L: % d      R: % d\r\n", L, R);
            printf("L_rev: % d      R_rev: % d\r\n", L_rev, R_rev);

        }
    }
```

注:本节实验例程源码可扫描"6.3 本章小结"中的二维码,见 6-2 PID 履带车控制实验。

编译并烧录,观察小车运行状态。

### 6.2.4　实验现象

履带车在直行过程发生轻微偏移,小车自动向减小偏移的方向调整,保持直线行驶。实验现象可扫描下方二维码。

二维码 6.2　PID 履带车控制实验

### 6.2.5　作业

尝试更改 PID 的三个系数,或更改 PID 模型为 PI 或者 PD,观察小车运行状态,并思考原因。

## 6.3　本章小结

本章在前面 5 章技术的基础上,以履带车底盘为例,初步解决综合运动控制问题。读者需要了解和掌握以下应用内容。

（1）掌握机器人底盘差速转动的运动控制，通过直流电机的应用，完成履带车前进、后退、左转、右转、原地旋转等动作。

（2）理解 PID 模型，并学会在软件中如何表达并调节三个参数，控制履带车实现其直线运动。

学习了本章知识点之后，读者可以运用以上基础应用，进一步进行综合性实验。本章实验例程代码可扫描下方二维码。

二维码 6.3　第 6 章实验例程代码

# 第 7 章

## 视觉环形检测台综合实践项目

本章结合第1章的检测对象——基于视觉的环形检测台开展综合实践项目,实现工件不合格品的自动分选。桌面级的视觉环形检测台采用机器视觉的方法,在环形输送线上对待测工件采用三自由度机械臂来进行不合格品的分选。它综合运用 STM32 单片机技术、传感器技术、无线通信技术及视觉算法,通过实操实现多种技术交叉应用,掌握机器人检测基本软硬件架构和相应功能模块的初步开发,培养解决实际问题的能力。

## 7.1 三自由度机械臂运动控制实验

### 实验目的

掌握舵机构建的三自由度机械臂的运动控制算法。机械臂的搬运动作可以分解为一系列的动作,三自由度则由三个舵机分别控制平面转动、上下转动及手爪开闭。移动角度范围则由 PWM 调节。

### 7.1.1 三自由度机械臂简介

三自由度机械臂是由三个小舵机分别控制机械结构上搭接而成,是桌面级视觉环形检测台用于抓取的执行机构。三个舵机分别实现左右旋转、上下俯仰以及爪子张开闭合等三个自由度范围内动作,完成将正方体工件从环形检测线上抓取到不合格工件区。

### 7.1.2 硬件设计

实验所用硬件包括三个舵机、机械构件、主控板、扩展板,将机械构件与舵机等装配为三自由度的机械臂,如图 7.1 所示,其中控制机械手爪开合舵机记为 1 号舵机,调节机械臂上下俯仰舵机记为 2 号舵机,调节底座平面旋转舵机记为 3 号舵机。BigFish 扩展板堆叠在 STM32 主控板上方,三自由度机械臂接线按顺序由 1 号到 3 号舵机依次接BigFish 扩展板的 D3、D8、D12 号引脚。硬件连接图如图 7.2 所示。程序烧录完成之后接锂电池。

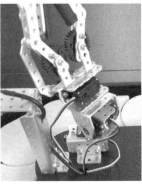

图 7.1　机械臂结构图　　　　　　　　　图 7.2　硬件连接图

## 7.1.3　软件设计

打开工程文件 main 函数,由于对三个舵机采用 PWM 控制,在主程序中相应地对其三个 PWM 定时器完成初始化后,在 PWM_Catch 函数中完成对三个舵机的控制,实现抓取,最后回到一个设置的初始位置。初始状态在 PWM_UD_Init 函数中完成。

```
int main(void)
{

    NVIC_PriorityGroupConfig(NVIC_PriorityGroup_2);        //设置系统中断优先级分组 2
    delay_init(168);                                       //初始化延时,168 为 CPU 运行频率
    uart_init(9600);                                       //串口初始化
    usart3_init(9600);
    TIM3_PWM_Init1(20000 - 1,84 - 1);
    TIM3_PWM_Init2(20000 - 1,84 - 1);
    TIM9_PWM_Init(20000 - 1,84 - 1);
    //84MHz/84 = 1MHz 的计数频率,重装载值为 20000 - 1,所以 PWM 频率为 1MHz/20000 = 50Hz
    GPIOC_INIT();
    while(1)
    {
      PWM_Catch();

        PWM_UD_Init();
    }

}
```

以 D3 号引脚的伺服电机为例,在 STM32 主控板上的引脚为 PE5。使用的定时器为 9号定时器通道 1,并对其初始化操作。同理,对 D8 号舵机的 2 号舵机采用 TIM3_CH4 定时器,需要进行初始化操作及 D12 引脚连接的 3 号舵机采用 TIM3_CH1 定时器的初始化操作。

```
//TIM9 PWM 部分初始化
//PWM 输出初始化
//arr:自动重装值
//psc:时钟预分频数
//PE5    D3   TIM9_CH1
void TIM9_PWM_Init(u32 arr,u32 psc)
{
    //此部分需手动修改 I/O 端口设置
    GPIO_InitTypeDef GPIO_InitStructure;
    TIM_TimeBaseInitTypeDef TIM_TimeBaseStructure;
    TIM_OCInitTypeDef TIM_OCInitStructure;
    RCC_APB2PeriphClockCmd(RCC_APB2Periph_TIM9,ENABLE);          //使能 TIM9 时钟
    RCC_AHB1PeriphClockCmd(RCC_AHB1Periph_GPIOE, ENABLE);        //使能 GPIOE 时钟
    GPIO_PinAFConfig(GPIOE,GPIO_PinSource5,GPIO_AF_TIM9);        //GPIOE5 复用为定时器 9
    GPIO_InitStructure.GPIO_Pin = GPIO_Pin_5;                   //GPIO
    GPIO_InitStructure.GPIO_Mode = GPIO_Mode_AF;                //复用功能
    GPIO_InitStructure.GPIO_Speed = GPIO_Speed_100MHz;          //速率为 100MHz
    GPIO_InitStructure.GPIO_OType = GPIO_OType_PP;              //推挽复用输出
    GPIO_InitStructure.GPIO_PuPd = GPIO_PuPd_UP;                //上拉
    GPIO_Init(GPIOE,&GPIO_InitStructure);                      //初始化
    TIM_TimeBaseStructure.TIM_Prescaler = psc;                 //定时器分频
    TIM_TimeBaseStructure.TIM_CounterMode = TIM_CounterMode_Up; //向上计数模式
    TIM_TimeBaseStructure.TIM_Period = arr;                    //自动重装载值
    TIM_TimeBaseStructure.TIM_ClockDivision = TIM_CKD_DIV1;
    TIM_TimeBaseInit(TIM9,&TIM_TimeBaseStructure);             //初始化定时器 9
    //初始化 TIM9 Channel 1 PWM 模式
    TIM_OCInitStructure.TIM_OCMode = TIM_OCMode_PWM1;          //选择定时器模式:TIM 脉
                                                              //冲宽度调制模式 1
    TIM_OCInitStructure.TIM_OutputState = TIM_OutputState_Enable; //使能比较输出
    TIM_OCInitStructure.TIM_OCPolarity = TIM_OCNPolarity_High;  //输出极性:TIM 输出比较
                                                              //极性高
    TIM_OCInitStructure.TIM_OCIdleState = TIM_OCIdleState_Reset; //空闲低电平
    TIM_OC1Init(TIM9, &TIM_OCInitStructure);                  //根据 T 指定的参数初始
                                                              //化外设 TIM9OC1
    TIM_OC1PreloadConfig(TIM9, TIM_OCPreload_Enable);         //使能 TIM9 在 CCR1 上的
                                                              //预装载寄存器
    TIM_ARRPreloadConfig(TIM9,ENABLE);                        //使能 ARPE
    TIM_Cmd(TIM9, ENABLE);                                    //使能 TIM4
    }
```

控制伺服电机代码如下,D3 连接 1 号舵机,采用 TIM9_CH1 定时器;D8 连接 2 号舵机,采用 TIM3_CH4 定时器;D12 连接 3 号舵机,采用 TIM3_CH1 定时器。代码完成的控制路径为:机械臂向下,张开手爪,继续向下,闭合手爪,机械臂向上,机械臂逆时针转动,机械臂向下,张开手爪,机械臂向上,闭合手爪。

```
void PWM_Catch(void)// D3   爪子   TIM9_CH1
// D8   上下   TIM3_CH4
// D12 左右   TIM3_CH1
```

```
{
    for(int i = 500;i < = 1400;i++)                 //脉宽增加正转,向下
    {
        TIM_SetCompare4(TIM3,i);
        delay_ms(2);
    }
    delay_ms(1000);
    for(int i = 1850;i < = 3000;i++)                //脉宽增加正转,张开
    {
        TIM_SetCompare1(TIM9,i);                    //修改比较值,修改占空比
        delay_ms(2);
    }
    delay_ms(1000);
    for(int i = 1400;i < = 1650;i++)                //脉宽增加正转,向下
    {
        TIM_SetCompare4(TIM3,i);
        delay_ms(2);
    }
    delay_ms(1000);
    for(int i = 3000;i > = 1650;i-- )               //脉宽增加正转,闭合
    {
        TIM_SetCompare1(TIM9,i);                    //修改比较值,修改占空比
        delay_ms(2);
    }
    delay_ms(1000);
    for(int i = 1650;i > = 1300;i-- )               //脉宽增加正转,向上
    {
        TIM_SetCompare4(TIM3,i);
        delay_ms(2);
    }
    delay_ms(1000);
    for(int i = 1800;i > = 1000;i-- )               //脉宽增加正转,逆时针
    {
        TIM_SetCompare1(TIM3,i);
        delay_ms(2);
    }
    delay_ms(1000);
    for(int i = 1300;i < = 1550;i++)                //脉宽增加正转,向下
    {
        TIM_SetCompare4(TIM3,i);
        delay_ms(2);
    }
    delay_ms(1000);
    for(int i = 1650;i < = 3000;i++)                //脉宽增加正转,张开
    {
        TIM_SetCompare1(TIM9,i);                    //修改比较值,修改占空比
        delay_ms(2);
    }
    delay_ms(1000);
    for(int i = 1550;i > = 1300;i-- )               //脉宽增加正转,向上
```

```
        {
            TIM_SetCompare4(TIM3,i);
            delay_ms(2);
        }
        delay_ms(1000);
        for(int i = 3000;i > = 1850;i -- )              //脉宽增加正转,闭合
        {
            TIM_SetCompare1(TIM9,i);                  //修改比较值,修改占空比
            delay_ms(2);
        }

}
```

注：本节实验例程源码可扫描"7.6 本章小结"中的二维码,见 7-1 三自由度机械臂运动控制实验。

在控制伺服电机程序中,使用 PWM 控制伺服电机,PWM 值越高,伺服电机的角度越高,PWM 值由低到高伺服电机运动为低角度到高角度,PWM 值由高到低伺服电机运动为高角度到低角度。

编译烧录,打开主控板板电源开关,在机械臂下方检测平台上放置正方体工件,查看机械臂运动效果,并根据实际需求更改控制参数。

### 7.1.4　实验现象

机械臂从初始位置,转动至工件上方,机械臂向下,张开手爪,继续向下,闭合手爪,抓住正方体工件,机械臂向上,逆时针转动,机械臂向下,张开手爪,工件落至不合格区域,机械臂向上,闭合手爪,再回至初始位置。实验现象可扫描下方二维码。

二维码 7.1　三自由度机械臂运动控制实验

### 7.1.5　作业

实际程序代码中,脉宽调制中 i 的取值不尽相同,思考这是为什么?

## 7.2　视觉基础——软件环境配置

### 7.2.1　机器视觉与图像识别

**1. 机器视觉**

机器视觉(Machine Vision,MV)就是用机器代替人眼来做测量和判断。机器视觉系统

是通过机器视觉产品(即图像摄取装置,分 CMOS 和 CCD 两种)将被摄取目标转换为图像信号,传送给专用的图像处理系统,得到被摄目标的形态信息,根据像素分布和亮度、颜色等信息,转换为数字化信号,图像系统对这些信号进行各种运算来抽取目标的特征,进而根据判别的结果控制现场的设备动作。

机器视觉最常见的用途是目视检查和缺陷检测、定位和测量零件,以及对产品进行识别、分类和追踪。机器视觉系统最基本的特点是提高生产的灵活性和自动化程度。在一些不适于人工作业的危险工作环境或者人工视觉难以满足要求的场合,常用机器视觉来替代人工视觉。同时,在大批量重复性工业生产过程中,用机器视觉检测方法可以大大提高生产的效率和自动化程度。

一个典型的机器视觉应用系统包括图像捕捉、光源系统、图像数字化模块、数字图像处理模块、智能判断决策模块和机械控制执行模块。机器视觉系统主要由三部分组成:图像的获取、图像的处理和分析、图像的输出或显示。

**2. 图像识别**

图像是人类视觉的基础,是自然景物的客观反映,是人类认识世界和人类本身的重要源泉。数字图像是由扫描仪、摄像机等输入设备捕捉实际的画面产生的,以像素为基本元素的、可以用数字计算机或数字电路存储和处理的图像。这些像素以矩阵的方式排列,矩阵中的每一个元素都对应图像中的一个像素,存储这个像素的颜色信息。图像处理一般指数字图像处理。利用计算机对图像进行处理、分析和理解,以识别各种不同模式的目标和对象的过程,称为图像识别技术。

众所周知,自然界中的所有颜色都可以由红(R)、绿(G)、蓝(B)三原色的组合来表示。彩色图像是指它的每个像素颜色通常是由红(R)、绿(G)、蓝(B)三个分量来表示的,分量范围为(0,255)。RGB 图像的数据类型一般为 8 位无符号整型,通常用于表示和存放真彩色图像。灰度图像是指只含亮度信息,不含彩色信息的图像,就像人们平时看到亮度由暗到明的黑白照片,亮度变化是连续的。因此,要表示灰度图,需要把亮度值进行量化。划分 0~255 共 256 级,0 表示最暗(全黑),255 表示最亮(全白)。二值图像是一幅二值图像的二维矩阵,仅由 0、1 两个值构成,"0"代表黑色,"1"代白色。由于每一个像素(矩阵中每一个元素)取值仅有 0、1 两种可能,因此计算机中二值图像的数据类型通常为一个二进制位。

## 7.2.2　软件环境

Visual Studio(简称 VS)是美国微软公司的开发工具包系列产品。Visual Studio 是一个基本完整的开发工具集,它包括整个软件生命周期中所需要的大部分工具,如 UML 工具、代码管控工具、集成开发环境(IDE)等。所写的目标代码适用于微软支持的所有平台,包括 Microsoft Windows、Windows Mobile、Windows CE、.NET Framework、.NET Compact Framework 和 Microsoft Silverlight 及 Windows Phone。Visual Studio 支持用户通过多种不同的程序语言进行开发。

Visual C++(简称 VC)是微软公司的免费 C++开发工具,具有集成开发环境,可提供编辑 C、C++等编程语言。Visual C++是微软对 C++标准的一种实现,目前,它包含在 Visual Studio 中,因此直接下载 Visual Studio,选择 Visual C++的编程语言即可。

### 7.2.3　OpenCV 简介

计算机等电子设备中存储的图像信息实质上是以像素排列的颜色值信息,也就是大量的数据。要从图像信息中得到有意义的信息,就必须对这些数据进行分析与处理。

计算机科学家和相关领域的从业者在过去几十年时间内发展出了大量用于处理计算机图像信息的数学方法。开源的计算机视觉库 OpenCV 内置了大量这类数学方法,可以帮助人们分析图像信息。

OpenCV 全称是 Open Source Computer Vision Library,它是由英特尔微处理研究实验室视觉交互组开发的,是一套关于计算机视觉的开放源代码的 API 函数库。它已成为目前影响力最大的一个开源计算机视觉库。OpenCV 在面部识别、手势识别、目标识别、增强现实(AR)等方面都能发挥重要的作用。2009 年,OpenCV 发布了其第一个第二代正式版本,自 2012 年起,一个专门的非营利组织负责 OpenCV 项目的后续支持。2015 年 OpenCV 发布第三代,2018 年发布到第四代。在后续的项目中,将使用目前应用最为广泛的 OpenCV 第三代版本。

OpenCV 用 C++语言编写,它具有 C++、Python、Java 和 MATLAB 接口,并支持 Windows、Linux、Android 和 macOS,OpenCV 主要倾向于实时视觉应用,并在可用时利用 MMX 和 SSE 指令,如今也提供对于 C♯、Ch、Ruby、GO 等语言的支持。

### 7.2.4　在 Visual Studio下配置 OpenCV

该实验目的是掌握 Visual Studio 2015. NET 下配置 OpenCV 环境。环境配置步骤如下:

**1. 下载软件安装镜像**

下载地址为 http://msdn. itellyou. cn/,在开发人员工具中选择 Visual Studio Community 2015,也可以在官方网站 http://download. microsoft. com/download/B/4/8/B4870509-05CB-447C-878F-2F80E4CB464C/vs2015. com_chs. iso 直接下载,图 7.3 所示为下载选项。

图 7.3　下载选项

下载完成后安装步骤如下：

（1）双击打开 Visual Studio 2015 引导程序，等待程序下载完成。选择合适的安装地址进行安装。

（2）选择需要用到的功能。编程语言选择 Visual C++，Windows 和 Web 开发选择"Microsoft SQl Server Data Tools Sliverlight 开发工具包"。

（3）等待程序安装完成即可。

### 2. 配置 OpenCV 环境变量

软件安装完成后，可扫描"7.6 本章小结"中的二维码，打开本章例程目录\7-2 环境搭建\opencv，将文件夹中的 OpenCV 两个文件夹复制到本地计算机。

右击"我的电脑"，在弹出的快捷菜单中选择"属性"，找到"高级系统设置"，单击后在"系统属性"下"高级"选项找到"环境变量"，单击进入，在"编辑环境变量"对话框的 Path 变量中添加 OpenCV 变量的 bin 位置，如图 7.4 所示添加示例，此处目录需根据本机 OpenCV 路径决定。

```
D:\OpenCV\opencv\build\x64\vc14\bin
```

重启计算机使环境变量配置生效。至此，软件和 OpenCV 环境配置就完成了。

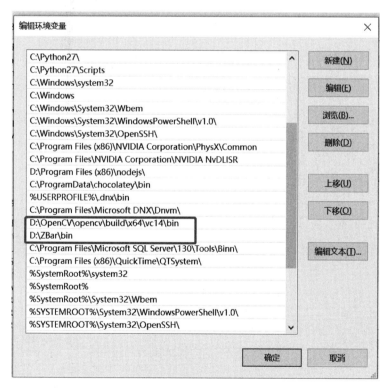

图 7.4　系统添加路径

### 3. 配置 OpenCV 环境变量

在 Visual Studio 2015 中创建一个引用 OpenCV 的 C++项目。步骤如下：

（1）如图 7.5 所示，打开 Visual Studio 2015，选择"文件"→"新建"→"项目"。

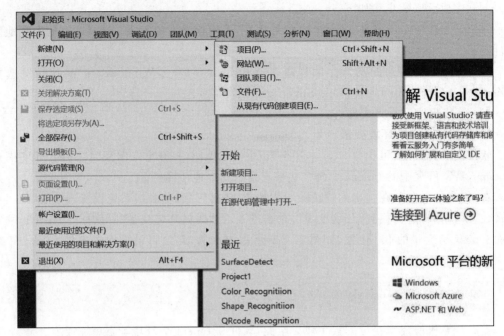

图 7.5　创建项目选项卡

（2）选择项目类型。在"新建项目"对话框中选择"模板"→Visual C++→"常规"→"空项目"。项目名称、位置等根据默认或个人选择，如图 7.6 所示。

图 7.6　创建空项目

（3）创建源文件。如图 7.7 所示，在项目中的源文件上右击，在弹出的快捷菜单中选择"添加"→"新建项"。

（4）如图 7.8 所示，选择文件类型为 C++ 文件。

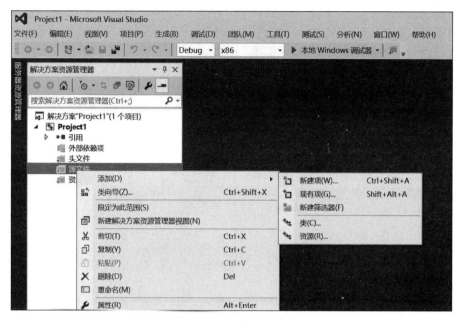

图 7.7 创建源文件

图 7.8 创建 C++ 源文件

（5）设置工程配置。在项目名称上，鼠标右键选择属性，将配置改为 Debug，将平台改为 x64。图 7.9 所示为配置平台。

（6）添加目录。在此处需要添加"包含目录"和"库目录"两个目录以及一个链接器中的一个输入项。在项目名称上右击，在弹出的快捷菜单中选择"属性"并打开"Project1 属性页"对话框，选择"配置属性"→"VC++ 目录"，如图 7.10 所示。双击"包含目录"选择编辑。包含目录需要添加三条内容，如图 7.11 所示。此处目录需根据本机 OpenCV 路径决定，且为必须设置，如未设置，就可能无法在项目中调用 OpenCV 函数。

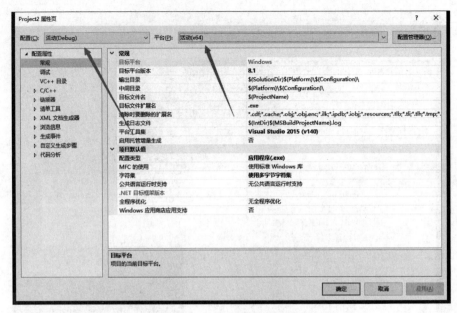

图 7.9　平台配置设置

图 7.10　添加目录

（7）根据本机安装 OpenCV 库的实际地址。添加 OpenCV 的库目录路径，如图 7.12 所示。

（8）如图 7.13 所示，选择"链接器"→"输入"→"附加依赖项"，在输入框中填入 opencv_world320d.lib。

（9）测试创建项目设置及 OpenCV 配置。将以下代码复制到源.cpp 文件中，选择"生成"→"重新编译"，成功后单击"运行"按钮。

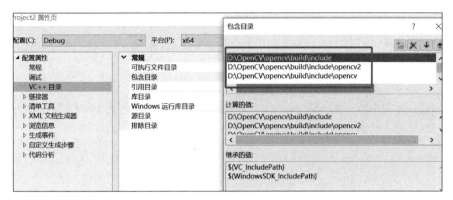

图 7.11 包含目录路径

图 7.12 添加库目录

图 7.13 添加依赖项

```
# include < opencv. hpp >
using namespace cv;
int main()
{
    Mat srcImage;
    srcImage = imread("E://1.jpg");   //此处路径可自定义,如需要可在 E 盘下放置一张图片
    imshow("Picture", srcImage);
    waitKey();
    return 0;
}
```

在配置 OpenCV 实例中,已经教大家如何创建一个可应用 OpenCV 的项目。需要注意的是,在创建新项目或导入视觉项目时,都需要重新设置目录路径,以保证项目可以调用 OpenCV 的函数库。

# 7.3　颜色识别实验

**实验目的**

了解颜色识别原理;能够通过硬件连接,在上位机编写程序并实现识别特定颜色。

## 7.3.1　颜色识别原理

**1. HSV 颜色模型**

数字图像处理中经常采用的模型是 RGB(红、绿、蓝)模型和 HSV(色调、饱和度、亮度)。RGB 广泛应用于彩色监视器和彩色视频摄像机,我们平时的图片一般都是 RGB 模型;而 HSV 模型是更符合人描述和解释颜色的方式,HSV 的彩色描述对人来说是自然且非常直观的。

HSV(Hue, Saturation, Value)模型中颜色的参数分别是色调(Hue)、饱和度(Saturation)和亮度(Value)。它是根据颜色的直观特性由 A. R. Smith 在 1978 年创建的一种颜色空间,也称六角锥体模型(Hexcone Model)。HSV 色系对用户来说是一种直观的颜色模型,直接地表达"它是什么颜色,深浅如何,明暗如何"。

色调(Hue):用角度度量,取值范围为 0°~360°,从红色开始按逆时针方向计算,红色为 0°,绿色为 120°,蓝色为 240°。它们的补色是:黄色为 60°,青色为 180°,品红为 300°;饱和度(Saturation):取值范围为 0.0~1.0,值越大,颜色越饱和。亮度(Value):取值范围为 0(黑色)~255(白色)。

**2. RGB 转换为 HSV**

设$(R,G,B)$分别是一个颜色的红、绿和蓝坐标,它们的值是在 0~1 之间的实数。设 max 等于$R,G$和$B$中的最大者。设 min 等于这些值中的最小者。要找到在 HSV 空间中的$(H,S,V)$值,这里的$H\in[0,360)$是角度的色相角,而$S、V\in[0,1]$是饱和度和亮度,代

码如下：

```
max = max (R,G,B);
min = min (R,G,B);
V = max (R,G,B);
S = (max － min)/max;
if R ＝ max,H ＝ (G－B)/(max－min)×60;
if G ＝ max,H ＝ 120＋(B－R)/(max－min)×60;
if B ＝ max,H ＝ 240＋(R－G)/(max－min)×60;
if H < 0,H? = ?H＋360;
```

OpenCV 下有个函数可以直接将 RGB 模型转换为 HSV 模型，注意的是，OpenCV 中 $H\in[0,180),S\in[0,255],V\in[0,255]$。$H$ 分量基本能表示一个物体的颜色，但是 $S$ 和 $V$ 的取值也要在一定范围内，因为 $S$ 代表的是 $H$ 所表示的那个颜色和白色的混合程度，也就说 $S$ 越小，颜色越发白，也就是越浅。$V$ 代表的是 $H$ 所表示的那个颜色和黑色的混合程度，也就说 $V$ 越小，颜色越发黑。经过实验，在相同 $S$ 和 $V$ 范围下，$S$ 为 43～255，$V$ 为 46～255。红色 $H$ 的取值是 0～10，绿色 $H$ 的取值是 35～77，蓝色 $H$ 的取值范围为 100～124。

因此，可以通过图像处理的方法识别红、绿、蓝三基色。思路如下：上位机接收到图像帧，在设定红、绿、蓝三色的 $H$ 取值范围内，做阈值分割，并提取相应的轮廓。如果该图像在某种颜色下有轮廓，则认定为某种颜色。

## 7.3.2　硬件设计

实验硬件包括一个 WiFi 路由器，一个摄像头，一个 USB 数据线；不同红、绿、蓝三色工件若干。将摄像头与路由器连接，USB 供电启动路由器，将计算机连接到路由器的 WiFi 网络，如图 7.14 所示，完成硬件连接。

首先，启动并连接无线路由器。USB 摄像头连接到无线路由器的标准 USB 接口，通过 miniUSB 线将无线路由器与计算机连接（或手机用的电源适配器）电源接通后，无线路由器顶端的指示灯绿灯亮起，路由器开始启动。等约 30s，待指示灯开始红绿间断闪动时，表示启动完毕。此时，搜索无线网络连接，可以找到名称为 GL-AR150-×××的 SSID。

图 7.14　硬件连接图

单击连接后，输入无线密码，密码是 goodlife。若连接失败，则将无线网卡的 IP 设为自动获取。

其次，连接无线网 WiFi。在浏览器中输入 192.168.8.1，出现登录界面。在密码区中输入密码 12345678。密码摄像头监视设备打开地址 http://192.168.8.1：8083（英文输入）。

最后，视频显示调节。在浏览器中输入 192.168.8.1，出现登录界面。在密码区中输入密码 12345678。在监控页面可以对摄像头传输的画面分辨率进行设置，设置摄像头的分辨率和帧率如图 7.15 所示。由于摄像头数据非加密，设置完成后在浏览器地址栏中输入 IP＋端口号（192.168.8.1：8083，中间冒号在英文状态下输入）即可访问摄像头，浏览器建议使用火狐、谷歌浏览器。

图 7.15 视频显示设置

## 7.3.3 软件设计

下面提供一个可以进行 3 个颜色(红、绿、蓝)识别的例程,通过套接字实现网络视频流的传输,并将图像识别结果以字符串的形式发送。其中,每一个视频帧通过 inputImage 参数传入 ColorDetect(int color, const Mat &inputImage)函数中,并在该函数下通过图像处理,包括 HSV 空间的转换、不同 $H$ 取值范围的二值化分割后,再经形态学先开操作后闭操作的经典算法提取轮廓。计算不同 $H$ 范围的轮廓像素数量,如果有轮廓,则证明图像的 $H$ 取值范围判断正确。在帧图像的图像处理中用到了 OpenCV 的库函数,因此在源文件中应包括相应图像处理文件。

```cpp
#include <opencv2/opencv.hpp>
#include <opencv2/core/core.hpp>
#include <opencv2/highgui/highgui.hpp>
#include <opencv2/imgproc/imgproc.hpp>
#include <iostream>
#include <string>
#include <stdio.h>
#include <winsock2.h>
#pragma comment(lib,"ws2_32.lib")
//#define WIDTH_MIN 0
//#define WIDTH_MAX 640

using namespace cv;
using namespace std;

enum Color
{
    RED = 1,
    GREEN,
    BLUE
};
const char * CameraIp = "http://192.168.8.1:8083/?action = stream";

SOCKET TcpInit(void);
void SendData(SOCKET sock, const char * data);
int ColorDetect(int color, const Mat &inputImage);
int main()
{
    //存放 Windows Socket 初始化信息
```

```cpp
    WSADATA wsadata;
    WSAStartup(MAKEWORD(2, 2), &wsadata);
    //创建套接字
    SOCKET clientsocket;
    //打开摄像头
    VideoCapture capture(CameraIp);
    while (1) {
        Mat frame;
        capture >> frame;
        if (frame.empty()) {
            clientsocket = TcpInit();                    //创建 TCP 连接
            SendData(clientsocket, "no");                //发送数据
            printf("播放完毕\n");
            break;
        }
        imshow("Video", frame);                          //显示画面
        clientsocket = TcpInit();
        for (int i = 1; i < 4; i++) {
            switch (ColorDetect(i, frame)) {             //颜色识别
                case RED :
                    cout << "Red\n" << endl;
                    SendData(clientsocket, "Red");
                    break;
                case GREEN :
                    cout << "Green\n" << endl;
                    SendData(clientsocket, "Green");
                    break;
                case BLUE :
                    cout << "Blue\n" << endl;
                    SendData(clientsocket, "Blue");
                    break;
                default :
                    break;
            }
        }
        waitKey(30);
        closesocket(clientsocket);                       //关闭套接字
    }
    WSACleanup();
    return 0;
}

SOCKET TcpInit(void)
{
    sockaddr_in sockAddr;
    memset(&sockAddr, 0, sizeof(sockAddr));              //存储 IP 地址
    sockAddr.sin_family = AF_INET;
    sockAddr.sin_addr.s_addr = inet_addr("192.168.8.1");
    sockAddr.sin_port = htons(2001);
```

```
        SOCKET sock = socket(AF_INET, SOCK_STREAM, IPPROTO_TCP);      //创建套接字

        connect(sock, (SOCKADDR * )& sockAddr, sizeof(sockAddr));     //连接服务器

        return sock;
}

void SendData(SOCKET sock, const char * data)
{
        send(sock, data, strlen(data) + sizeof(char), NULL);          //发送数据
}

//颜色检测,返回值为要检测颜色区域重心 X 坐标
int ColorDetect(int color, const Mat &inputImage)
{
        int point_x;
        int iLowH, iHighH;
        int iLowS = 43, iHighS = 255, iLowV = 46, iHighV = 255;

        switch (color)
        {
        case RED:
            iLowH = 0;
            iHighH = 10;
            break;
        case GREEN:
            iLowH = 35;
            iHighH = 77;
            break;
        case BLUE:
            iLowH = 100;
            iHighH = 124;
            break;
        }
        Mat img, imgHSV;
        inputImage.copyTo(img);                                       //复制画面
        cvtColor(img, imgHSV, COLOR_BGR2HSV);                         //转换为 HSV

        //实现二值化功能,将在两个阈值内的像素值设置为白色(255),而不在阈值区间内的像素值设
        //置为黑色(0),该功能类似于之前所讲的双阈值化操作
        Mat imgThresholded;
        inRange(imgHSV, Scalar(iLowH, iLowS, iLowV), Scalar(iHighH, iHighS, iHighV), imgThresholded);

        /* getStructuringElement 函数会返回指定形状和尺寸的结构元素
        利用 morphologyEx 函数可以方便地对图像进行一系列的膨胀腐蚀组合 */
        Mat element = getStructuringElement(MORPH_RECT, Size(40, 40));
        morphologyEx(imgThresholded, imgThresholded, MORPH_OPEN, element);   //开操作
        morphologyEx(imgThresholded, imgThresholded, MORPH_CLOSE, element);  //闭操作
```

```
vector<vector<Point>> contours;
vector<Vec4i> hierarchy;
findContours(imgThresholded, contours, hierarchy, CV_RETR_CCOMP, CV_CHAIN_APPROX_
SIMPLE);                                        //查找轮廓
    int result = contours.size() > 0 ? color : 0;     //有轮廓返回结果
    point_x = 0;
    return result;
}
```

**注**：本节实验例程源码可扫描"7.6 本章小结"中的二维码,见 7-3 颜色识别实验。

## 7.3.4　实验现象

Visual Studio 2015 界面操作:在菜单栏中选择"生成"→"生成解决方案",选择"调试"→"开始执行(不调试)",弹出识别界面,放置不同颜色工件至摄像头下,进行识别。摄像头对不同颜色工件实时显示其对应颜色,如图 7.16 所示。实验现象可扫描下方二维码。

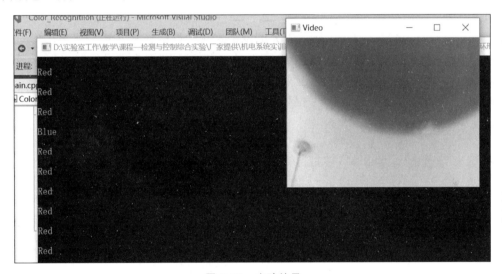

图 7.16　实验结果

二维码 7.3　颜色识别实验

## 7.3.5　作业

思考并检索其他颜色识别的算法,例如在 RGB 模型中,有什么方法识别红、绿、蓝三通道的目标图像?

# 7.4　形状识别实验

## 实验目的

> 了解形状识别原理；掌握形状识别(圆形和矩形)的计算机图像处理算法。

7.3 节介绍了通过颜色识别不同的物体,同种颜色不同形状的物体能否通过图像的方法区别开呢? 答案是肯定的。本节以不同形状(圆柱体和正方体)红色工件为例,介绍如何实现形状识别。相机对这两种工件拍摄图片,反映在图像上即是能检测出圆形与正方形,并且能够识别出结果。

## 7.4.1　形状识别原理

### 1. 圆形目标检测

圆形目标的检测调用 OpenCV 的霍夫圆变换。霍夫圆变换的基本思路是认为图像中每一个非零像素点都有可能是一个潜在的圆上的一点,通过投票生成累积坐标平面,设置一个累积权重来定位圆。将二维图像空间中一个圆转换为该圆半径、圆心横纵坐标$(r,a,b)$所确定的三维参数空间中一个点的过程。如图 7.17 所示,在笛卡儿坐标系中,对任一坐标点$(x,y)$,经过该点的圆的方程为

$$(x-a)^2 + (y-b)^2 = r^2 \qquad (7.1)$$

其中,$(a,b)$是圆心,$r$ 是半径。也可以表述为

$$\begin{cases} x = a + r\cos\theta \\ y = b + r\sin\theta \end{cases} \qquad (7.2)$$

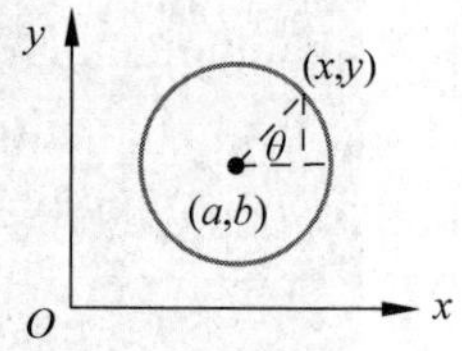

图 7.17　笛卡儿坐标系下圆的方程

所以在$(a、b、r)$组成的三维坐标系中,一个点可以唯一确定一个圆。而在 $xy$ 坐标系中经过某一点的所有圆映射到 $abr$ 坐标系中就是一条三维的曲线;经过 $xy$ 坐标系中所有的非零像素点的所有圆就构成了 $abr$ 坐标系中很多条三维的曲线。

在 $xy$ 坐标系中同一个圆上的所有点的圆方程是一样的,它们映射到 $abr$ 坐标系中的是同一个点,所以在 $abr$ 坐标系中经过该点的相交曲线数量对应圆的总像素个数。通过判断 $abr$ 中每一点的相交(累积)数量,大于一定阈值的点就认为是圆。

以上是标准霍夫圆变换实现算法,缺点是累加面是一个三维的空间,意味着需要更多的计算消耗。OpenCV 霍夫圆变换对标准霍夫圆变换做了运算上的优化。它采用的是“霍夫梯度法”。它的检测思路是遍历累加所有非零点对应的圆心,对圆心进行考量。如何定位圆心呢? 圆心一定在圆上的每个点的模向量上,即在垂直于该点并且经过该点的切线的垂直线上,这些圆上的模向量的交点就是圆心。霍夫梯度法就是要去查找这些圆心,根据该圆心上模向量相交数量的多少,以及阈值进行最终的判断。因为霍夫圆检测对噪声比较敏感,所以在此之前,图像要进行滤波预处理。

**2. 矩形目标检测**

OpenCV 没有内置的矩形检测的函数,得到原始图像之后,代码处理的步骤是:首先,对图像进行滤波增强边缘。分离图像通道,并检测边缘,提取轮廓。然后,使用图像轮廓点进行多边形拟合。这里使用 approxPolyDP 函数去除多边形轮廓一些小的波折。计算轮廓面积,找到同时满足面积较大和形状为凸的四边形,并得到矩形 4 个顶点。求轮廓边缘之间角度的最大余弦。判断轮廓中两两邻接直线夹角余弦是否小于 0.3(意味着角度在 90°附近),若是则此四边形为找到的矩形。最后,画出目标矩形。

## 7.4.2　硬件设计

如图 7.18 所示,实验硬件包括一个 WiFi 路由器,一个摄像头,一个 USB 数据线;同一颜色不同形状:圆柱体和正方体工件。将摄像头连接到路由器,路由器由计算机供电。启动路由器,计算机连接至路由器 WiFi 网络。启动、设置路由器的方法见 7.3.2 节硬件设计。摄像头拍摄的视频帧通过 WiFi 传递摄像信息给计算机。在计算机端通过图像处理算法,使用 OpenCV 将图像转换为灰度图像,再检测圆形和矩形。

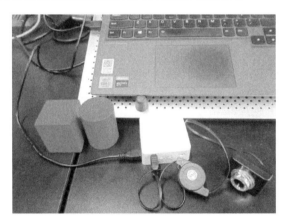

**图 7.18　硬件连接**

## 7.4.3　软件设计

下面提供一个对红色分量提取的可以进行识别圆形和矩形的例程,程序中设置的是识别矩形。通过套接字实现网络视频流的传输,并将图像识别结果以字符串的形式发送。首先,对图像进行预处理。将捕获的图像帧转换为 HSV 空间下的图像,对 HSV 彩色图某一通道颜色工件进行阈值分割,提取最外层的轮廓并框选面积最大的边界。

采用霍夫圆变换 HoughCircles 函数处理检测圆形,并查找圆心,在 frame 帧图像中框出。采用图像轮廓点进行多边形拟合 approxPolyDP 函数,计算轮廓面积,找到同时满足面积较大和形状为凸的四边形,并得到矩形 4 个顶点,在 frame 帧图像中框出。

如果在代码 findContours 函数之后的 switch 语句中设置为 circle 类型,并且在画线函数中的 switch 语句设置为 circle 类型,则程序可以识别圆形物体。

```cpp
# include "opencv2/highgui/highgui.hpp"
# include "opencv2/imgproc/imgproc.hpp"
# include < iostream >
# include < stdio. h >
# include < winsock2. h >
# pragma comment(lib,"ws2_32.lib")
//头文件

using namespace std;
using namespace cv;

enum Color
{
    RED = 1,
    BLUE,
};

enum Shape
{
    CIRCULAR = 3,
    RECTANGLE
};

const char * CameraIp = "http://192.168.8.1:8083/?action = stream";
RNG rng(123456);
int thresh = 50, N = 5;

void SendData(SOCKET sock, const char * data);
SOCKET TcpInit(void);
double angle(Point pt1, Point pt2, Point pt0);
void findSquares(const Mat& image, vector < vector < Point > > & squares);

/ ** @function main * /
int main()
{
    Mat frame, dst, kernel, img;
    Mat imgHSV, imgRGB, imgGray, imgHC;
    vector < Mat > hsvSplit;
    float radius = 20;
    //存放 Windows Socket 初始化信息
    WSADATA wsadata;
    WSAStartup(MAKEWORD(2, 2), &wsadata);
    //创建套接字
    SOCKET clientsocket;
    //打开摄像头
    VideoCapture capture(CameraIp);

    namedWindow("ColorImage", CV_WINDOW_AUTOSIZE);
    namedWindow("GrayscaleImage", CV_WINDOW_AUTOSIZE);
    std::vector < std::vector < Point >> contours;
```

```
std::vector<Vec4i> hireachy;
Rect rect;
Point2f center;
vector<Vec3f> cir;
vector<vector<Point>> squares;

while (1)
{
    capture >> frame;
    if (frame.empty()) {
        clientsocket = TcpInit();                              //创建 TCP 连接
        SendData(clientsocket, "no");                          //发送数据
        printf("播放完毕\n");
        break;
    }

    clientsocket = TcpInit();
    cvtColor(frame, imgHSV, COLOR_BGR2HSV);                    //捕获的图像帧转换为 HSV 颜色空间
                                                               //并存储为 imgHSV
    cvtColor(imgHSV, imgRGB, COLOR_HSV2BGR);
    /* 对 HSV 彩色图做直方图均衡化 */
    split(imgHSV, hsvSplit);
    equalizeHist(hsvSplit[2], hsvSplit[2]);
    merge(hsvSplit, imgHSV);
    /* 对 HSV 彩色图某一通道颜色工件进行阈值分割,
    并将阈值分割后的二值图像保存在 dst 图像中 */
    switch (RED) {
        case RED :
            inRange(imgHSV, Scalar(0, 43, 46), Scalar(10, 255, 255), dst);
            break;
        case BLUE :
            inRange(imgHSV, Scalar(100, 43, 46), Scalar(124, 255, 255), dst);
            break;
        default:
            break;
    }
    /* 取 5×5 的核算子,对整张图像先进行形态学开操作,
    再进行闭开操作,细化图像中的轮廓,并进行实现轮廓提取 */
    kernel = getStructuringElement(MORPH_RECT, Size(5, 5));
    morphologyEx(dst, dst, MORPH_OPEN, kernel);
    morphologyEx(dst, dst, MORPH_CLOSE, kernel);

findContours(dst, contours, hireachy, RETR_EXTERNAL, CHAIN_APPROX_SIMPLE, Point(0, 0));
                                            //获取图像中图形最外面的轮廓

    if (contours.size() > 0)                                  //框选面积最大的边界
    {
        double maxArea = 0;
        for (int i = 0; i < contours.size(); i++)
        {
```

```cpp
            double area = contourArea(contours[static_cast<int>(i)]);
            if (area > maxArea)
            {
                maxArea = area;
                //计算轮廓的垂直边界最小矩形,矩形是与图像上下边界平行的
                rect = boundingRect(contours[static_cast<int>(i)]);
                //得到包含二维点集的最小圆
                minEnclosingCircle(contours[static_cast<int>(i)], center, radius);

                switch (RECTANGLE) {
                case CIRCULAR :
                cvtColor(frame, imgGray, CV_BGR2GRAY);          //转换图像格式
                threshold(imgGray, imgHC, 0, 255, THRESH_OTSU);  //图像二值化
                medianBlur(imgHC, imgHC, 3);                      //中值滤波
                HoughCircles(imgHC, cir, CV_HOUGH_GRADIENT, 1, 50, 100, 15, 20, 100);
                                                                  //霍夫圆变换

                    for (size_t i = 0; i < cir.size(); i++) {
                    Scalar color = Scalar(rng.uniform(0, 255), rng.uniform(0,
255), rng.uniform(0, 255));

                    circle(dst, Point(cir[i][0], cir[i][1]), cir[i][2], color, 1, 8);
                                                                  //画圆
                    SendData(clientsocket, "Cir");
                    }
                    break;
                case RECTANGLE :
                    Scalar color = Scalar(rng.uniform(0, 255), rng.uniform(0,
255), rng.uniform(0, 255));
                    cvtColor(dst, img, COLOR_GRAY2BGR);
                    findSquares(img, squares);

                    for (size_t i = 0; i < squares.size(); i++){
                        const Point * p = &squares[i][0];
                        int n = (int)squares[i].size();
                        //dont detect the border
                        if (p->x > 3 && p->y > 3)
                            polylines(dst, &p, &n, 1, true, color, 3, LINE_AA);
                        SendData(clientsocket, "Rect");
                    }
                    break;
                }
            }
        }

        switch (RECTANGLE) {
            case CIRCULAR :                                        //画圆
                circle(frame, Point(center.x, center.y), (int)radius, Scalar(0, 255, 0), 2);
                break;
```

```
                case RECTANGLE :                                    //画矩形
                    rectangle(frame, rect, Scalar(0, 255, 0), 2);
                    break;
                default:
                    break;
            }
        imshow("ColorImage", frame);
        imshow("GrayscaleImage", dst);
        waitKey(30);
        closesocket(clientsocket);
    }

    capture.release();
    return 0;
}

double angle(Point pt1, Point pt2, Point pt0)
{
    double dx1 = pt1.x - pt0.x;
    double dy1 = pt1.y - pt0.y;
    double dx2 = pt2.x - pt0.x;
    double dy2 = pt2.y - pt0.y;
    return (dx1 * dx2 + dy1 * dy2) / sqrt((dx1 * dx1 + dy1 * dy1) * (dx2 * dx2 + dy2 * dy2) +
1e - 10);
}

void findSquares(const Mat& image, vector < vector < Point > > & squares)
{
    squares.clear();
    //中值滤波,灰度处理
    Mat timg(image);
    medianBlur(image, timg, 9);
    Mat gray0(timg.size(), CV_8U), gray;
    vector < vector < Point > > contours;

    for (int c = 0; c < 3; c++)
    {
        //把输入的矩阵(或矩阵数组)的某些通道拆分复制给对应的输出矩阵(或矩阵数组)的某
        //些通道中
        int ch[] = { c, 0 };
        mixChannels(&timg, 1, &gray0, 1, ch, 1);

        //尝试几个阈值级别
        for (int l = 0; l < N; l++)
        {
            if (l == 0)
            {
            Canny(gray0, gray, 5, thresh, 5);         //Canny 有助于捕捉带有渐变着色的正方形
            dilate(gray, gray, Mat(), Point(-1, -1));
                                              //输入图像用特定结构元素进行膨胀操作
```

```
                    }
                    else
                    {
                        //   tgray(x,y) = gray(x,y) < (l + 1) * 255/N ? 255 : 0
                        gray = gray0 >= (l + 1) * 255 / N;
                    }

            findContours(gray, contours, RETR_LIST, CHAIN_APPROX_SIMPLE);    //边缘检测
                vector < Point > approx;
                for (size_t i = 0; i < contours.size(); i++)
                {
        // 多边拟合
        approxPolyDP(Mat(contours[i]), approx, arcLength(Mat(contours[i]), true) * 0.02, true);

                    if (approx.size() == 4 &&
                        fabs(contourArea(Mat(approx))) > 1000 &&
                        isContourConvex(Mat(approx)))          //检查曲线是否为凸形
                    {
                        double maxCosine = 0;
                        for (int j = 2; j < 5; j++)
                        {
                        //求连接边之间角度的最大余弦
                        double cosine = fabs(angle(approx[j % 4], approx[j - 2], approx[j - 1]));
                            maxCosine = MAX(maxCosine, cosine);
                        }

                        //如果所有角的余弦都很小
                        //(所有角度约为 90°)然后写出量程
                        if (maxCosine < 0.3)
                            squares.push_back(approx);
                    }
                }
            }
        }
    }
}
SOCKET TcpInit(void)
{
    sockaddr_in sockAddr;
    memset(&sockAddr, 0, sizeof(sockAddr));
    sockAddr.sin_family = AF_INET;
    sockAddr.sin_addr.s_addr = inet_addr("192.168.8.1");
    sockAddr.sin_port = htons(2001);

    SOCKET sock = socket(AF_INET, SOCK_STREAM, IPPROTO_TCP);

    connect(sock, (SOCKADDR * )& sockAddr, sizeof(sockAddr));

    return sock;
}
```

```
void SendData(SOCKET sock, const char * data)
{
    send(sock, data, strlen(data) + sizeof(char), NULL);
}
```

注：本节实验例程源码可扫描"7.6 本章小结"中的二维码,见 7-4 形状识别实验。

## 7.4.4　实验现象

Visual Studio 2015 界面操作:在菜单栏中选择"生成"→"生成解决方案",选择"调试"→"开始执行(不调试)",弹出识别界面,放置不同颜色工件至摄像头下,进行形状识别。相机对不同形状工件实时显示形状类别,如图 7.19 所示。实验现象可扫描下方二维码。

二维码 7.4　形状识别实验

图 7.19　实验结果

# 7.5　基于颜色识别的工件分选综合实验

## 实验目的

实现环形输送线上不合格工件的分选。综合控制、传感器、WiFi 通信、上位机图像处理等程序设计,自行设计上位机颜色识别图像处理算法和下位机控制程序,以实现工件的不合格品(红色工件)的检测,并且检出后采用机械臂将不合格工件放置台面。

## 7.5.1　工件分选原理

本节的检测对象为基于视觉的环形检测台,设备构成如图 7.20 所示。它包括环形输送线、控制模块、检测模块,执行机构、无线通信模块、计算机和检测工件等七个模块。其中,输送线由月牙形链板及链板齿轮啮合安装,并由直流电机及减速器控制输送线的速度;控制模块由主控板、扩展板构成；检测模块包括相机、光电对射开关等传感器,执行机构为三自由度机械臂；无线通信模块为 WiFi 路由器；工件分为圆柱、正方体及六边体,并且每种形状又分为红、绿、蓝三种颜色,另外附有不同标识的二维码,可贴于工件表面。

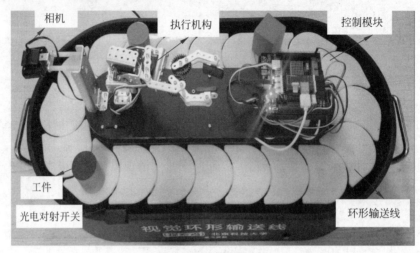

图 7.20　环形检测台

该视觉环形检测线上电后,输送线上的工件依次经过相机下方,相机实时采集环形输送线上工件表面图像,图像通过无线传输进入计算机,在计算机中对采集到的图像进行实时处理,并将识别结果通过 WiFi 模块传给控制模块,由控制模块发送命令,控制机械臂抓取不合格工件到台面上,从而实现工件分选。

通过路由器将摄像头拍摄的画面传输到计算机,通过程序对得到的图像进行颜色识别,将识别到的颜色通过字符串的形式再传给路由,路由通过串口将字符串传输到 STM32 的串口 3,得到的字符串通过比较判断是否是想要的颜色,如果是并触发红外对射,就会抓取,如果不是就会一直判断。

## 7.5.2　硬件设计

实验硬件包括输送线、电源适配器、主控板和扩展板、无线路由器、摄像头、8.4V 16RPM 直流电机一个,红外对射一对,工件若干。硬件连接如图 7.21 所示。

（1）摄像头与路由器连接。

（2）红外对射传感器连接 BigFish A0(PC0) 管脚。

（3）机械臂 BigFish(D3,D8,D12),其中 D3 控制抓取动作,D8 控制机械臂上下运动,D12 控制机械臂左右运动。

（4）直流电机连接板子 BigFish(D5,D6) 管脚。

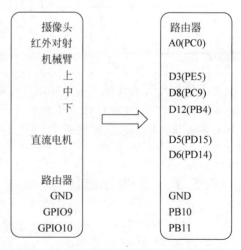

图 7.21　觉环形检测台硬件连接引脚图

（5）路由供电通过通信转接板连接主控板电源。

（6）路由串口接入 STM32 串口 3(PB11,PB10)管脚。

## 7.5.3　软件设计

打开工程文件,在 main 函数中完成初始化工作,包括 STM32 的串口初始化、按键的 PWM 控制的初始化(按键调节环形输送线的速度)、PWM 定时器舵机控制的初始化、红外对射开关的初始化。

```
NVIC_PriorityGroupConfig(NVIC_PriorityGroup_2);     //设置系统中断优先级分组 2
delay_init(168);                                    //初始化延时,168 为 CPU 运行频率
LED_Init();                                         //初始化 LED 灯
usart3_init(9600);
KEY_Init();
TIM4_PWM_Init(1000-1,84-1);                         //控制传送带转动
TIM3_PWM_Init2(20000-1,84-1);                       //D12 舵机
TIM3_PWM_Init1(20000-1,84-1);                       //D8 舵机
TIM9_PWM_Init(20000-1,84-1);                        //D4 舵机
    //84MHz/84 = 1MHz 的计数频率,重装载值为 20000-1,所以 PWM 频率为 1MHz/20000 = 50Hz
GPIOC_INIT();
```

在主程序中编写以下程序,并编译烧录至主控板。

```
{
        //直流电机——驱动传送带
        key = KEY_Scan(0);                          //不支持连续按
        if(key == 1)
            conut += 100;
        if(key == 2)
            conut -= 100;
        if(conut >= 1000)
            conut = 1000;
        TIM_SetCompare3(TIM4,conut-1);              //修改比较值,修改占空比
        //进入抓取流程
        switch(flag)
        {
            case N_FLAG : //颜色识别
                                        flag = get_color();
                                        break;
            case W_FLAG : //红外对射
                                        flag = get_infrared();
                                        break;
            case C_FLAG : //舵机抓取物体
                                        flag = get_cylinder();
                                        break;
            default :
                                        while(num -- ){
```

```
                                    LED0 = 0;
                                    LED1 = 0;
                                    delay_ms(1000);
                                    LED0 = 1;
                                    LED1 = 1;
                                    delay_ms(1000);
                                    }
                                    num = 2;
                                    break;

            }
```

整个流程可以分为四部分。

(1) 传送带的驱动。

通过定时器模拟 PWM 进行控制。

```
//直流电机——驱动传送带
        key = KEY_Scan(0);                          //不支持连续按
        if(key == 1)
            conut += 100;
        if(key == 2)
            conut -= 100;
        if(conut >= 1000)
            conut = 1000;
        TIM_SetCompare3(TIM4,conut - 1);            //修改比较值,修改占空比
```

(2) 视觉识别颜色(VS)。

通过 OpenCV 进行视觉图形处理,从而检测到各个颜色,再通过 WiFi 方式将识别后的信息发送给 STM32 主控板,主控板通过串口 3 进行信息的接收。

```
void USART3_IRQHandler(void)
{
    u8 res;
    if(USART_GetITStatus(USART3, USART_IT_RXNE) != RESET)      //接收到数据
    {
    res = USART_ReceiveData(USART3);
    if((USART3_RX_STA&(1 << 15)) == 0)  //接收完的一批数据还没有被处理,则不再接收其他数据
    {
        if(USART3_RX_STA < USART_REC_LEN)                      //还可以接收数据
        {
            TIM_SetCounter(TIM7,0);                            //计数器清空
            if(USART3_RX_STA == 0)
                TIM_Cmd(TIM7, ENABLE);                         //使能定时器7
            USART3_RX_BUF[USART3_RX_STA++] = res;              //记录接收到的值
        }else
        {
            USART3_RX_STA| = 1 << 15;                          //强制标记接收完成
        }
    }
    }
}
```

（3）红外对射管检测物体。

检测 PC0 口高低电平的变化，判断是否检测到物体。

```
int get_infrared(void)
{
    if(!GPIO_ReadInputDataBit(GPIOC,GPIO_Pin_0)){
        LED0 = 0;
        flag = C_FLAG;
    }
    else{
        LED0 = 1;
        flag = W_FLAG;
    }
    return flag;
}
```

（4）舵机抓取物体。

控制三个舵机实现抓取物体（利用三个定时器模拟 PWM），代码如下。

```
extern void TIM4_PWM_Init(u32 arr,u32 psc);          //直流电机
extern void TIM3_PWM_Init1(u32 arr,u32 psc);         //舵机(上下)
extern void TIM3_PWM_Init2(u32 arr,u32 psc);         //舵机(左右)
extern void TIM9_PWM_Init(u32 arr,u32 psc);          //舵机(爪子)
extern void PWM_Init(void);                          //舵机初始化
extern void PWM_Cl_Init(void);                       //抓取
extern void PWM_UD_Init(void);                       //上下
extern void PWM_RL_Init(void);                       //左右
extern void PWM_Close_Open(void);
extern void PWM_Catch(void);
```

红外对射传感器（readit.h），高电平触发，此时说明有物体通过。初始化引脚如以下代码所示。直接调用函数 get_inftated，一旦有物体触发红外对射，相应管脚会变成高电平，机械臂就会抓取物体。

```
void GPIOC_INIT(void)
{
    GPIO_InitTypeDef  GPIO_InitStructure;
    RCC_AHB1PeriphClockCmd(RCC_AHB1Periph_GPIOC, ENABLE);    //使能 GPIOC 时钟
    //GPIOC0 初始化设置
    GPIO_InitStructure.GPIO_Pin = GPIO_Pin_0;               //红外对射对应引脚
    GPIO_InitStructure.GPIO_Mode = GPIO_Mode_IN;            //普通输入模式
    GPIO_InitStructure.GPIO_Speed = GPIO_Speed_100MHz;      //100MHz
    GPIO_InitStructure.GPIO_PuPd = GPIO_PuPd_UP;            //上拉
    GPIO_Init(GPIOC, &GPIO_InitStructure);                  //初始化
}
```

通过串口 3 接收上位机发来的字符串，判断是否识别到红色。颜色识别中直接调用函

数 get_color,会自行比对接收字符串,如果比对成功就会进行红外对射的处理。若要更换抓取物体的颜色就将函数 mystrcmp 的对比参考值换掉。直接调用函数 get_cylinder 完成机械臂的抓取。

```
switch(flag)
    {
        case N_FLAG : //颜色识别
                                    flag = get_color();
                                    break;
        case W_FLAG : //红外对射
                                    flag = get_infrared();
                                    break;
        case C_FLAG : //舵机抓取物体
                                    flag = get_cylinder();
                                    break;
```

在例程中,红色工件为不合格产品,即程序上设计为只要图像传回 RED 的字符串,串口接收到之后,进入红外对射检测的程序,进而抓取不合格工件。

```
int get_color(void)
{
    u8 rxlen;
    int i = 0;

    if(USART3_RX_STA&0X8000){              //接收到一次数据了
        rxlen = USART3_RX_STA&0X7FFF;      //得到数据长度
        if(mystrcmp((char * )USART3_RX_BUF, "RED"))
                                    //比较两个字符串,当两字符串相等时,该函数返回 0;
            {
            LED1 = 1;
            flag = N_FLAG;
            for(i = 0;i < USART_REC_LEN;i++){
                USART3_RX_BUF[i] = 0;    //清空接收 BUF
            }
        }else if(!mystrcmp((char * )USART3_RX_BUF, "RED"))
                                //如果发现红色的物体,flag 设置为1,下一循环启动红外对射
            {
            LED1 = 0;
            flag = W_FLAG;
            for(i = 0;i < USART_REC_LEN;i++){
                USART3_RX_BUF[i] = 0;    //清空接收 BUF
            }
        }
    USART3_RX_STA = 0;                     //启动下一次接收
    USART3_RX_BUF[rxlen + 1] = 0;          //自动添加结束符
        }
    return flag;
}
```

注：本节实验例程源码可扫描"7.6 本章小结"中的二维码,见7-5 基于颜色识别的工件分选综合实验。

打开计算机颜色识别软件源码,见 7-5 基于颜色识别的工件分选综合实验\Color_Detect,在计算机上连接 WiFi 路由,并设置摄像头的分辨率和帧速,详见本章7.3 节颜色识别实验的硬件连接。设置完成后,打开视觉检测平台开关按钮,可通过 SW3、SW4 进行转速切换,在 Visual Studio 2015 内调试运行工程文件,放置红色、绿色、蓝色工件,设备对红色工件进行搬运。

### 7.5.4 实验现象

放置不同颜色工件,依次经过摄像头下方,相机对不同颜色工件实时识别。当出现红色工件,并到达对射开关位置时,机械臂将其抓取至平台上。对其他颜色工件无动作。实验现象可扫描下方二维码。

二维码 7.5　基于颜色识别的工件分选综合实验

### 7.5.5 作业

尝试用形状识别或者二维码识别的方法在实验台上实现不同工件的分选。

# 7.6　本章小结

本章以基于视觉的环形检测台为例,展示了对实际问题如何自主分析设计并且实现的过程。读者需要掌握分选不合格工件、上位机采用哪些可行算法、下位机和上位机通信如何实现、下位机执行机构控制如何设计、程序的完全实现。在整体调试过程中,容易出错的实际问题大致分为:

(1) 环形输送线在对射开关给出信号时,按照程序应该是停止,如果一直不停,D5、D6没作用,D9、D10 可以工作。看一下主控板跳线帽是不是安装反了,正常状态是两个跳线帽齐平。

(2) 上位机 WiFi 连接,程序里面视频不动。尝试在软件中重启。检查路由器是否连接正常。WiFi 红灯、绿灯是否都亮,都亮才是正确的状态。如果不亮,尝试拆开路由器,按照路由器的硬件连接图检查连线是否有故障。

(3) 上位机 WiFi 连接时设备号一直跳转,WiFi 供电不稳定,可用笔记本电脑尝试供电检测。

（4）红外对射开关若触发，LED0 亮，如果 LED0 没亮，则检查硬件 WiFi 两根线是否接反，即 PB10、PB11 是否接反。

（5）学会自行查错，如更改程序、检查舵机工作是否正常，思考是红外原因还是舵机原因。

（6）学会打开串口调试助手，虚拟串口，模拟发送数据，检查定位串口收发是否出现问题。

本章实验例程代码可扫描下方二维码。

二维码 7.6　第 7 章实验例程代码

# 第 8 章

# 桌面机械臂综合实践项目

## 8.1 机械臂气动搬运实验

**实验目的**

掌握机械臂的基本驱动并理解基本的正运动学含义。结合气动搬运实现机械臂的运动控制以及气泵控制。

### 8.1.1 机械臂正运动学基本原理

机械臂正运动学是通过已知机械臂关节角,求解对应的机械臂末端位置和姿态。实验用的桌面级机械臂为一个三自由度串联机械臂,关节舵机采用总线舵机。该机械臂是一个带被动关节的三自由度机械臂,包含一个一自由度的转台和带被动关节的二自由度关节,如图 8.1 所示。串联机械臂的正运动学解算需要确定每个关节舵机转动的角度,从而确定机械臂端点位置,且解是唯一的。常用的建模方法有三角几何法、D-H 法等。

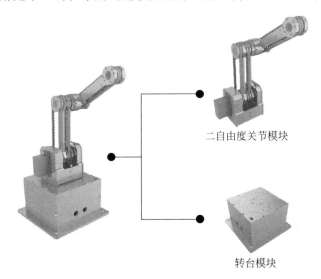

二自由度关节模块

转台模块

**图 8.1 桌面级三自由度机械臂**

本实验内容是编写控制程序,实现机械臂从 A 点到 B 点的工件搬运。所用机械臂的 3 个总线舵机,舵机型号采用 ZX361S,使用说明可扫描 1.4 本章小结下方二维码,下载总线舵机说明书。这里采用三角几何建模来求解控制机械臂的动作。通过控制 3 个舵机的转动位置确定机械臂的运动状态。

如图 8.2 所示,将机械臂看作一个二连杆机构,建立一个以底部自由度运动中心为原点的空间直角坐标系,将三自由度机械臂放置到坐标系中。已知机械臂大臂长为 $a$,小臂长为 $b$,3 个舵机的转动角度分别为 theta0、theta1、theta2,其中,theta0 是转台关节转动的角度;theta1 是大臂转动的角度;th2 是小臂转动的角度。实验中各个转角的零位如图 8.3 所示,小臂顺时针为正方向,大臂逆时针为正方向,转台顺时针为正方向。求末端位置和姿态 $(x,y,z)$。在二连杆平面中,theta2 记作大臂与小臂的夹角,可以直接求出,如式(8.1)所示。

$$\text{theta2} = 270° - \text{th2} - \text{theta1} \tag{8.1}$$

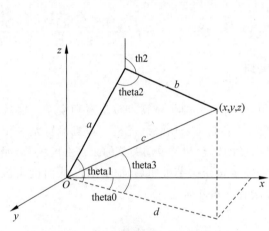

图 8.2 机械臂三角几何建模

图 8.3 机械臂关节零位

在△$abc$ 中,根据勾股定理,可得另外一个边的长度:

$$c = \sqrt{a^2 + b^2 - 2ab\cos\text{theta2}} \tag{8.2}$$

将末端点 $(x,y,z)$ 投影到 $xy$ 平面上,原点与末端点连线与 $xy$ 平面的夹角记为 theta3,连线的投影记为 $d$,则由勾股定理可以得到

$$\text{theta3} = \text{theta1} - \arccos\frac{a^2 + c^2 - b^2}{2ac} \tag{8.3}$$

$$d = c \cdot \cos\text{theta3} \tag{8.4}$$

进而得到

$$\begin{cases} x = d \cdot \cos\text{theta0} \\ y = d \cdot \sin\text{theta0} \\ z = c \cdot \sin\text{theta3} \end{cases} \tag{8.5}$$

## 8.1.2　硬件设计

　　程序硬件包括桌面机械臂、STM32 主控板、扩展板、2510 通信转接板、气动盒、气动吸盘、气管。其中，BigFish 堆叠到 STM32 主控板上，2510 通信转接板堆叠到 BigFish 上。气动盒输出线连接 BigFish 的 D4 引脚(对应 STM32 主板 PE0)，机械臂连接到 2510 通信转接板串口 TX 引脚(对应 STM32 主板 PA9)，见图 8.4。然后，安装气动执行器件。组装步骤如下：

**图 8.4　硬件连接示意图**

　　(1) 找到气动吸嘴、气管、吸嘴支架按如图 8.5 所示安装。

**图 8.5　气动吸嘴组装**

　　(2) 如图 8.6 所示，找到两个黑色 M2 螺丝，完成气动组装(注意，尽量保证气动喷嘴竖直向下)。

**图 8.6　气动件安装**

（3）电机 ID 设置：将图 8.7 所示①②③号舵机依次连接至 Zlink 上，打开上位机 ZServoV2.0 软件，调整机械臂为竖直状态，测试舵机运行范围，确定中值（500～2500），中值时机械臂状态如图 8.8 所示，注意记录中值数据。

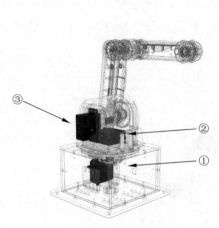

图 8.7　舵机编号

图 8.8　机械臂竖直状态

设置机械臂舵机工作模式为 270°顺时针，并设置对应 ID。①为转台舵机，ID 设置为 000；②为大臂舵机，ID 设置为 001；③为小臂舵机，ID 设置为 002。表 8.1 为舵机模式设置。

表 8.1　舵机模式设置

| 机械臂各部分 | 总线舵机 ID | 计划设置舵机模式 | 代表含义 |
| --- | --- | --- | --- |
| 机械臂转台 | 000 | #000PMOD1! | 舵机模式，角度最大范围为 270°，方向为顺时针 |
| 大臂 | 001 | #001PMOD1! | 同上 |
| 小臂 | 002 | #002PMOD3! | 舵机模式，角度最大范围为 180°，方向为顺时针 |

### 8.1.3　软件设计

通过观察设定两个固定点，通过控制 3 个关节的舵机结合气动使机械臂完成两个点之间的搬运。首先编写 sucker 文件，实现控制气动装置抓取和放下物体。在 sucker.h 中定义：

```
#define sucker_catch GPIO_SetBits(GPIOE,GPIO_Pin_0);      //控制气动装置抓取,置1
#define sucker_ncatch GPIO_ResetBits(GPIOE,GPIO_Pin_0);   //控制气动装置停止抓取,置0
extern void GPIOE_INIT(void);                             //气动装置管脚初始化
```

在 sucker.c 文件中，将 GPIOE0 口作为气动控制引脚，设置普通输入、推挽输出、上拉输出等初始化工作，写在 GPIOE_INIT(void)函数中。在 steergear.c 文件中完成机械臂的初始化工作以及 3 个舵机的 ID、角度和时间的设定。角度参数在这里以 PWM 值来换算，以串口字符串的方式进行总线舵机控制。因此,要包含串口头文件 usart.h。这里发送控制协议为舵机控制指令,内容为♯000P1500T1000!,其中"♯"和"!"是固定英文格式。000 代表 ID(范围为 0~254),必须为 3 位,不足补 0。比如 3 号舵机为"003"而不能为"3"。1500 代表 PWM 脉冲宽度调制(P)(范围为 500~2500),必须为 4 位,不足补 0。比如 PWM 为 800,则必须为"P0800"。1000 代表 TIME 时间(T)(范围为 0~9999),同样必须为 4 位,不足补 0,单位为 ms。比如 TIME 为 500,则必须为"T0500"该指令可以叠加同时控制多个舵机。多个指令同时使用(2 个或 2 个以上叠加)时需要在整条指令前后加"{}",比如: {G0000♯000P1602T1000!♯001P2500T0000! ♯002P1500T1000!}。

```
void steering_gear_init(void)
{
    steering_gear_3(0, 1500, 1000, 1, 1500, 1000, 2, 1400, 1000);
                                    //调用 steering_gear_3 函数,初始化机械臂 ID、角度、时间
    delay_ms(1000);
}
void steering_gear_3(uint16_t gea, uint16_t ang, uint16_t time, uint16_t gea1, uint16_t ang1,
uint16_t time1, uint16_t gea2, uint16_t ang2, uint16_t time2)
{
    char send_buf[BUFSIZE] = {0};
    sprintf(send_buf,"{G0000♯%03dP%04dT%04d! ♯%03dP%04dT%04d! ♯%03dP%04dT%
04d!}", gea, ang, time, gea1, ang1, time1, gea2, ang2, time2);      //复制指令到缓存区
    usart_send_data((char * )send_buf);                             //串口 1 发送指令
    for(int i = 0;i < BUFSIZE;i++){
        send_buf[i] = 0;                                            //清空缓存区
    }
}
```

在 main 函数中控制机械臂定点抓取物体,并将其移动到相应位置。通过 Angle_Catch 函数实现定点抓取功能,可以根据需求自己决定,控制机械臂定点抓取物体,并将其移动到相应位置(正运动)。无参数,无返回值。通过测量观察 3 个舵机的角度值,确定唯一搬运的几个位置姿态。代码如下。

```
int main(void)
{
    NVIC_PriorityGroupConfig(NVIC_PriorityGroup_2);      //设置系统中断优先级分组 2
    delay_init(168);                                     //初始化延时,168 为 CPU 运行频率
    usart_init();                                        //串口初始化
    delay_ms(1000);
    GPIOE_INIT();                                        //GPIOE0 初始化引脚
    steering_gear_init();
    while(1)
    {
        Angle_Catch();
    }
}
void Angle_Catch(void)
{
```

```
    delay_ms(2000);
    steering_gear_3(0,2000,1000,1,700,1000,2,1800,1000);    //输入三个角度数值,到位置 1
    delay_ms(1000);                                          //保持 1s
    sucker_catch;                                            //PE0 引脚置 1,打开气阀吸气 2s
    delay_ms(2000);
    steering_gear_3(0,1100,1000,1,900,1000,2,1500,1000);     //吸盘吸工件搬运到位置 2
    delay_ms(2000);
    steering_gear_3(0,1100,1000,1,700,1000,2,1800,1000);     //吸盘吸工件下降到位置 3
    delay_ms(1000);
      sucker_ncatch;                                         //PE0 引脚置 0,关闭气阀停止吸气
    delay_ms(2000);
    steering_gear_3(0,1500,1000,1,1500,1000,2,1400,1000);    //机械臂回到初始位置
}
```

根据正运动学模型在程序中解算,并在串口端打印出来。对比测量实际末端位置与模型计算差距。计算模型写在 calculate_position 函数中,代码如下。

```
#define L1 134                                          //坐台高度
#define L2 110                                          //大臂长度
#define L3 110                                          //小臂长度
#define L4 53                                           //小臂实际误差
void calculate_position(double th0, double th1, double th2)
{
    float a, b, c;
    float posX, posY, posZ;
  double theta0, theta1, theta2;
    char buf[100] = {0};
//小臂角度>= 大臂角度
    theta0 = th0 * M_PI/180;                            //转台
    theta1 = th1 * M_PI/180;                            //大臂
    theta2 = (270 - th2 - th1) * M_PI/180;              //小臂
  a = L2;
  b = L3;
  c = sqrt(a * a + b * b - (2 * a * b * cos(theta2)));  //theta2 大小臂之间夹角
  double theta3 = theta1 - acos((- b * b + a * a + c * c) / (2 * a * c));
                                                        //theta3 斜边 c 与水平面之间夹角
    float projection_line_xy = c * cos(theta3);         //计算 xy 平面到原点的距离
    if(th0 >= 0 && th0 <= 90){
        posX = projection_line_xy * cos(theta0) + L4 * sin(theta0);
                                                        //三坐标求值,并进行误差补偿
        posY = projection_line_xy * sin(theta0) - L4 * cos(theta0);
    }else if(th0 > 90 && th0 <= 180){
        posX = projection_line_xy * cos(theta0) + L4 * sin(theta0);
                                                        //三坐标求值,并进行误差补偿
        posY = projection_line_xy * sin(theta0) - L4 * cos(theta0);
    }
    posZ = L1 + c * sin(theta3);
    sprintf(buf, "X = %.2f, Y = %.2f, Z = %.2f, th0 = %.2f, th1 = %.2f, th2 = %.2f",
posX, posY, posZ, th0, th1, th2);
```

```
usart_send_data(buf);                           //打印至串口
for(int i = 0;i < 100;i++){
    buf[i] = 0;                                 //清空接收 BUF
}
```

**注**：本节实验例程源码可扫描"8.4 本章小结"中的二维码,见 8-1 机械臂气动搬运实验。
编译烧录,观察机械臂运行状态。

### 8.1.4　实验现象

机械臂启动后先复位,运动到 A 点吸附工件,转运到 B 点放下工件,然后循环此动作。
实验现象可扫描下方二维码。

**二维码 8.1　机械臂气动搬运实验**

### 8.1.5　作业

尝试更改例程内舵机运动参数,调节至其他位置搬运工件。

## 8.2　机械臂电磁铁搬运实验

**实验目的**

了解机械臂的逆运动学含义,并且完成一种三自由度机械臂逆运动学算法设计。结
合电磁铁,用程序实现控制机械臂的搬运。

### 8.2.1　机械臂逆运动学基本原理

串联机械臂的逆运动学简单来说是指确定端点的位置,然后通过算法计算出各关节需
要转动的角度,自动调整到合适的位置。逆运动学的解不唯一。这里介绍一种三自由度机
械臂(不含执行器)逆运动学的算法。

如图 8.9 所示,建立一个以底部自由度运动中心为原点的空间直角坐标系,将三自由度
机械臂放置到坐标系中,将原点 $O$ 与末端点 $B$ 的空间连线投影到 $xy$ 平面上,记为 $D$。连接
$OD$ 投影长度记为 $d$。已知机械臂臂长 $a$、$b$ 和末端点坐标 $(x,y,z)$,需要求解出转台关节
角 $\theta_5$、大臂关节角 $\theta_2$ 和小臂关节角 $\alpha$。在 $\triangle abc$ 中,根据勾股定理,可得

$$b^2 = a^2 + c^2 - 2ac\cos\theta_3 \qquad\qquad (8.6)$$

$$\theta_3 = \arccos\frac{a^2 + c^2 - b^2}{2ac} \qquad\qquad (8.7)$$

同理可得:

$$\theta_1 = \arccos\frac{a^2 + b^2 - c^2}{2ab} \qquad\qquad (8.8)$$

在投影平面内可知:

$$d = \sqrt{x^2 + y^2} \qquad\qquad (8.9)$$

$$\theta_5 = \arcsin\frac{x}{d} = \arcsin\frac{x}{\sqrt{x^2 + y^2}} \qquad\qquad (8.10)$$

在 $\triangle OBD$ 中，$OB$ 与 $OD$ 夹角记为 $\theta_4$，则

$$\theta_4 = \arcsin\frac{z}{c} = \arcsin\frac{z}{\sqrt{x^2 + y^2 + z^2}} \qquad\qquad (8.11)$$

$\theta_3$、$\theta_4$ 求出之后，就可以由式(8.12)和式(8.13)得到大臂关节角 $\theta_2$ 和小臂关节角 $\alpha$。

$$\theta_2 = \theta_3 + \theta_4 \qquad\qquad (8.12)$$

$$\alpha = 270° - \theta_1 - \theta_2 \qquad\qquad (8.13)$$

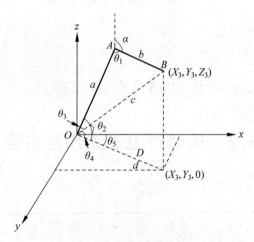

图 8.9 逆运动学模型

在上面的公式中，已知量是端点坐标$(X_3, Y_3, Z_3)$与臂长 $a$、$b$，需要求解出 $\theta_5$、$\theta_2$、$\theta_1$。该公式也可以逆推用于三轴机械臂正运动学计算。

## 8.2.2　硬件设计

实验硬件包括桌面机械臂、STM32 主控、扩展板、2510 通信转接板、电磁铁。硬件连接参考气动搬运实验，更换末端执行器为电磁铁设备，电磁铁参数为 6V、25N，可通过螺丝及垫盘实现固定。

电磁铁安装示意如图 8.10 所示。连接电磁阀至扩展板 GND、D4(PE0)位置，如线长不够可采用杜邦线进行延长。硬件连接示意如图 8.11 所示。

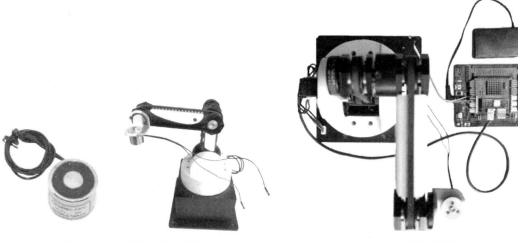

图 8.10　电磁铁安装示意图　　　　　　图 8.11　硬件连接图

## 8.2.3　软件设计

首先编写 sucker.h 文件,实现控制电磁铁装置抓取和放下物体。实现过程与 8.1.3 节软件设计一致,这里不再赘述。同样,在 steergear.c 文件中完成机械臂的初始化工作。解算模型与计算舵机运动角度写在 graphic.c 文件的 calculate_position 函数中,形参输入为末端点 $B$ 的三坐标值。实际机械臂大臂与小臂之间有一段距离,称为大臂间距,记为 $L_4$。之前的模型都忽略处理,因此形参输入值不是二连杆模型末端点值,需要进行误差补偿。函数传入的 $(x,y,z)$ 是已知的机械臂末端实际坐标,通过变换,把实际末端点的位置转换为二连杆模型的位置(PosX,PosY)。因此需要将实际位置在 $x$、$y$ 方向上进行偏移,即二连杆模型的坐标位置(PosX,PosY)等于实际坐标 $(x,y)$ 加上 $L_4$ 在 $xy$ 轴上的投影(偏移)。

误差补偿模型见图 8.12,大臂与小臂投影与坐标轴位置夹角如图中所示,当末端点 $B$ 的 $x \geqslant 0$ 时,th2=th+th1,当 $x < 0$ 时,th2=th-th1。误差补偿后的(PosX,PosY,$Z$)就是解算模型的($X$,$Y$,$Z$),误差补偿代码及解算代码如下:

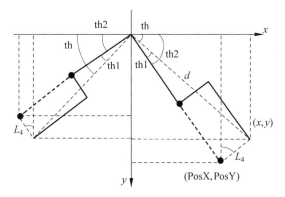

图 8.12　误差补偿模型

```
# define L1 134                              //转台高度
# define L2 110                              //大臂长
# define L3 110                              //小臂长
# define L4 53                               //大臂间距
# define VALUE 150
# define VALUEE 200
void calculate_postion(float X, float Y, float Z)
{
    float a, b, c, d;
    float posx;
    float posX, posY, posZ;
    double theta0, theta1, theta2;
    double th, th1, th2;
    double theta[3] = {0};
    char buf[100] = {0};
  a = L2;
  b = L3;
    /* 计算误差量, 并进行误差补偿 */
    if(X >= 0){
        th = atan(Y / X);
        d = sqrt(Y * Y + X * X);
        th1 = asin(L4 / d);
        th2 = th + th1;
        posX = X - L4 * sin(th2);
        posY = Y + L4 * cos(th2);
    }else if(X < 0){
        th = atan(Y / fabs(X));
        d = sqrt(Y * Y + X * X);
        th1 = asin(L4 / d);
        th = th2 - th1;
        posX = X - L4 * sin(th);
        posY = Y - L4 * cos(th);
    }
    posZ = Z;                                //误差补偿后的 posX, posY, Z 就是图中模型的 X, Y, Z
    if(posX <= 0){
    posx = fabs(posX);                       //取绝对值
    theta0 = atan(posY / posx);              //转台角度, 模型中的 θ₅
    c = sqrt(posx * posx + posY * posY + (posZ - L1) * (posZ - L1));
                                             //坐标到原点的距离, 模型中 c 的长度
    }
    else{
        theta0 = atan(posY / posX);          //转台旋转角度
        c = sqrt(posX * posX + posY * posY + (posZ - L1) * (posZ - L1));
    }

    theta2 = acos((a * a + b * b - c * c) / (2 * a * b));     //大小臂之间的夹角, 图中 θ₁
    theta1 = asin((posZ - L1) / c) + acos((a * a + c * c - b * b) / (2 * a * c));
                                             //大臂与水平面的夹角, 求出 θ₂
    /* 把三个角度转换为弧度计算 */
    if(posX <= 0){
```

```
        theta[0] = 180 - theta0 * 180 / M_PI;      //底座舵机角度,对应模型 θ₅
        LED0 = 0;
      }else{
        theta[0] = theta0 * 180 / M_PI;
        LED0 = 1;
      }

    theta[1] = theta1 * 180 / M_PI;                //大臂舵机角度,对应模型 θ₂
    theta[2] = 270 - theta[1] - theta2 * 180 / M_PI;  //小臂舵机角度,对应模型 α
      for(int i = 0; i < 3; i++){
        theta[i] = 500 + (theta[i]) * 2000/180;
      }
      sprintf(buf, "X = %.2f, Y = %.2f, Z = %.2f, th = %.2f, th1 = %.2f, th2 = %.2f",
posX, posY, posZ, theta[0], theta[1], theta[2]);  //把角度转变为舵机 PWM 的脉宽,结果通
                                                   //过串口打印出来,传到舵机控制函数中

      usart_send_data(buf);
      for(int i = 0;i < 100;i++){
        buf[i] = 0;                                //清空缓存区
      }
      steering_gear_3(0,theta[0],1000,1,theta[1],1000,2,theta[2],1000);

      for(int i = 0; i < 3; i++){
        theta[i] = 0;
      }
}
```

确定两个点的坐标$(x,y,z)$值,机械臂根据坐标解算出每个关节需要转动的角度,控制机械臂运动到对应位置结合电磁铁进行工件搬运,示例如下。

```
# include "sys.h"
# include "led.h"
# include "oled.h"
# include "stdio.h"
# include "delay.h"
# include "usart.h"
# include "stdio.h"
# include "sucker.h"
# include "steergear.h"
# include "graphic.h"
#define M_PI 3.14  //π

void write(void);
void test(void);
void test1(void);
int main(void)
{
    NVIC_PriorityGroupConfig(NVIC_PriorityGroup_2);  //设置系统中断优先级分组 2
    delay_init(168);                                 //初始化延时,168 为 CPU 运行频率
```

```
    usart_init();                    //串口初始化
    LED_Init();                      //初始化 LED 灯
    OLED_Init(1);                    //初始化 OLED,正向显示
    delay_ms(1000);
    GPIOE_INIT();
    steering_geat_init();
    while(1)
    {
calculate_position(100, 180, 90);
  delay_ms(2000);
    sucker_catch;
    delay_ms(2000);
  calculate_position(20, 200, 200);
  delay_ms(2000);
  calculate_position(-80, 150, 150);
  delay_ms(2000);
    sucker_ncatch;
  delay_ms(2000);
    calculate_position(53, 110, 260);
  delay_ms(2000);
    }
}
```

**注**：本节实验例程源码可扫描"8.4 本章小结"中的二维码,见 8-2 机械臂电磁铁搬运实验。

编译烧录,观察机械臂运行状态和电磁铁吸放状态。

## 8.2.4　实验现象

机械臂启动后先复位,然后运动到 A 点吸附工件,转运到 B 点放下工件,然后循环此动作。如果观察到电磁铁吸力不大,为 PWM 口电压不足造成,可改变程序接口,把电磁铁接至直流电机接口位置。实验现象可扫描下方二维码。

二维码 8.2　机械臂电磁铁搬运实验

## 8.2.5　作业

对比上一个实验不使用算法直接舵机控制机械臂动作和本实验机械臂控制的区别,体会通过运动学算法控制机械臂在机器人控制中的必要性。

尝试设计一个直线坐标轨迹,控制机械臂直线运动。

# 8.3　机械臂绘图（拓展）

## 实验目的

了解机械臂绘图的原理。尝试自己设计并编写程序，例如一、二、三或者本校校名等文字，完成机械臂的书写。

## 8.3.1　机械臂绘图基本原理

机械臂绘图本质上是对逆运动学控制的应用，将需要绘制的图形或文字拆解为无数个点，将各个点放置在绘图工作平面，这样就可以获得各个点的坐标，接下来只需要将坐标写入对应程序中，让机械臂按照一定的顺序运动各个点坐标即可。

如果按照上面的原理去对一个图片进行点的拆分，会有非常多的点需要绘制，绘制的效率会非常低，所以考虑实际写字的连续性和效率，可以在设计轨迹时选择关键坐标点，让机械臂只需要运行关键坐标点即可，两个关键点之间的其他点在运动过程中自动绘制。但这样绘制无法保证中间过程的连续性，例如需要的是直线，但是没有对中间过程进行控制，可

能绘制的是曲线，所以可以进一步优化算法，为机械臂设计基本的插补，比如直线插补、圆弧插补等。这样在绘制两个关键点时除了指定坐标，还可以指定插补方式。

如果进一步编写汉字，可以设计汉字的"横、竖、撇、捺"的插补方式，编写汉字时除了指定坐标，还可以结合自定义的汉字插补方式进行控制，这样可以得到更好的汉字绘制。

以上都是一些优化的建议，读者可以自己开发更多的优化算法。

## 8.3.2　拓展作业

如图 8.13 所示，实验硬件包括桌面机械臂、STM32 主控板、扩展板、2510 通信转接板、笔架、笔（自备）。更换机械臂末端为笔架，在逆运动学电磁铁搬运例程基础上，进行设计修改，自行完成软件代码编写，进行数字及文字绘画。例：文字一、二、三、四、五。代码自行验证。

**图 8.13　硬件连接图**

# 8.4　本　章　小　结

　　本章主要讲述了桌面机器人的综合实践,分别使用三自由度机械臂开展搬运物体、绘图实验,并对实践项目软硬件的设计提供了示例。读者需要了解和掌握以下应用内容。

　　(1) 理解机械臂正运动学、逆运动学含义,掌握简单模型的程序表达,并实现应用,例如搬运。

　　(2) 能够自行建模,并实现串联机械臂的搬运控制。

　　本章实验例程代码可扫描下方二维码。

**二维码8.4　第8章实验例程代码**

# 第 9 章

## 智能机械臂综合实践项目

## 9.1 树莓派系统安装

### 实验目的

使用配置好的镜像给树莓派烧录系统,后续项目中将基于此系统实践。

### 9.1.1 安装准备

了解做视觉实验之前的准备,为视觉实验做好准备工作。安装需要树莓派 3GB、8GB 或 16GB 内存卡。树莓派镜像安装文件可扫描"9.10 本章小结"中的二维码获得,文件夹下有 Raspberrypi_System 压缩包和工具文件夹。

### 9.1.2 安装步骤

**1. 格式化 SD 卡**

双击工具文件夹中 SD_CardFormatter0500SetupEN.exe 进行安装,安装完成后选择要格式化的 SD 卡然后单击 Format(格式化)按钮,如图 9.1 所示。

**2. 安装镜像烧录工具并烧录系统**

将下载后的 zip 文件解压缩得到扩展名为 img 的系统镜像文件。双击工具文件夹中的 win32diskimager-1.0.0-install.exe 进行安装,安装完成后打开如图 9.2 所示的界面,将之前解压得到的 img 镜像烧录到内存卡中。

**3. 启动系统**

将烧录完成后的内存卡插入树莓派的 SD 卡插槽,HDMI 视频线连接显示器,为树莓派通电,红灯亮表示已通电,绿灯亮表示系统已启动,系统启动完成后即可进入桌面,至此系统安装完成。此树莓派系统的默认用户名为 pi,登录密码为 raspberry。

树莓派系统开机会启动局域网。局域网的名称为 Raspberry,密码为 raspberry。如果想修改局域网的名称和密码,可以通过命令 Sudo nano/etc/create_ap.conf 修改 WiFi 名称和密码。输入命令后修改图 9.3 所示的部分内容。

图 9.1　SD 卡格式化

图 9.2　烧录步骤

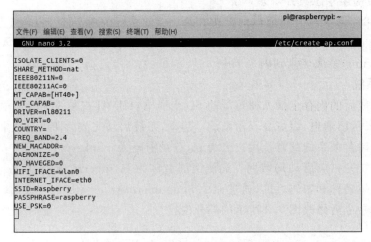

图 9.3　修改局域网的名称和密码

# 9.2 ROS 基础项目实验

## 9.2.1 ROS 基本概念

ROS 是一个适用于机器人编程的框架,这个框架把原本松散的零部件耦合在一起,为它们提供了通信架构。ROS 虽然叫作操作系统,但并非 Windows、mac 那样通常意义的操作系统,它只是连接了操作系统和用户开发的 ROS 应用程序,所以它也算是一个中间件,基于 ROS 的应用程序之间建立起了沟通的桥梁,所以也是运行在 Linux 上的运行时环境,在这个环境上,机器人的感知、决策、控制算法可以更好地组织和运行。

对于关键词(框架、中间件、操作系统、运行时环境)都可以用来描述 ROS 的特性,作为初学者我们不必深究这些概念,随着越来越多地使用 ROS,就能够体会到它的作用。

**1. ROS 文件系统概述**

ROS 作为编程框架,是介于应用程序与操作系统的中间件,它主要是把编写的源代码进行编译、链接,方便在系统上运行。如图 9.4 所示,ROS 采用的是 catkin 编译系统(这里的编译其实包含编译、链接两个步骤)。

**2. 使用 catkin_make 编译**

当编写完代码后,执行一次 catkin_make 进行编译,调用系统自动完成编译和链接过程,构建生成目标文件。如现在把源文件放在 color_experiment_ws\src 路径下(其中 color_experiment_ws 为工作空间),可以使用下面的命令进行编译:

```
$ cd ~/color_experiment_ws              #回到工作空间,catkin_make 必须在工作空间下执行
$ catkin_make                           #开始编译
$ source ~/color_experiment_ws/devel/setup.bash       #刷新环境
```

编译后,color_experiment_ws 文件夹会自动生成 build、devel 两个文件,如图 9.5 所示。

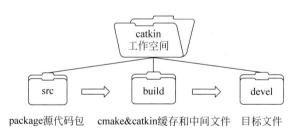

图 9.4 catkin 编译系统

图 9.5 编译链接后自动生成文件夹

**3. ROS 常用工具**

本节主要介绍 ROS 开发时常用的工具,分别是 RVIZ、STL(可由外部导入)、TF、gazebo、rqt、MoveIt!。RVIZ 是可视化工具,用于将接收到的信息呈现出来;STL 文件可以定义复杂的模型;gazebo 是一种最常用的 ROS 仿真工具,也是目前仿真 ROS 效果最好的

工具；rqt 则是非常好用的数据流可视化工具，有了它可以直观地看到消息的通信架构和流通路径；MoveIt!是目前应用最广泛的开源操作软件。学习本节后，熟练使用这几款工具对于后续的 ROS 学习和开发都有极大的好处，可起到事半功倍的效果。

1) RVIZ——机器人可视化工具

在 ROS 开发中非常常用的一个工具，基本的调试和开发都离不开的工具是机器人可视化工具（the Robot Visualization tool，RVIZ）。其可视化的作用是直观的，它极大地方便了监控和调试等操作。这个工具将在后面的实验中陆续用到。

2) rqt——数据流可视化工具

rqt 是一个基于 qt 开发的可视化工具，拥有扩展性好、灵活易用、跨平台等特点，主要作用和 RVIZ 一致，都是可视化，但是和 RVIZ 相比，rqt 要高一个层次。常见的命令有：rqt_graph，显示通信架构；rqt_plot，绘制曲线；rqt_console，查看日志。

3) TF——坐标转换

TF(Transform) 是坐标转换，也是 ROS 世界中的一个基本的但很重要的概念。在现实生活中，我们做出的各种行为模式都可以在很短的时间里完成，如拿起身边的物品，但是在机器人的世界里，则远远没有那么简单。观察图 9.6，我们来分析一下机械臂抓取物品需要做到什么，TF 又起到什么样的作用。

机械臂的"眼睛"（如摄像头）获取一组关于物体的坐标方位数据，但是相对于机械臂来说，这个坐标只是相对于机械臂安装的摄像头，并不直接适用于机械手爪执行，那么物体相对于头部和手臂之间的坐标转换就是 TF。

图 9.6　机械臂抓取工件

坐标转换包括位置和姿态两方面的转换，ROS 中的 TF 是一个可以让用户随时记录多个坐标系的软件包。TF 保持缓存的树形结构中坐标系之间的关系，并且允许用户在任何期望的时间点在任何两个坐标系之间转换点、矢量等。

## 9.2.2　创建 ROS 工作空间并编译

下面将分别创建工作空间并对源码进行编译；然后通过设置环境变量来快速启动 launch 文件。

**1. 创建工作空间并编译**

1) 打开终端，创建工作空间

打开终端：按 Crtl＋Alt＋T 组合键接着按下 Enter 键，等待终端打开。

新建 ROS 工作空间：在终端中输入 mkdir-p～/myself_ws/src，接着按下 Enter 键，如图 9.7 所示。

知识补充：

释义 1：命令中的 myself_ws 即为新创建的 ROS 工作空间名，可根据个人喜好更改。

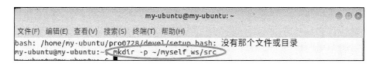

图 9.7　新建工作空间

例如将 myself_ws 改为 yourself_ws，则此时的命令为 mkdir-p～/yourself_ws/src。

释义 2：命令中的 src 表示代码空间（Source Space），该名称不能更改，为 ROS 固定的命名方式。

2）编译 ROS 工作空间

在上述的终端中输入 cd～/myself_ws，接着按下 Enter 键；然后在该终端继续输入 catkin_make，接着按下 Enter 键，等待创建的 ROS 工作空间编译完成（大概需要 15s），如图 9.8 所示。

图 9.8　编译工作空间

编译完成后在终端中输入 Ls，接着按下 Enter 键，查看 ROS 工作空间是否编译完成，如图 9.9 所示。如果编译完成，myself_ws 下会出现三个文件夹，分别为 build（编译空间，Build Space）、devel（开发空间，Development Space）、src（代码空间，Source Space），否则，检查输入命令是否有误。

图 9.9　在终端中输入 Ls

3）复制代码并编译机械臂 URDF 及 moveit 文件

复制功能包：将本章源码的 ats_arm02 和 my_robot_arm 两个功能包复制、粘贴到 PC 的/myself_ws/src 文件夹中。

编译：打开终端，并在终端中输入 cd ～/myself_ws，之后按下 Enter 键；在上述终端中输入 catkin_make，接着按下 Enter 键，等待编译完成，该过程大概需要 30s。

**2. 设置环境变量**

计算机操作系统中设置环境变量其实就是设置一定的文件路径，让计算机执行命令时方便找到。所以 ROS 中环境变量就是为了让计算机更方便地找到文件所在的路径来执行。这里介绍一种常见的将 ROS 工作空间添加到环境变量的方法。

永久上传创建的 ROS 工作空间至环境变量的步骤如下：

（1）打开新终端，并输入 cd ～/myself_ws，之后按下 Enter 键。

（2）在上述终端中输入 catkin_make，接着按下 Enter 键，等待编译完成。该过程大概需要 30s。

（3）在该终端中输入 echo source ～/myself_ws/devel/setup. bash ＞＞ ～/. bashrc，接着按下 Enter 键。

# 9.3　基于树莓派的颜色识别实验

**实验目的**

> 了解基本的视觉颜色识别原理，了解 HSV 颜色模型在颜色识别中的应用，完成视觉颜色识别色卡。

## 9.3.1　颜色识别原理

颜色识别有多种方式可以实现，如基于 RGB 颜色模型的颜色识别传感器、基于 HSV 颜色模型的视觉颜色识别。在本章中采用基于 HSV 颜色模型的视觉颜色识别。具体识别的原理参见 7.3 节颜色识别原理内容。

根据实践 HSV 的色彩范围如表 9.1 所示，$H$ 的取值为 $0\sim180$，$S$ 的取值为 $0\sim255$，$V$ 的取值为 $0\sim255$，此处把紫色归入红色范围。思路如下：OpenCV 下有一个函数可以直接将 RGB 模型转换为 HSV 模型，先进行阈值分割、轮廓提取，然后在 Python 下通过 areaCal (contours) 计算该颜色通道下的轮廓面积，当面积大于一定范围时，则认定为某种颜色。

表 9.1　HSV 的色彩范围

| 取值 ＼ 颜色 | 黑 | 灰 | 白 | 红 | | 橙 | 黄 | 绿 | 青 | 蓝 | 紫 |
|---|---|---|---|---|---|---|---|---|---|---|---|
| $H_{min}$ | 0 | 0 | 0 | 0 | 156 | 11 | 26 | 35 | 78 | 100 | 125 |
| $H_{max}$ | 180 | 180 | 180 | 10 | 180 | 25 | 34 | 77 | 99 | 124 | 155 |
| $S_{min}$ | 0 | 0 | 0 | 43 | | 43 | 43 | 43 | 43 | 43 | 43 |
| $S_{max}$ | 255 | 43 | 30 | 255 | | 255 | 255 | 255 | 255 | 255 | 255 |
| $V_{min}$ | 0 | 46 | 221 | 46 | | 46 | 46 | 46 | 46 | 46 | 46 |
| $V_{max}$ | 46 | 220 | 255 | 255 | | 255 | 255 | 255 | 255 | 255 | 255 |

## 9.3.2　硬件设计

如图 9.10 所示，实验硬件为桌面机械臂、高清摄像头、树莓派、16GB 存储卡、Ubuntu PC 上位机、树莓派供电 Type-c 数据线、红绿蓝三色工件。连接摄像头与树莓派，并给树莓派供电。打开 Ubuntu 上位机连接树莓派创建的局域网，WiFi 名称和密码以在系统设置时更改的名称和密码为准。

在上位机新建命令输入框，并输入 ssh pi@raspberrypi，通过 SSH 远程连接树莓派系统，如图 9.11 所示，在命令输入正确的情况下系统会提示输入树莓派系统的密码，密码为 raspberry。

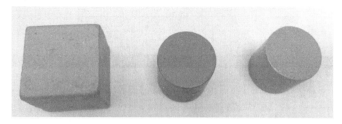

图 9.10 三色工件

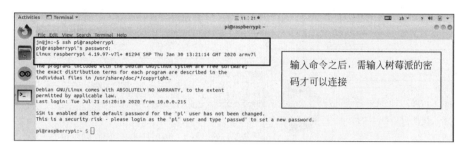

图 9.11 远程登录树莓派系统

连接 WiFi 之后通过命令 sudo nano /etc/hosts 分别查看或修改树莓派和上位机的 IP 地址。在上位机中查看和修改,如图 9.12 和图 9.13 所示,图 9.14 为在树莓派下查看和修改情况。

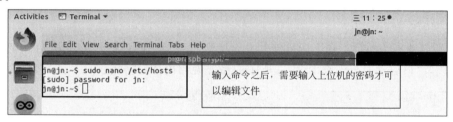

图 9.12 在上位机中编辑 IP 地址

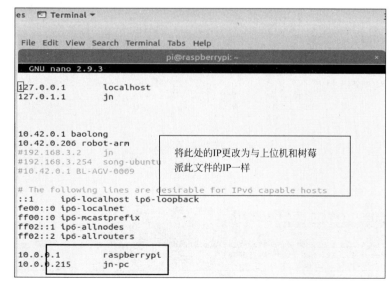

图 9.13 在上位机中更改 IP 地址

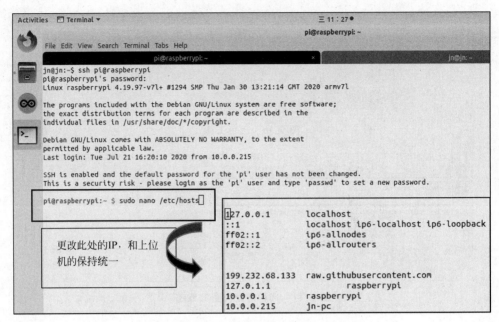

**图 9.14　在树莓派下查看并更改 IP 地址**

### 9.3.3　软件设计

首先,启动一个项目。在上位机新开一个命令行终端,输入命令 roscore 启动上位机的 ROS 内核,内核启动时出现如图 9.15 所示的情况说明内核启动完成。

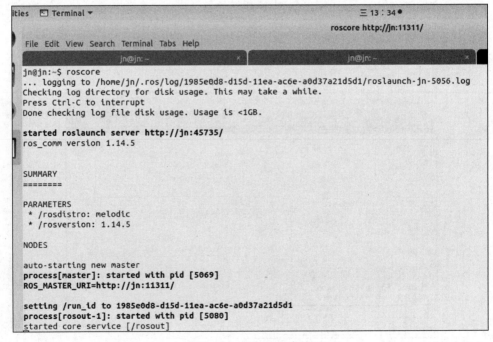

**图 9.15　启动 ROS 内核**

在上位机中的树莓派系统操作界面输入命令 roslaunch color_detection color_detectioning. launch，启动树莓派中的视觉识别颜色项目，启动后如图 9.16 所示。

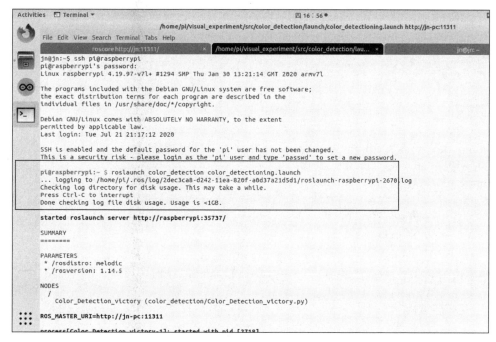

**图 9.16　启动视觉颜色识别的 launch 文件**

在上位机中新开一个命令行终端，输入命令 rviz 打开上位机的 RVIZ 软件，如图 9.17 所示。

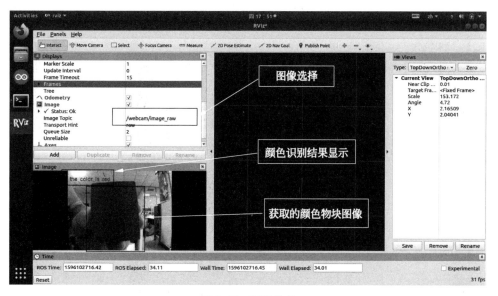

**图 9.17　实验效果**

该视觉颜色识别实验中，主要用了 Python＋OpenCV，打开源码：树莓派颜色识别实验 \color_detection\scripts\Color_Detection_victory. py 文件。程序代码如下：

```python
import rospy
from sensor_msgs.msg import Image
import cv2
import numpy as np
from cv_bridge import CvBridge, CvBridgeError
import sys
import time
cap = cv2.VideoCapture(0)

lower_blue = np.array([50,143,146])
upper_blue = np.array([124,255,255])
lower_red = np.array([0,200,55])
upper_red = np.array([10,255,130])
lower_green = np.array([40,43,46])
upper_green = np.array([77,255,255])
font = cv2.FONT_HERSHEY_SIMPLEX


def areaCal(contour):
    area = 0
    for i in range(len(contour)):
    area += cv2.contourArea(contour[i])
    return area


def webcamImagePub():
    # 初始化 ROS 节点
    rospy.init_node('webcam_puber', anonymous = True)
    # 为满足真实时间,队列应变小
    # 或节点应发布过去帧
    img_pub = rospy.Publisher('webcam/image_raw', Image, queue_size = 2)
    rate = rospy.Rate(20) # 5Hz

    # 定义图片向下的比例系数
    scaling_factor = 0.5
    # CVBridge 是个 python 类,需要一个实例
    # 即 cv2_to_imgmsg() 必须调用 CVBridge instance

    if not cap.isOpened():
        sys.stdout.write("Webcam is not available!")
        return - 1

    count = 0
    # 循环直到按下 esc 或 q 才退出
    while not rospy.is_shutdown():
        # 获取帧并显示
        ret, frame = cap.read()
#    cv2.imshow('Capture', frame)
        # change to hsv model
        hsv = cv2.cvtColor(frame, cv2.COLOR_BGR2HSV)
        #cv2.imshow("imageHSV",hsv)
```

```
        # get mask
        mask = cv2.inRange(hsv, lower_blue, upper_blue)
#           cv2.imshow('Mask', mask)
        # detect blue
        res = cv2.bitwise_and(frame, frame, mask = mask)
#           cv2.imshow('Result', res)
#           cv2.imshow('SOURCE', frame)


        image,contours,hierarchv = cv2.findContours(mask,cv2.RETR_TREE,cv2.CHAIN_APPROX_
SIMPLE)
        blue_area = areaCal(contours)


        hsvs = cv2.cvtColor(frame, cv2.COLOR_BGR2HSV)
        masks = cv2.inRange(hsvs, lower_red, upper_red)
        ress = cv2.bitwise_and(frame, frame, mask = masks)
         images, contourss, hierarchvs = cv2.findContours(masks, cv2.RETR_TREE, cv2.CHAIN_
APPROX_SIMPLE)
        red_area = areaCal(contourss)


        hsvss = cv2.cvtColor(frame, cv2.COLOR_BGR2HSV)
        maskss = cv2.inRange(hsvss, lower_green, upper_green)
        resss = cv2.bitwise_and(frame, frame, mask = maskss)
        imagess,contoursss,hierarchvss = cv2.findContours(maskss,cv2.RETR_TREE,cv2.CHAIN_
APPROX_SIMPLE)
        green_area = areaCal(contoursss)
        if(areaCal(contours)> 3500):
                # print("the color is blue")
                # print "blue = ", blue_area, "red = ", red_area, "green = ", green_area, "the
color is blue"
                text = 'the color is blue'
                cv2.putText(frame, text, (10, 30), font, 1, (255, 0, 0), 2, cv2.LINE_AA, 0)
        else :
                if(areaCal(contourss)> 3500):
                        # print ("Thered",areaCal(contours))
                        # print "blue = ", blue_area, "red = ", red_area, "green = ", green_
area,"the color is blue red"
                        text = 'the color is red'
                        cv2.putText(frame, text, (10, 60), font, 1, (0, 0, 255), 2, cv2.LINE_AA, 0)
                else:
                        if(areaCal(contoursss)> 3500):
                                # print "blue = ", blue_area, "red = ", red_area, "green = ",
green_area,"the color is blue green"
                                text = 'the color is green'
                                cv2.putText(frame, text, (10, 90), font, 1, (0, 255, 0), 2,
cv2.LINE_AA, 0)
                        else:
                                qwer = 0
        # 重新调整 frame 大小
        if ret:
            count = count + 1
```

```
        else:
            rospy.loginfo("Capturing image failed.")
        if count == 2:
            count = 0
            frame = cv2.resize(frame, None, fx = scaling_factor, fy = scaling_factor,
interpolation = cv2.INTER_AREA)
            msg = bridge.cv2_to_imgmsg(frame, encoding = "bgr8")
            img_pub.publish(msg)
        rate.sleep()

if __name__ == '__main__':
    try:
        webcamImagePub()
    except rospy.ROSInterruptException:
        pass
#       except IndexError:
#    pass
#       except VIDEOIOERROR:
#    pass
#       except Unabletostopthestream:
#    pass
    finally:
        webcamImagePub()
```

注：本节实验例程源码可扫描"9.10 本章小结"中的二维码，见9-3 树莓派颜色识别实验。

## 9.3.4　实验现象

将红、绿、蓝色物体放置在摄像头前面,在图片左上角会打印出对应的颜色,如红色会打印"the color is red"。实验现象可扫描下方二维码。

二维码 9.3　树莓派颜色识别实验

## 9.3.5　作业

尝试修改程序源码,识别紫色物体。

# 9.4　基于树莓派的形状识别实验

### 实验目的

了解基本的视觉形状识别原理,了解霍夫变换在形状识别中的应用,完成视觉形状识别简单几何图形。

## 9.4.1 形状识别原理

形状识别的实现方式通过 OpenCV 软件库对摄像头获取到的图像进行灰色通道调节、HSV、消除噪声、边缘识别、使用霍夫梯度法检测圆形、开闭等操作实现。识别过程中,本实验主要用到了 OpenCV 软件库中的 cv2. HoughCircles 函数。此函数主要用于检测摄像头获取到图像中的圆形。

OpenCV 使用霍夫梯度法进行圆形的检测。霍夫变换是一种在图像中寻找直线、圆形以及其他简单形状的方法。霍夫变换采用类似于投票的方式获取当前图像内的形状集合,最初霍夫变换只能用于检测直线,经过发展后,霍夫变换不仅能识别直线,还能识别其他简单的圆、椭圆等。霍夫梯度法检测圆形原理详见 7.4.1 节形状识别原理。

## 9.4.2 硬件设计

实验硬件为桌面机械臂、高清摄像头、树莓派、16GB 存储卡、Ubuntu PC 上位机、树莓派供电 Type-c 数据线、圆形检测图像(见图 9.18)。连接摄像头与树莓派,并给树莓派供电。打开 Ubuntu 上位机连接树莓派创建的局域网,WiFi 名称和密码以在系统设置时更改的名称和密码为准。在上位机上远程登录树莓派系统,连接 WiFi 之后通过命令 sudo nano /etc/hosts 分别查看或修改树莓派和上位机的 IP 地址。该部分内容参考 9.3.2 节设置,在此不再赘述。

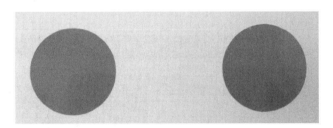

图 9.18 圆形图像

## 9.4.3 软件设计

首先,启动一个项目。在上位机新开一个命令行终端,输入命令 roscore 启动上位机的 ROS 内核,内核启动时出现如图 9.15 所示的情况说明内核启动完成。

在上位机中的树莓派系统操作界面输入命令 roslaunch shape_detection shape_detection_experiment. launch 启动树莓派中的视觉识别形状项目,启动后如图 9.19 所示。

在上位机上新开一个命令行终端,输入命令 rviz 打开上位机的 RVIZ 软件,看到实验效果如图 9.20 所示。

在视觉形状识别中,主要用到了 Python+OpenCV。打开源码:树莓派形状识别实验 \shape_detection\scripts\Shape_Detection. py 文件。程序代码如下。

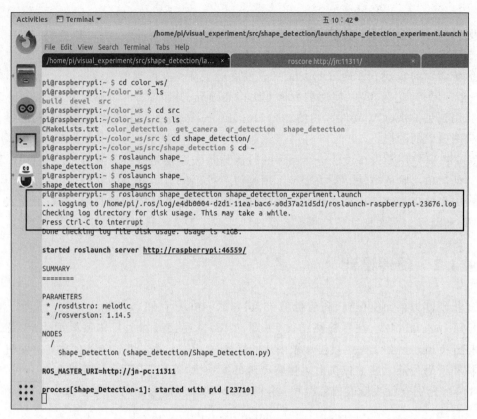

图 9.19　启动视觉形状识别的 launch 文件

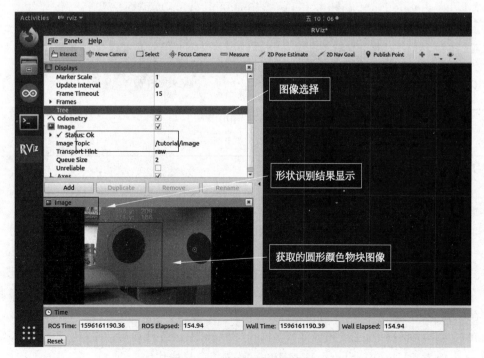

图 9.20　形状识别实验效果

```
lower_blue = np.array([50,143,146])
upper_blue = np.array([124,255,255])
lower_red = np.array([0,200,55])
upper_red = np.array([10,255,130])
lower_green = np.array([40,43,46])
upper_green = np.array([77,255,255])

Video = cv2.VideoCapture(0)
ret = Video.set(3, 640)                    #设置帧宽
ret = Video.set(4, 480)                    #设置帧高
font = cv2.FONT_HERSHEY_SIMPLEX            #设置字体样式
kernel = np.ones((5, 5), np.uint8)         #卷积核

def areaCal(contour):
    area = 0
    for i in range(len(contour)):
        area += cv2.contourArea(contour[i])
    return area

def talker():
    pub = rospy.Publisher('/tutorial/image', Image, queue_size = 1)
    rospy.init_node('talker', anonymous = True)
    rate = rospy.Rate(30)
    bridge = CvBridge()
    #Video = cv2.VideoCapture(1)
    while not rospy.is_shutdown():
        if Video.isOpened() is True:
            ret, frame = Video.read()
            gray = cv2.cvtColor(frame, cv2.COLOR_BGR2GRAY) #转换为灰色通道
            hsv = cv2.cvtColor(frame, cv2.COLOR_BGR2HSV)  #转换为 HSV 空间
            mask = cv2.inRange(hsv, lower_red, upper_red) #设定掩膜取值范围 [消除噪声]
            #mask = cv2.inRange(hsv, lower_green, upper_green)
                                                    #设定掩膜取值范围 [消除噪声]
            opening = cv2.morphologyEx(mask, cv2.MORPH_OPEN, kernel)
                                                    #形态学开运算 [消除噪声]
            bila = cv2.bilateralFilter(mask, 10, 200, 200) #双边滤波消除噪声 [消除噪声]
            edges = cv2.Canny(opening, 50, 100)          #边缘识别 [消除噪声]
            mask_green = cv2.inRange(hsv, lower_green, upper_green)
            opening_green = cv2.morphologyEx(mask_green, cv2.MORPH_OPEN, kernel)
            bila_green = cv2.bilateralFilter(mask_green, 10, 200, 200)
            edges_green = cv2.Canny(opening_green, 50, 100)
            images,contourss, hierarchvs = cv2.findContours(edges_green,cv2.RETR_TREE,cv2.CHAIN_APPROX_SIMPLE)
            image,contours, hierarchv = cv2.findContours(edges, cv2.RETR_TREE, cv2.CHAIN_APPROX_SIMPLE)
            print "area_red = ",areaCal(contours),"area_green = ",areaCal(contourss)
            if(areaCal(contours)> 50):
                #circles = cv2.HoughCircles(edges, cv2.HOUGH_GRADIENT, 1, 100, param1 = 100, param2 = 20, minRadius = 20, maxRadius = 500)
                circles = cv2.HoughCircles(edges, cv2.HOUGH_GRADIENT, 1, 100, param1 = 100, param2 = 20, minRadius = 0, maxRadius = 0)
                if circles is not None:                 #如果识别出圆
                    #print "I found the red circle"
```

```
                  for circle in circles[0]:
                      x_red = int(circle[0])
                      y_red = int(circle[1])
                      r_red = int(circle[2])
                      cv2.circle(frame, (x_red, y_red), r_red, (0, 0, 255), 3)     #标记圆
                      cv2.circle(frame, (x_red, y_red), 3, (255, 255, 0), −1)     #标记圆心
                      text = 'circle' + 'x:  ' + str(x_red) + 'y:  ' + str(y_red)
                      cv2.putText(frame, text, (10, 30), font, 1, (0, 255, 0), 2, cv2.LINE_AA, 0)
                                                                           #显示圆心位置

            if(areaCal(contourss)> 1000):
               #circles = cv2.HoughCircles(edges, cv2.HOUGH_GRADIENT, 1, 100, param1 = 100,
param2 = 20, minRadius = 20, maxRadius = 500)
               circles = cv2.HoughCircles(edges_green, cv2.HOUGH_GRADIENT, 1, 100, param1 =
100, param2 = 20, minRadius = 0, maxRadius = 0)
               if circles is not None:                                   #如果识别出圆
                   #print "I found the green circle"
                   for circle in circles[0]:
                      x_red = int(circle[0])
                      y_red = int(circle[1])
                      r_red = int(circle[2])
                      cv2.circle(frame, (x_red, y_red), r_red, (0, 0, 255), 3)     #标记圆
                      cv2.circle(frame, (x_red, y_red), 3, (255, 255, 0), −1)     #标记圆心
                      text = 'circle' + 'x:  ' + str(x_red) + 'y:  ' + str(y_red)
                      cv2.putText(frame, text, (10, 60), font, 1, (0, 255, 0), 2, cv2.LINE_AA, 0)
                                                                           #显示圆心位置

   #cv2.drawContours(img,contours, −1,(0,0,255),3)
        cv2.waitKey(3)
        pub.publish(bridge.cv2_to_imgmsg(frame, "bgr8"))
        rate.sleep()
if __name__ == '__main__':
    try:
        talker()
    except rospy.ROSInterruptException:
        pass
```

**注**：本节实验例程源码可扫描"9.10 本章小结"中的二维码，见 9-4 树莓派形状识别实验。

## 9.4.4　实验现象

将一个绿色的圆形和红色的圆形放到摄像头前面，程序运行后能够描绘形状的轮廓并标记形状中心。实验现象可扫描下方二维码。

二维码 9.4　树莓派形状识别实验

## 9.4.5　作业

思考,矩形工件的识别如何实现。

# 9.5　基于树莓派的二维码识别实验

**实验目的**

了解基本的视觉二维码识别原理,了解 Zbar 库在二维码识别中的应用,实现视觉二维码识别的算法。

## 9.5.1　二维码识别原理

二维码被广泛应用于日常生活中,如社交软件名片、支付软件收款码和付款码等。二维码的种类很多,包括 PDF417、QR Code、Code 49、Code 16K、Code One 等。

二维条码/二维码(2-dimensional Bar Code)是用某种特定的几何图形按一定规律在平面(二维方向)上分布的、黑白相间的、记录数据符号信息的图形;在代码编制上巧妙地利用构成计算机内部逻辑基础的 0、1 比特流的概念,使用若干与二进制相对应的几何形体来表示文字数值信息,通过图像输入设备或光电扫描设备自动识读以实现信息自动处理。它具有条码技术的一些共性:每种码制有其特定的字符集;每个字符占有一定的宽度;具有一定的校验功能等。同时还具有对不同行的信息自动识别功能及处理图形旋转变化点。

本实验主要的研究对象为 QR 码,即 Quick Response Code。QR 码是在正方形二维矩阵内通过黑白标识编码二进制位编码数据的,最早发明用于日本汽车制造业追踪零部件。二维码的应用渗透到生活的方方面面,如手机购物、微信登录等。二维码常见的分类有堆叠式/行排式、矩阵式。其中,具有代表性的堆叠式/行排式二维条码有 Code One、Maxi Code、QR Code、Data Matrix 等。具有代表性的行排式二维条码有 Code 16K、Code 49、PDF417 等。二维码的使用分为生成二维码、识别已生成的二维码。此实验主要识别已生成的二维码(矩阵式二维码)。

在本节中二维码的识别使用了 Zbar 算法＋OpenCV 软件库＋Python 语言的方式,Zbar 算法是现在网上开源的条形码、二维码检测算法,算法可识别大部分种类的一维码(条形码),如 I25、Code 39、Code 128。识别的具体实现步骤如下:

(1) 算法初始化。构造一个扫描器 ImageScanner 对象,并使用 set_ config 方法对扫描器进行初始化。

```
ImageScanner scanner;
scanner.set_ config(ZBAR_ NONE, ZBAR_ CFG_ ENABLE, 1);
```

（2）载入图像，使用 OpenCV 读取图片文件，并转换为灰度图。

```
Mat imageGray;
cvtColorlinputlmage, imageGray, CV_ RGB2GRAY);
```

（3）构造一个图像 Image 对象，并调用其构造函数进行初始化。

```
int width = imageGray.cols;
int height = imageGray. rows;
uchar * raw = (uchar * )imageGray.data;
Image imageZbar(width, height, "Y800", raw, width * height);
```

（4）图像解析，通过调用图像扫描器对象的 scan()方法，对图像进行处理。

```
scanner.scan(imageZbar); //扫描条码
Image:Symbollterator symbol = imageZbar.symbol_begin();
```

（5）识别数据输出，使用 get_ type_ name 以及 get_ data 方法获取二维码类型及内容。

```
cout <"Type: "<< endl << symbol→get_ type_ name()<< endl << endl;
cout <<"Code: "<< endl << symbol→get_data()<< endl << end1;
zbar_ _data = symbol→get _ data();
```

## 9.5.2  硬件设计

实验硬件为桌面机械臂、高清摄像头、树莓派、16GB 存储卡、Ubuntu PC 上位机、树莓派供电 Type-c 数据线。由于树莓派没有可供显示的屏幕，看不到树莓派系统的运行情况。可以在 Ubuntu 上位机中借助树莓派创建的局域网远程登录树莓派系统，并在上位机开启 RVIZ 软件查看二维码识别的结果，硬件连接如图 9.21 所示。

**图 9.21  树莓派硬件连接图**

连接摄像头与树莓派，并给树莓派供电。打开 Ubuntu 上位机连接树莓派创建的局域网，WiFi 名称和密码以在系统设置时更改的名称和密码为准。在上位机上远程登录树莓派系统，连接 WiFi 之后通过命令 sudo nano /etc/hosts 分别查看或修改树莓派和上位机的 IP

地址。该部分内容参考 9.3.2 节的设置,在此不再赘述。

连接 WiFi 模块之后,需要修改上位机和树莓派~/.bashrc 文件中的主机名称,修改命令为 sudo nano ~./.bashrc。修改文件最后一行 export ROS_MASTER_URI=http://my-ubuntu:11311 中的 my-ubuntu 为自己 Ubuntu 上位机的主机名称,如图 9.22 所示(Ubuntu 的主机名称在安装系统时设置,此操作需在 Ubuntu 上位机系统和树莓派下位机系统都进行设置)。

图 9.22　修改上位机和树莓派的主机名称

### 9.5.3　软件设计

首先,启动一个项目。在上位机上新开一个命令行终端,输入命令 roscore 启动上位机的 ROS 内核,内核启动时出现如图 9.15 所示的情况说明内核启动完成。

在上位机中的树莓派系统操作界面输入命令 roslaunch qr_detection shape_detection_experiment.launch 启动树莓派中的视觉识别二维码项目。在上位机上新开一个命令行终端,输入命令 rviz 打开上位机的 RVIZ 软件,如图 9.23 所示。

图 9.23　二维码实验效果显示

在视觉二维码识别中,主要用了 Python＋OpenCV。打开源码:树莓派二维码识别实验\qr_detection\scripts\QrCode_Detection. py 文件。程序代码如下。

```python
import simple_barcode_detection
import zbar
from PIL import Image
import rospy
from sensor_msgs.msg import Image as lll
import cv2
import numpy as np
from cv_bridge import CvBridge, CvBridgeError
import sys
import time


# 创建一个阅读器
scanner = zbar.ImageScanner()
# 配置阅读器
scanner.parse_config('enable')
font = cv2.FONT_HERSHEY_SIMPLEX
camera = cv2.VideoCapture(0)


def webcamImagePub():
    # 初始化 ROS 节点
    rospy.init_node('webcam_puber', anonymous = True)
    img_pub = rospy.Publisher('webcam/image_raw', lll, queue_size = 2)
    rate = rospy.Rate(20)  # 5hz
    scaling_factor = 0.5
    bridge = CvBridge()

    if not camera.isOpened():
        sys.stdout.write("Webcam is not available!")
        return - 1

    count = 0
    # 循环至到按下 esc 或 q 退出
    while not rospy.is_shutdown():
        # 获取帧并显示
    (ret, frame) = camera.read()
    box = simple_barcode_detection.detect(frame)
    if np.all(box != None):
        min = np.min(box, axis = 0)
        max = np.max(box, axis = 0)
        roi = frame[min[1] - 10:max[1] + 10, min[0] - 10:max[0] + 10]
#         print roi.shape
        roi = cv2.cvtColor(roi, cv2.COLOR_BGR2RGB)
        pil = Image.fromarray(frame).convert('L')
        width, height = pil.size
        raw = pil.tobytes()
```

```
zarimage = zbar.Image(width, height, 'Y800', raw)

scanner.scan(zarimage)

for symbol in zarimage:

    print 'decoded', symbol.type, 'symbol', '" % s"' % symbol.data
    cv2.drawContours(frame, [box], -1, (0, 255, 0), 2)
    cv2.putText(frame,symbol.data,(20,100),font,1,(0,255,0),4)

if ret:
    count = count + 1
else:
    rospy.loginfo("Capturing image failed.")
if count == 2:
    count = 0
      frame = cv2.resize(frame, None, fx = scaling_factor, fy = scaling_factor,
interpolation = cv2.INTER_AREA)    # 重新调整帧大小
    msg = bridge.cv2_to_imgmsg(frame, encoding = "bgr8")
    img_pub.publish(msg)
#      print '** start ***'
    rate.sleep()

if __name__ == '__main__':
    try:
        webcamImagePub()
    except rospy.ROSInterruptException:
        pass
#    except IndexError:
#    pass
#    except VIDEOIOERROR:
#    pass
#    except Unabletostopthestream:
#    pass
    finally:
    webcamImagePub()
```

注：本节实验例程源码可扫描"9.10 本章小结"中的二维码，见 9-5 树莓派二维码识别实验。

## 9.5.4 实验现象

找一个二维码放到摄像头前面，通过摄像头采集二维码信息，采用 Zbar 库识别后把结果显示在屏幕上。实验现象可扫描下方二维码。

**二维码 9.5 树莓派二维码识别实验**

### 9.5.5 作业

找一些商品的条形码,尝试修改算法进行识别,观察识别结果。

# 9.6 机械臂颜色追踪实验

**实验目的**

> 了解基本的视觉追踪原理,完成机械臂跟随特定颜色的追踪。

### 9.6.1 颜色追踪原理

机械臂颜色追踪实验开发是在 9.4 节颜色识别和 9.5 节形状识别的基础上开展的,同样,也是基于 OpenCV 开源软件库实现。在此实验中,需实现的效果为:将摄像头安装在机械臂末端,运行树莓派文件,启动 RVIZ 获取摄像头图像,在 RVIZ 软件界面使用鼠标圈选需要追踪的物体,通过改变被追踪物体的位置使得机械臂实物追随物体移动。在之前的章节中,有关视觉识别颜色和形状的项目开发,在此就不再多做介绍。这里着重介绍机械臂追踪的实现原理。

在进行物体圈定时使用了 cv2.moments 函数,此函数中的参数为图像的矩,图像的矩能计算圈定物体的质心、面积等,记为 $M$,则有

$$M = \mathrm{cv.monents}(c) \tag{9.1}$$

根据 $M$ 的值,即可计算出对象的中心坐标值:

$$\begin{cases} cx = \mathrm{int}\left(\dfrac{M['m10']}{M['m00']}\right) \\ cy = \mathrm{int}(M['m01']/M['m00']) \end{cases} \tag{9.2}$$

根据得到的 cx、cy 数值,即可进行判断从而与控制机械臂的单片机进行通信。当 cx 和 cy 数值发生变化时,根据判断控制机械臂执行 left、right、keep、up、down 等动作,实现机械臂颜色追踪,如图 9.24 所示。判断函数如下所示:

```
if(cx < 274):
        str_arm1 = "left"
            print("left")
            elif(cx > 374):
        str_arm1 = "right"
             print("right")
            else:
        str_arm1 = "keep"
              print "keep"
if(cy < 200):
```

```
        str_arm3 = "up"
                print("up")
        elif(cy > 280):
        str_arm3 = "down"
                print("down")
            else:
                str_arm3 = "keep"
                print "keep"
```

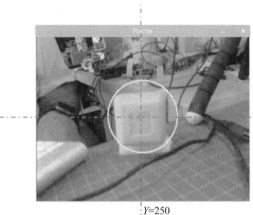

图 9.24　颜色追踪原理

## 9.6.2　硬件设计

实验硬件包括机械臂、机械手爪、STM32 主控板、BigFish 扩展板、2510 通信转接板、数据线、高清摄像头、锂电池、树莓派、树莓派供电数据线、上位机、工件。

**1. 硬件连线图**

主控板接线如图 9.25 所示。A：树莓派与主控板连接线数据线；B：锂电池供电线；C：通过通信转接板的机械臂供电线；D：机械手爪。在给主控板供电时，需首先将锂电池接在主控板上，并打开主控板电源开关，然后将树莓派数据线接在主控板上。

树莓派接线如图 9.26 所示。E：树莓派供电数据线；F：高清摄像头连接线；G：STM32 主控板与树莓派连接线。

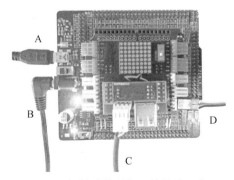

图 9.25　机械臂控制与通信接线示意图

图 9.26　树莓派接线示意图

烧录机械臂控制通信程序代码如下,下位机控制机械臂执行追踪动作。

```c
# include "sys. h"
# include "stdio. h"
# include "delay. h"
# include "usart. h"
# include "stdio. h"
# include "sucker. h"
# include "steergear. h"
# include "graphic. h"
# include "nir. h"
# include "key. h"
# include "core_cm4. h"
# include "string. h"
# include "stdlib. h"

int main(void)
{
    delay_init(168);                        //初始化延时,168 为 CPU 运行频率
    usart_init(115200);                     //串口初始化
    delay_ms(1000);
    GPIOE_INIT();                           //气动/电磁装置的初始化
    steering_geat_init();                   //机械臂初始化
    u8 rxlen;
    uint16_t arm_data[3] = {1500, 1500, 1500};
    while(1)
    {
        if(USART_RX_STA&0X8000){            //接收到一次数据了
            rxlen = USART_RX_STA&0X7FFF;    //得到数据长度
                if(!strcmp((const char * )USART_RX_BUF, "no green color something")){

                    arm_data[0] += 0;
                    arm_data[1] += 0;
                    arm_data[2] += 0;
                }else if(!strcmp((const char * )USART_RX_BUF, "keep-keep-keep")){
                    arm_data[0] += 0;
                    arm_data[1] += 0;
                    arm_data[2] += 0;
                }else if(!strcmp((const char * )USART_RX_BUF, "keep-keep-up")){
                    arm_data[0] += 0;
                    arm_data[1] += 0;
                    arm_data[2] -= 2;
                }else if(!strcmp((const char * )USART_RX_BUF, "keep-keep-down")){
                    arm_data[0] += 0;
                    arm_data[1] += 0;
                    arm_data[2] += 2;
                }else if(!strcmp((const char * )USART_RX_BUF, "keep-back-keep")){
                    arm_data[0] += 0;
                    arm_data[1] += 3;
                    arm_data[2] += 0;
```

```
    }else if(!strcmp((const char *)USART_RX_BUF, "keep-back-up")){
        arm_data[0] += 0;
        arm_data[1] += 3;
        arm_data[2] -= 2;
    }else if(!strcmp((const char *)USART_RX_BUF, "keep-back-down")){
        arm_data[0] += 0;
        arm_data[1] += 3;
        arm_data[2] += 2;
    }else if(!strcmp((const char *)USART_RX_BUF, "keep-forward-keep")){
        arm_data[0] += 0;
        arm_data[1] -= 3;
        arm_data[2] += 0;
    }else if(!strcmp((const char *)USART_RX_BUF, "keep-forward-up")){
        arm_data[0] += 0;
        arm_data[1] -= 3;
        arm_data[2] -= 2;
    }else if(!strcmp((const char *)USART_RX_BUF, "keep-forward-down")){
        arm_data[0] += 0;
        arm_data[1] -= 3;
        arm_data[2] += 2;
    }else if(!strcmp((const char *)USART_RX_BUF, "right-keep-keep")){
        arm_data[0] += 2;
        arm_data[1] += 0;
        arm_data[2] += 0;
    }else if(!strcmp((const char *)USART_RX_BUF, "right-keep-up")){
        arm_data[0] += 2;
        arm_data[1] += 0;
        arm_data[2] -= 2;
    }else if(!strcmp((const char *)USART_RX_BUF, "right-keep-down")){
        arm_data[0] += 2;
        arm_data[1] += 0;
        arm_data[2] += 2;
    }else if(!strcmp((const char *)USART_RX_BUF, "right-back-keep")){
        arm_data[0] += 2;
        arm_data[1] += 3;
        arm_data[2] += 0;
    }else if(!strcmp((const char *)USART_RX_BUF, "right-back-up")){
        arm_data[0] += 2;
        arm_data[1] += 3;
        arm_data[2] -= 2;
    }else if(!strcmp((const char *)USART_RX_BUF, "right-back-down")){
        arm_data[0] += 2;
        arm_data[1] += 3;
        arm_data[2] += 2;
    }else if(!strcmp((const char *)USART_RX_BUF, "right-forward-keep")){
        arm_data[0] += 2;
        arm_data[1] -= 3;
        arm_data[2] += 0;
    }else if(!strcmp((const char *)USART_RX_BUF, "right-forward-up")){
```

```
        arm_data[0] += 2;
        arm_data[1] -= 3;
        arm_data[2] -= 2;
    }else if(!strcmp((const char *)USART_RX_BUF, "right-forward-down")){
        arm_data[0] += 2;
        arm_data[1] -= 3;
        arm_data[2] += 2;
    }else if(!strcmp((const char *)USART_RX_BUF, "left-keep-keep")){
        arm_data[0] -= 2;
        arm_data[1] += 0;
        arm_data[2] += 0;
    }else if(!strcmp((const char *)USART_RX_BUF, "left-keep-up")){
        arm_data[0] -= 2;
        arm_data[1] += 0;
        arm_data[2] -= 2;
    }else if(!strcmp((const char *)USART_RX_BUF, "left-keep-down")){
        arm_data[0] -= 2;
        arm_data[1] += 0;
        arm_data[2] += 2;
    }else if(!strcmp((const char *)USART_RX_BUF, "left-back-keep")){
        arm_data[0] -= 2;
        arm_data[1] += 3;
        arm_data[2] += 0;
    }else if(!strcmp((const char *)USART_RX_BUF,  "left-back-up")){
        arm_data[0] -= 2;
        arm_data[1] += 3;
        arm_data[2] -= 2;
    }else if(!strcmp((const char *)USART_RX_BUF, "left-back-down")){
        arm_data[0] -= 2;
        arm_data[1] += 3;
        arm_data[2] += 2;
    }else if(!strcmp((const char *)USART_RX_BUF, "left-forward-keep")){
        arm_data[0] -= 2;
        arm_data[1] -= 3;
        arm_data[2] += 0;
    }else if(!strcmp((const char *)USART_RX_BUF, "left-forward-up")){
        arm_data[0] -= 2;
        arm_data[1] -= 3;
        arm_data[2] -= 2;
    }else if(!strcmp((const char *)USART_RX_BUF, "left-forward-down")){
        arm_data[0] -= 2;
        arm_data[1] -= 3;
        arm_data[2] += 2;
    }
    steering_gear_3(0, arm_data[0], 2, 1, arm_data[1], 2, 2, arm_data[2], 2);
    delay_ms(3);
for(int i = 0; i < USART_REC_LEN; i++){
    USART_RX_BUF[i] = 0;              //清空接收 BUF
}
USART_RX_STA = 0;                     //启动下一次接收
```

```
        USART_RX_BUF[rxlen+1]=0;                          //自动添加结束符
      }
    }
}
```

### 2. 树莓派系统设置

连接摄像头与树莓派,并给树莓派供电。打开 Ubuntu 上位机连接树莓派创建的局域网,WiFi 名称和密码以在系统设置时更改的名称和密码为准。在上位机上远程登录树莓派系统,连接 WiFi 之后通过命令 sudo nano /etc/hosts 分别查看或修改树莓派和上位机的 IP 地址。该部分内容参考 9.3.2 节的设置,在此不再赘述。

## 9.6.3 软件设计

首先,启动一个项目。在上位机新开一个命令行终端,输入命令 roscore 启动上位机的 ROS 内核,内核启动时出现如图 9.15 所示的情况说明内核启动完成。

在上位机中的树莓派系统操作界面输入命令 roslaunch color_tracking color_tracking_sth.launch 启动树莓派中的视觉颜色追踪项目。在上位机上新开一个命令行终端,输入命令 rviz 打开上位机的 RVIZ 软件,如图 9.27 所示。

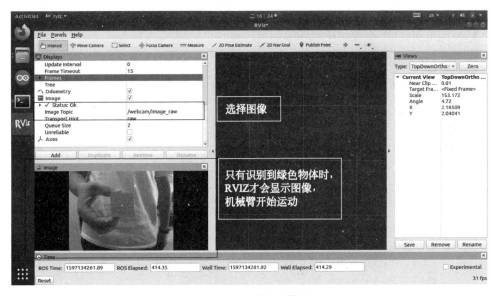

图 9.27 实验显示界面

在颜色追踪实验中,主要用到了 Python+OpenCV。上位机识别物体颜色并通过判断物体的坐标信息将机械臂需要执行的动作发送到下位机,下位机控制机械臂执行追踪动作。打开源码:机械臂颜色追踪实验\color_tracking\scripts\send_center_point.py 文件。

```
import rospy
from sensor_msgs.msg import Image
import cv2
```

```
import numpy as np
import sys
import time
from cv_bridge import CvBridge, CvBridgeError
from std_msgs.msg import Float64
from std_msgs.msg import String
from std_msgs.msg import UInt16
import serial
callback_numbers = 0

cap = cv2.VideoCapture(0)
ser = serial.Serial('/dev/ttyUSB0', 115200, timeout = 0.5)
lower_blue = np.array([50,143,146])
upper_blue = np.array([124,255,255])

lower_red = np.array([2,143,146])
upper_red = np.array([10,255,255])

# lower_red = np.array([0,200,55])
# upper_red = np.array([10,255,130])
lower_green = np.array([40,43,46])
upper_green = np.array([77,255,255])
# arm1,arm2,arm3:转台,大臂,小臂
red_flag = 0
blue_flag = 0
str_arm1 = ""
str_arm2 = ""
str_arm3 = ""
str_arm = ""

def areaCal(contour):
    area = 0
    for i in range(len(contour)):
        area += cv2.contourArea(contour[i])
    return area

def callback(data):
        global red_flag,blue_flag
        if(data.data == 2):
            red_flag = 3
def webcamImagePub():
    global red_flag,blue_flag
    rospy.init_node('listener', anonymous = True)
    img_pub = rospy.Publisher('webcam/image_raw', Image, queue_size = 2)
    rate = rospy.Rate(5) # 5hz
    scaling_factor = 0.5
    bridge = CvBridge()
    if not cap.isOpened():
        sys.stdout.write("Webcam is not available!")
        return - 1
```

```
    count = 0
    while not rospy.is_shutdown():
        ret, frame = cap.read()
        hsv = cv2.cvtColor(frame, cv2.COLOR_BGR2HSV)  # rgb - hsv
        mask = cv2.inRange(hsv, lower_blue, upper_blue)  # get mask
        res = cv2.bitwise_and(frame, frame, mask = mask)  # detect blue
        # cv2.imshow("frame", frame)
        # cv2.imshow("res", res)
        image, contours, hierarchv = cv2.findContours(mask, cv2.RETR_TREE, cv2.CHAIN_APPROX_
SIMPLE)
        print "mianji = ", areaCal(contours)
        if (areaCal(contours) > 2000):
        # print "hello my master, I have found the red"
            if(areaCal(contours) > 20000):
                str_arm2 = "back"
                print "back"
                    elif(areaCal(contours) < 8000):
                str_arm2 = "forward"
                print "forward"
                    else:
                        str_arm2 = "keep"
                        print "keep"
                    if len(contours) > 0:
                c = max(contours, key = cv2.contourArea)
                cnt = contours[0]
                cv2.drawContours(frame, c, -1, (0, 0, 255), 1)  # 画轮廓
                M = cv2.moments(c)
                    if M["m00"] != 0:
                        cx = int(M['m10']/M['m00'])
                    cy = int(M['m01']/M['m00'])
                    center = (int(M["m10"] / M["m00"]), int(M["m01"] / M["m00"]))
                        cv2.circle(frame, (cx,cy), 5, (255, 255, 0), -1)
                    if(cx < 274):
                            str_arm1 = "left"
                                        print("left")
                                    elif(cx > 374):
                        str_arm1 = "right"
                                        print("right")
                                    else:
                                        str_arm1 = "keep"
                                        print "keep"
                    if(cy < 200):
                        str_arm3 = "up"
                                        print("up")
                                    elif(cy > 280):
                        str_arm3 = "down"
                                        print("down")
                                    else:
                                        str_arm3 = "keep"
                                        print "keep"
                else:
                    cx = 0
                    cy = 0
```

```
                              str_arm = str_arm1 + '-' + str_arm2 + '-' + str_arm3
                              ser.write(str_arm)
                 else:
                              send_data = "no red color something"
                              print(send_data)
                              ser.write(send_data)
                 if cv2.waitKey(1) & 0xFF == ord('q'):
                      break
                 continue
             if ret:
                 count = count + 1
             else:
                 rospy.loginfo("Capturing image failed.")
             if count == 2:
                 count = 0
                  frame = cv2.resize(frame, None, fx = scaling_factor, fy = scaling_factor,
interpolation = cv2.INTER_AREA)
                 msg = bridge.cv2_to_imgmsg(frame, encoding = "bgr8")
                 img_pub.publish(msg)
        rospy.spin()
if __name__ == '__main__':
    try:
        webcamImagePub()
    except rospy.ROSInterruptException:
        pass
    finally:
    webcamImagePub()
```

注：本节实验例程源码可扫描"9.10 本章小结"中的二维码,见 9-6 机械臂颜色追踪实验。

## 9.6.4　实验现象

　　将一个绿色的工件放到机械臂头部的摄像头前方,如图 9.28 所示,开启程序,观察机械臂运行状态。移动绿色工件,机械臂将搭载摄像头跟随运动。实验现象可扫描下方二维码。

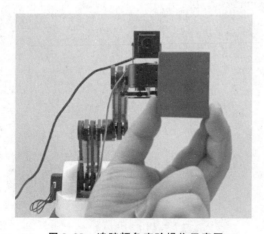

二维码 9.6　机械臂颜色追踪实验

图 9.28　追踪颜色实验操作示意图

### 9.6.5　作业

修改程序代码,将跟随工件更改为红色完成机械臂的颜色追踪动作。

# 9.7　机械臂颜色分拣实验

**实验目的**

> 熟练应用视觉颜色识别,完成根据不同的颜色,机械臂执行对应的搬运动作。将树莓派算法与下位机控制板相结合,锻炼综合运用能力。

### 9.7.1　颜色分拣原理

机械臂颜色分拣是在 9.3 节颜色识别的基础上的应用项目,视觉识别结果通过树莓派的串口传给 STM32 主控板,STM32 主控板驱动机械臂进行搬运动作,实现目标拣选。因此,该包含三部分内容:一是树莓派算法实现;二是下位机控制算法实现;三是两者之间的串口通信实现。关于颜色识别的详细算法原理详见 9.3 节基于树莓派的颜色识别实验。

### 9.7.2　硬件设计

实验硬件包括机械臂、机械手爪、STM32 主控板、BigFish 扩展板、2510 通信转接板、数据线、高清摄像头、锂电池、树莓派、树莓派供电数据线、上位机、工件。

**1. 硬件连线图**

主控板、树莓派硬件连接如图 9.25 与 9.26 所示。

将机械臂动作控制和串口通信内容写入下位机控制板,如下代码为 main() 主程序的通信内容,串口等待树莓派发过来的指令,如果收到 reds,则下位机执行抓取红色物体的指令,动作内容通过 catch_red 函数实现;同理,如果收到 blues,则下位机执行抓取蓝色物体的指令,动作内容通过 catch_blue 函数实现。

```
while(1)
   {
     LED1 = 1;
     LED0 = 1;
     delay_ms(3000);
     if(USART_RX_STA&0X8000){          //接收到一次数据了
         rxlen = USART_RX_STA&0X7FFF;   //得到数据长度
         if(!strcmp((char * )USART_RX_BUF, "reds\n")){
             LED0 = 0;
```

```
            delay_ms(1000);
            catch_red();
            for(i = 0;i < USART_REC_LEN;i++){
            USART_RX_BUF[i] = 0;                    //清空接收 BUF
            }
            flag = FLAG_SC;
        }else if(!strcmp((char * )USART_RX_BUF, "blues\n")){
            LED1 = 0;
            delay_ms(1000);
            catch_blue();
            for(i = 0;i < USART_REC_LEN;i++){
            USART_RX_BUF[i] = 0;                    //清空接收 BUF
            }
            flag = FLAG_TH;
        }else{
            for(i = 0;i < USART_REC_LEN;i++){
            USART_RX_BUF[i] = 0;                    //清空接收 BUF
            }
            flag = FLAG_FI;
        }
        USART_RX_STA = 0;                           //启动下一次接收
        USART_RX_BUF[rxlen + 1] = 0;                //自动添加结束符
        }
    }
void catch_red(void)                                //识别到红色控制机械臂运动
{
        delay_ms(2000);
        steering_gear_3(0,1500,1000,1,500,1000,2,2100,1000);
        delay_ms(1000);
        Close();
        delay_ms(2000);
        steering_gear_3(0,1000,1000,1,700,1000,2,1800,1000);
        delay_ms(2000);
        steering_gear_3(0,1000,1000,1,500,1000,2,2100,1000);
        delay_ms(1000);
        Open();
        delay_ms(2000);
        steering_gear_3(0,1000,1000,1,700,1000,2,1800,1000);
        delay_ms(2000);
        steering_gear_3(0,1500,1000,1,600,1000,2,2100,1000);

}
```

### 2. 树莓派系统设置

连接摄像头与树莓派,并给树莓派供电。打开 Ubuntu 上位机连接树莓派创建的局域网,WiFi 名称和密码以在系统设置时更改的名称和密码为准。在上位机上远程登录树莓派系统,连接 WiFi 之后通过命令 sudo nano /etc/hosts 分别查看或修改树莓派和上位机的 IP地址。该部分内容参考 9.3.2 节的设置,在此不再赘述。

## 9.7.3　软件设计

首先,启动一个项目。在上位机上新开一个命令行终端,输入命令 roscore 启动上位机的 ROS 内核,内核启动时出现如图 9.15 所示的情况说明内核启动完成。

在上位机中的树莓派系统操作界面输入命令 roslaunch color_sorting open_camera_and_get_ImageTopic. launch 启动树莓派中的视觉颜色分拣项目。在上位机上新开一个命令行终端,输入命令 rviz 打开上位机的 RVIZ 软件。

在颜色分拣实验中,主要用到了 Python+OpenCV。在本实验中,有两个 Python 文件,分别是 Open_cameras. py 和 Serial_port. py。其中 Open_cameras 程序的主要用途为打开摄像头等,Serial_port 程序主要用于识别颜色、形状等信息。

```python
import rospy
from sensor_msgs.msg import Image
import cv2
from cv_bridge import CvBridge
import sys
import time
import numpy as np
from std_msgs.msg import UInt16
from std_msgs.msg import String
import serial
lower_blue = np.array([50,143,146])
upper_blue = np.array([124,255,255])
lower_red = np.array([0,200,55])
upper_red = np.array([10,255,130])
lower_green = np.array([40,43,46])
upper_green = np.array([77,255,255])

ser = serial.Serial('/dev/ttyUSB0', 115200, timeout = 0.5)

def areaCal(contour):
    area = 0
    for i in range(len(contour)):
        area += cv2.contourArea(contour[i])
    return area
def callback(imgmsg):
    # if ser.is_open:
    # print("port open success")
    bridge = CvBridge()
    img = bridge.imgmsg_to_cv2(imgmsg, "bgr8")
    # cv2.imshow("source", img)
    hsv = cv2.cvtColor(img, cv2.COLOR_BGR2HSV)
    # cv2.imshow("hsv",hsv)
    mask_red = cv2.inRange(hsv, lower_red, upper_red)
```

```
    res = cv2.bitwise_and(img, img, mask = mask_red)
    #cv2.imshow("res",res)
    image,contours,hierarchv = cv2.findContours(mask_red,cv2.RETR_TREE,cv2.CHAIN_APPROX_
SIMPLE)
    if (areaCal(contours)> 1000):
      send_data = "reds\n"
      ser.write(send_data)
      print "send_data:",send_data
    else:
      #print("I haven't found red_color!")
      mask_blue = cv2.inRange(hsv, lower_blue, upper_blue)
      image,contours,hierarchv = cv2.findContours(mask_blue,cv2.RETR_TREE,cv2.CHAIN_
APPROX_SIMPLE)
      if (areaCal(contours)> 1000):
        if len(contours) > 0:
          c = max(contours, key = cv2.contourArea)
          cnt = contours[0]
          cv2.drawContours(img, c, -1, (0, 0, 255), 1)
          send_data = "blues\n"
          ser.write(send_data)
          print "send_data:",send_data
      else:
        #print("I havn't found blue_color!")
        mask_green = cv2.inRange(hsv, lower_green,upper_green)
        image,contours,hierarchv = cv2.findContours(mask_green,cv2.RETR_TREE,cv2.CHAIN_
APPROX_SIMPLE)
        if (areaCal(contours)> 1000):
          send_data = "greens"
          ser.write(send_data)
          print "send_data:",send_data
        else:
          print("I have found the color nothing")
if __name__ == '__main__':
    rospy.init_node('listener', anonymous = True)
    rospy.Subscriber("webcam/image_raw", Image, callback)
    rospy.spin()
```

注：本节实验例程源码可扫描"9.10 本章小结"中的二维码，见9-7 机械臂颜色分拣实验。

## 9.7.4　实验现象

将一个红色和蓝色的工件放到机械臂头部的摄像头前方（注意摄像头向下），如图9.29所示。启动程序，观察机械臂运行状态。机械臂会根据识别到的物体颜色进行分别搬运到对应的位置实现分拣。实验现象可扫描下方二维码。

图 9.29　实验操作示意图

二维码 9.7　机械臂颜色分拣实验

## 9.7.5　作业

将工件表面贴上二维码,尝试完成二维码识别的机械臂分拣。

# 9.8　RVIZ 显示机械臂 URDF 仿真模型

**实验目的**

了解 URDF 仿真模型文件如何描述一个机器人模型,尝试在 RVIZ 中导入一个机器人仿真模型文件。

## 9.8.1　机械臂 URDF 仿真模型

URDF 文件是机器人模型的描述文件,以 urdf 为扩展名。它定义了机器人的连杆和关节的信息,以及它们之间的位置、角度等信息。通过 URDF 文件可以将机器人的物理连接信息表示出来,并且在可视化调试和仿真中显示。

**1. link 和 joint 描述**

在理解 URDF 文件之前,需要先了解一种机械臂的表达方式。机器人可以由 link 和 joint 进行描述,link 可以简单理解为机械臂的连杆,joint 可以简单理解为机械臂的关节。机器人的表达除了表示 link 和 joint 数量之外,还需要对 link 与 joint 的关系进行描述。如图 9.30 所示,机器人由一个根 link(link1)向上,分别出现了两个分支 link2 和 link3,分别由 joint 连接 link。

因此,典型的机器人描述如下所示,包含

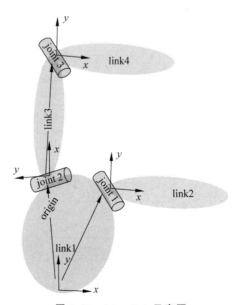

图 9.30　joint、link 示意图

robot、link、joint,利用 URDF 文件进行模型描述,这里 URDF 可以简单理解为表达上述机器人的一种 xmal 文件。下面做一个简单的格式举例:

```
< robot name = "test_robot">          //命名
< link name = "link1" />
< link name = "link2" />
< link name = "link3" />
< link name = "link4" />
< joint name = "joint1" type = "continuous">
< parent link = "link1"/>             //父节点
< child link = "link2"/>              //子节点
</joint>                              //关节
< joint name = "joint2" type = "continuous">
< parent link = "link1"/>
< child link = "link3"/>
</joint>
< joint name = "joint3" type = "continuous">
< parent link = "link3"/>
< child link = "link4"/>
</joint>
</robot>
```

那么如何描述一个 link 呢? 可以用 link 的属性和子元素来描述,其图形化表示如图 9.31 所示,link 属性和子元素如表 9.2 所示。

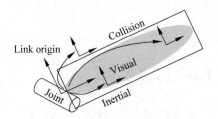

图 9.31　link 的图形化表示

表 9.2　link 属性及子元素列表

| link 属性 | | | |
|---|---|---|---|
| name(必需) | link 的名字 | | |
| link 子元素 | | | |
| <inertial>（可选） | 连杆的惯性特性 | | |
| | ① < origin >（可选） | | 定义相对于连杆坐标系的惯性参考系的参考坐标,该坐标必须定义在连杆重心处,其坐标轴可与惯性主轴不平行 |
| | xyz（可选,默认为零向量） | | 表示 x、y、zx、y、zx、y、z 方向的偏置,单位为米 |
| | rpy（可选） | | 表示坐标轴在 RPY 方向上的旋转,单位为弧度 |
| | ② < mass > | | 连杆的质量属性 |
| | ③ < inertia > | | 3×3 旋转惯性矩阵,由 6 个独立的量组成:ixx、ixy、ixz、iyy、iyz、izz |

续表

| | | |
|---|---|---|
| **＜visual＞**<br>（可选） | 连杆的可视化属性。用于指定连杆显示的形状(矩形、圆柱体等)，同一连杆可以存在多个 visual 元素，连杆的形状由多个元素构成。一般情况下模型较为复杂可以通过 SoildWorks 绘制后生成 stl 调用，简单的形状如添加末端执行器等可以直接编写。同时在此处可根据理论模型和实际模型差距调整几何形状的位置 | |
| | ① ＜namel＞（可选） | 连杆几何形状的名字 |
| | ② ＜origin＞（可选） | 相对于连杆的坐标系的几何形状坐标系 |
| | xyz（可选，默认为零向量） | 表示 x、y、zx、y、zx、y、z 方向的偏置，单位为米 |
| | rpy（可选） | 表示坐标轴在 RPY 方向上的旋转，单位为弧度 |
| | ③ ＜geometry＞（必需） | 可视化对象的形状，可以是下面的其中一种：<br>＜box＞：矩形，元素包含长、宽、高。原点在中心<br>＜cylinder＞：圆柱体，元素包含半径、长度。原点在中心<br>＜sphere＞：球体，元素包含半径原点在中心<br>＜mesh＞：网格，由文件决定，同时提供 scale，用于界定其边界。推荐使用 Collada.dae 文件，也支持.stl 文件，但必须为一个本地文件 |
| | ④ ＜material＞（可选） | 可视化组件的材料。可以在 link 标签外定义，但必须在 robot 标签内，在 link 标签外定义时，需引用 link 的名字<br>＜color＞：颜色，由 red/green/blue/alpha 组成，大小范围在［0，1］内<br>＜texture＞：材料属性，由文件定义 |
| **＜collision＞**<br>（可选） | 连杆的碰撞属性。碰撞属性和连杆的可视化属性不同，简单的碰撞模型经常用来简化计算。同一个连杆可以有多个碰撞属性标签，连杆的碰撞属性表示由其定义的几何图形集构成 | |
| | ① ＜name＞（可选） | 指定连杆几何形状的名称 |
| | ② ＜origin＞（可选） | 碰撞组件的参考坐标系相对于连杆坐标系的参考坐标系 |
| | xyz（可选，默认零向量） | 表示 x、y、zx、y、zx、y、z 方向的偏置，单位为米 |
| | rpy（可选） | 表示坐标轴在 RPY 方向上的旋转，单位为弧度 |
| | ③ ＜geometry＞（必需） | 与上述 geometry 元素描述相同 |

同样，可以用 joint 的属性和子元素来描述，其图形化表示如图 9.32 所示，jonit 属性和子元素如表 9.3 所示。

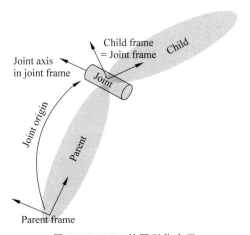

**图 9.32　joint 的图形化表示**

表 9.3    joint 属性及子元素列表

| joint 属性 | |
|---|---|
| name（必需） | 指定 joint 的名字（唯一的） |
| type（必需） | 指定 joint 的类型，有下列选项：<br>revolute：可以绕着一个轴旋转的铰链关节，有最大值和最小值限制<br>continuous：连续型的铰链关节，可以绕一个轴旋转，没有最大值和最小值限制<br>prismatic：滑动关节，可以沿着一个轴滑动，有最大值和最小值限制<br>fixed：这不是一个实际的关节，因为它无法运动，所有的自由度都被锁定。这种类型的关节不需要指定轴、动力学特征、标度和最大值最小值限制<br>floating：这是一个具有 6 个自由度的关节<br>planar：此关节在一个平面内运动，垂线是运动轴 |

| joint 子元素 | | |
|---|---|---|
| ＜origin＞（可选） | 从 parent link 到 child link 的变换，joint 位于 child link 的原点，修改该参数可以调整连杆的位置，可用于调整实际模型与理论模型误差，但不建议大幅度修改，因为该参数影响连杆 stl 的位置，容易影响碰撞检测效果 | |
| xyz（可选，默认为零向量） | 代表 x、y、zx、y、zx、y、z 轴方向上的偏移，单位米 | |
| rpy（可选，默认为零向量） | 代表绕着固定轴旋转的角度：roll 绕着 x 轴，pitch 绕着 y 轴，yaw 绕着 z 轴，用弧度表示 | |
| ＜parent＞（必需） | parent link 的名字是一个强制的属性。Link：parent link 的名字，是这个 link 在机器人结构树中的名字 | |
| ＜child＞（必需） | child link 的名字是一个强制的属性。Link：child link 的名字，是这个 link 在机器人结构树中的名字 | |
| ＜axis＞（可选，默认为 (1,0,0)） | axis 表示在关节(joint)坐标系中轴的方向。如果关节是旋转关节(revolute joint)，则轴方向(axis)遵循右手定则。如果关节是直线关节(prismatic joint)，则轴方向(axis)指向运动正方向。如果关节是平面关节(planar joint)，则轴方向(axis)是平面的法向量。axis 的原点和方向是基于关节坐标系的。如果关节类型是固定(fixed)和浮动(floating)类型的，则不需要用到 axis 这个元素修改该参数可以调整关节的旋转所绕着的轴，常用于调整旋转方向，若模型旋向与实际相反，只需乘−1 即可 | |
| ＜calibration＞（可选） | joint 的参考点，用来矫正 joint 的绝对位置 | |
| | ① ＜rising＞（可选） | 当 joint 正向运动时，参考点会触发一个上升沿 |
| | ② ＜falling＞（可选） | 当 joint 正向运动时，参考点会触发一个下降沿 |
| ＜dynamics＞（可选） | 该元素用来指定 joint 的物理性能。它的值被用来描述 joint 的建模性能，尤其是在仿真的时候 | |
| | ① ＜damping＞（可选，默认为 0） | joint 的阻尼值(移动关节为 $N \cdot s m \frac{N \cdot s}{m} m N \cdot s$，旋转关节为 $N \cdot m \cdot s rad \frac{N \cdot m \cdot s}{rad} rad N \cdot m \cdot s$) |
| | ② ＜friction＞（可选，默认为 0） | joint 的摩擦力值(移动关节为 $NNN$，旋转关节为 $N \cdot m N \cdot m N \cdot m$) |
| ＜limit＞（当关节为旋转或移动关节时为必需） | 该元素为关节运动学约束 | |
| | ① ＜lower＞（可选，默认为 0） | 指定 joint 运动范围下界的属性(revolute joint 的单位为弧度，prismatic joint 的单位为米)，连续型的 joint 忽略该属性 |
| | ② ＜upper＞（可选，默认为 0） | 指定 joint 运动范围上界的属性(revolute joint 的单位为弧度，prismatic joint 的单位为米)，连续型的 joint 忽略该属性 |
| | ③ ＜effort＞（必需） | 该属性指定了 joint 运行时的最大的力 |
| | ④ ＜velocity＞（必需） | 该属性指定了 joint 运行时的最大的速度 |

续表

| | | |
|---|---|---|
| <mimic> (可选) | 这个标签用于指定已定义的 joint 来模仿已存在的 joint。这个 joint 的值可以用以下公式计算,此元素不在 move_group 中启用,若使用则会导致报错。value = multiplier×other_joint_value + offset | |
| | ① <joint>(可选) | 需要模仿的 joint 的名字 |
| | ② <multiplier>(可选) | 指定上述公式中的乘数因子 |
| | ③ <offset>(可选) | 指定上述公式中的偏移项。默认值为 0(revolute joint 的单位为弧度,prismatic joint 的单位为米) |
| <safety_controller> (可选) | 该元素为关节(joint)在软件底层的安全限制。包含了关节位置下限(soft_lower_limit)、位置上限(soft_upper_limit)、最高速度和位置的关系(k_position)、最高力和速度的关系(k_velocity) | |
| | ① <soft_lower_limit>(可选,默认为 0) | 该属性关节(joint)位置下限,这个值需要大于上述<limit>中的 lower 值 |
| | ② <soft_upper_limit>(可选,默认为 0) | 该属性关节(joint)位置上限,这个值需要小于上述<limit>中的 upper 值 |
| | ③ <k_position>(可选,默认为 0) | 本属性用于说明最高速度和位置之间的关系 |
| | ④ k_velocity(必需) | 本属性用于说明最高力和速度之间的关系 |

## 2. 机械臂的 URDF 文件介绍

机械臂的实物如图 9.33 所示,可将其拆分为底座、转台、大臂、小臂四大部件进行建模。

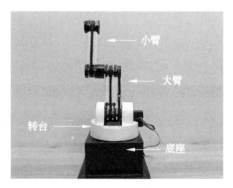

图 9.33　机械臂建模

首先构建 base_link 作为机械臂的父坐标系,然后在 base_link 基础上构建转台、大臂和小臂的 link。最后不同的 link 之间通过 joint 连接,它们分别是 base_spin_joint、pin_first_swing_joint、first_second_swing_joint。生成的文件如图 9.34 所示。

(a) 机械臂的3D模型文件　　　　　　　　(b) 机械臂的joint参数

图 9.34　文件截图

## 9.8.2　仿真软件步骤

该实验硬件部分只有计算机,故此次只介绍软件仿真。

**1. 在 TF 中观察各 link 建立的坐标**

在 ROS 中加载机械臂的 URDF 文件,扫描本章源码,详见 ats_arm02\urdf\ats_arm02.urdf,机械臂的物理连接信息在 RVIZ 中显示并对其进行调试。

(1) 创建 URDF 工作空间。

在 Ubuntu 系统中输入命令: mkdir -p ～/urdf_ws/src

(2) 编译工作空间。

在 Ubuntu 系统中输入命令: cd urdf_ws

在 Ubuntu 系统中输入命令: catkin_make

(3) 添加工作环境。

在 Ubuntu 系统中输入命令: source devel/setup.bash

(4) 复制 ats_arm02 和机械臂运动规划实验用到的 my_robot_arm 文件到/urdf_ws/src 目录下。

(5) 编译文件。

在 Ubuntu 系统中输入命令: catkin_make

在 Ubuntu 系统中输入命令: source devel/setup.bash

(6) 在终端输入 roslaunch ats_arm02 display.launch 命令后,启动 RVIZ,然后需要设置一些参数:

① 如图 9.35 所示,单击 Add 按钮,选择 RobotModel,双击添加 RobotModel 选项。

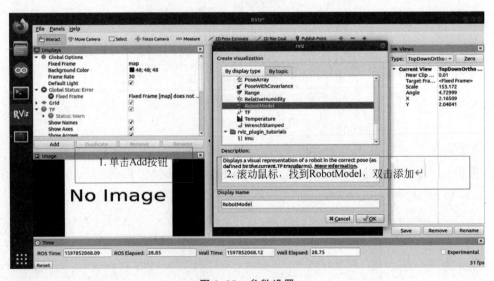

图 9.35　参数设置

② 添加 RobotModel 之后,在软件界面左上方找到 Fixed Frame 选项,将选项后方的 map 选项,通过下拉列表框选择为 base_link,再在界面上找到 TF、Axes 选项,去掉两个参数

后面的√,如图 9.36 和图 9.37 所示。可以查看机械臂各 link 的坐标系图,如图 9.38 所示。

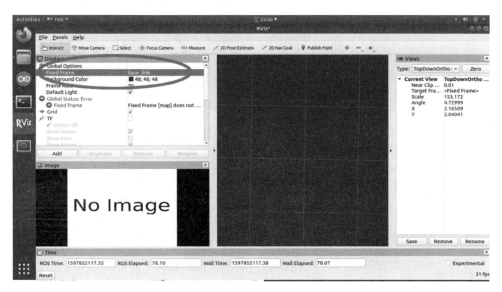

图 9.36　Frame 选项设置

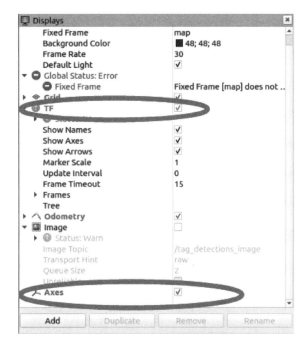

图 9.37　TF 选项设置

## 2. 查看机械臂的 TF 树

输入 rosrun rqt_tf_tree rqt_tf_tree,可以看到 TF 树,观察 link 之间的关系,如图 9.39 所示。

## 3. 改变 joint 来观察机械臂的朝向变化

移动 joint_state_publisher 进度条(见图 9.40),可以临时改变 joint 的朝向。

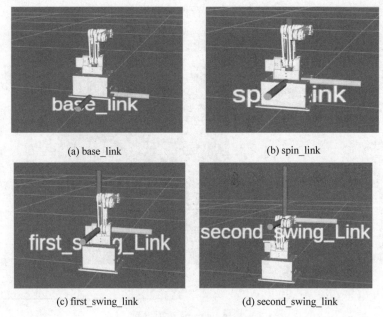

(a) base_link　　　　　　　　　　(b) spin_link

(c) first_swing_link　　　　　　　(d) second_swing_link

图 9.38　link 坐标系图

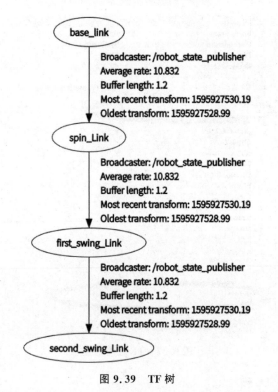

图 9.39　TF 树

　　实验时,为便于查看各个 joint 的变化情况。每次先单击 Center 按钮,让其保持正中位置,然后调整其中一个 joint 来观察变化。图 9.41 是通过调整进度条改变 base_spin_joint、spin_first_swing_joint 以及 first_second_swing_joint 的值,改变 joint 朝向后的机械臂状态图。未来这些数据调整后控制真实的机械臂。

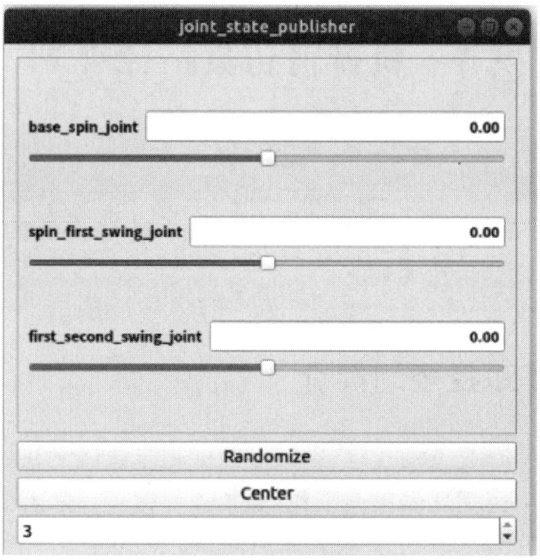

图 9.40　朝向变化

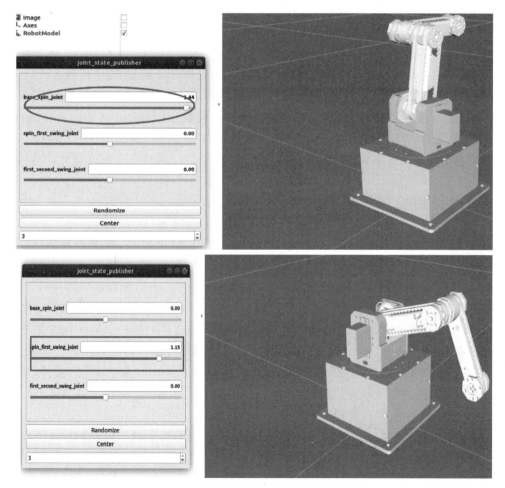

图 9.41　改变 joint 朝向后的机械臂状态图

# 9.9　机械臂仿真路径规划

## 实验目的

> 了解如何通过 ROS 进行机械臂仿真运动规划，了解 MoveIt!工具配置机械臂仿真模型，结合 RVIZ 完成机械臂运动规划。

### 9.9.1　机械臂路径规划简介

机械臂轨迹控制是一个复杂的过程，在第 8 章中初步接触了机器人的运动学控制，但是要想真实应用到机器人中还需要做很多工作，如轨迹优化等。随着机器人的普及，现在有很多方便的工具可以节省开发者这方面的工作时间，如 MoveIt!。接下来就将借助 MoveIt!工具快速对机器人进行运动控制。

MoveIt!是目前针对移动操作最先进的软件。它结合了运动规划、操纵、三维感知、运动学、控制和导航的最新进展；它提供了一个易于使用的平台，开发先进的机器人应用程序，评估新的机器人设计和建筑集成的机器人产品；它广泛应用于工业、商业、研发和其他领域。MoveIt!也是使用最广泛的开源软件的操作，并已被用于超过 65 个机器人。

MoveIt!通过为用户提供接口来调用它，包括 C++、Python、GUI 三种接口。ROS 中的 move_group 节点充当整合器，整合多个独立组件，提供 ROS 风格的 action 和 service。move_group 通过 ROS topic 和 action 与机器人通信，获取机器人的位置、节点等状态信息，获取的数据再传递给机器人的控制器。

### 9.9.2　随机规划机械臂路径步骤

采用 GUI 方式进行机械臂的运动规划。在进行运动规划前，需要先利用 MoveIt!Setup Assistant 图形化界面进行配置。

#### 1. 配置 MoveIt!机械臂路径规划包

要使用 MoveIt!控制机器人，需要配置一个 ROS 的软件包。MoveIt!提供了一个图形化工具 MoveIt!Setup Assistant 可以快捷地进行配置。MoveIt!Setup Assistant 是一个图形界面的工具，帮助配置 MoveIt!所需的 ROS 包。MoveIt!Setup Assistant 会根据用户导入的机器人的 URDF 模型，生成 SRDF(Semantic Robot Description Format)文件，从而生成一个 MoveIt!的功能包来完成机器人的互动、可视化和仿真。下面将加载 9.8 节介绍的机械臂的 URDF 模型，并完成相应的配置。

(1) 运行 setup_assistant。打开终端(按 Crtl＋Alt＋T 组合键)，启动后输入下面的命令，如图 9.42 所示。

```
roslaunch moveit_setup_assistant setup_assistant.launch
```

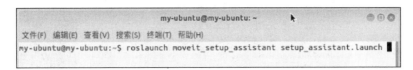

图 9.42　运行 setup_assistant

（2）加载 URDF 模型。如图 9.43 所示，单击 Create New MoveIt Configuration Package 按钮，然后单击 Browse 按钮，浏览后，找到 ats_arm02\urdf 中的 ats_arm02.urdf 文件即可。

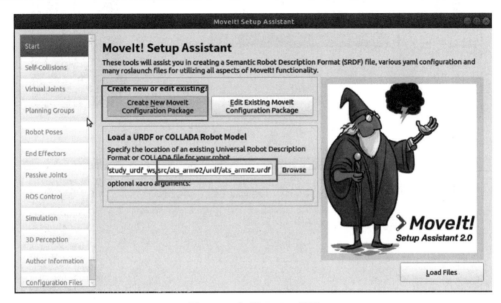

图 9.43　加载 URDF 模型

（3）Self-Collisions（自碰撞）设置。默认的碰撞免检矩阵生成器搜索机器人所有关节，这个碰撞免检矩阵可以安全地关闭检查，从而减少行动规划的处理时间。在某些关节会关闭碰撞检查，如总是碰撞、从不碰撞、在默认的位置碰撞或在运动学链条上的相邻处。采样密度指定了多少个随机机器人位置来检查碰撞。更高的密度需要更多的计算时间，而较低的密度就要减少关闭的检查节点，默认值是 10 000 个碰撞检查。碰撞检查是并行完成的，以减少处理时间。因为机械臂只有 3 个 joint，所以需要去掉第一个对勾，如图 9.44 所示。

（4）Virtual Joints（虚拟关节）设置。虚拟关节就是定义一个关节将机器人与世界连接起来，针对实验中机械臂，假如机械臂放在桌子上，那么与桌子的连接就算一个虚拟关节，这个关节类型是 fixed（固定）的；而机械臂的 base_link 是与这个虚拟关节相连的，作为 child_link。因此，在 Vitual Joints 选项中单击 Add Virtual Joint 按钮，定义 Virtual Joints，如图 9.45 所示，定义完成的虚拟关节如图 9.46 所示。

（5）Planning Groups（规划组）设置。MoveIt!通过定义规划组来定义机械臂的各个部分（如手臂、末端执行器等）。简单地说就是定义某些关节为一个组合并起一个名字。下面将定义一个 my_new_arm 的组、选择运动学算法、选择规划组的方式。在 Planning Groups 选项中单击 Add Group 按钮，输入组名，运动学求解器选择 kdl_kinematics_plugin/KDLKinematicsPlugin。创建规划组有 4 种方法：Add Joints、Add Links、Add Kin. Chain、

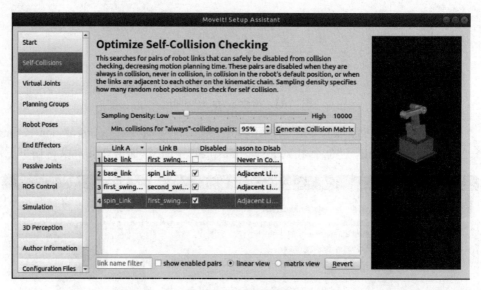

图 9.44　自碰撞检查

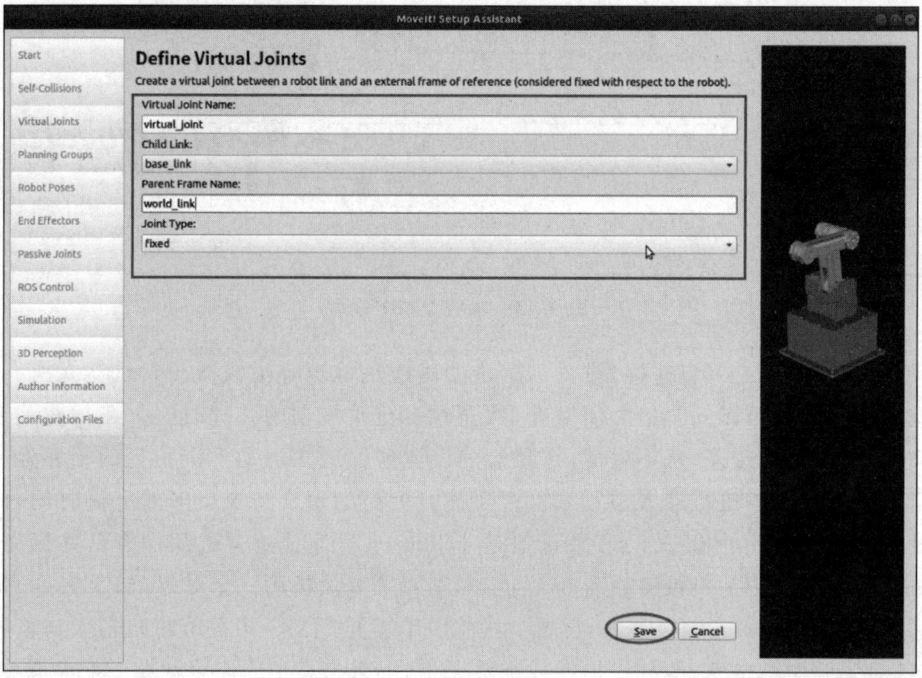

图 9.45　定义 Virtual Joints

Add Subgroups,这里选择 Add Kin. Chain,具体如图 9.47 所示。

　　接下来选择机械臂的底座 base_link 为 BaseLink,机械臂的 second_swing_Link 作为 TipLink。设置结果如图 9.48 所示,这样就完成了一个规划组的配置,如图 9.49 所示。

　　(6) Robot Poses(机器人姿态)设置。例如将为机械臂添加一个预设的姿态并命名为 my_new_arm_pose。在 Robot Poses 选项中设置 Pose Name,如图 9.50 所示,这里的预设姿态为 0(这里是弧度制,0 代表 90°),当然可以按需进行调整滑动条和姿态的预设。

　　(7) End Effectors(末端执行器)设置。在大多数情况下,会给机械臂安装末端执行器,

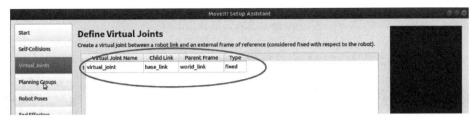

图 9.46　Virtual Joints 定义完成

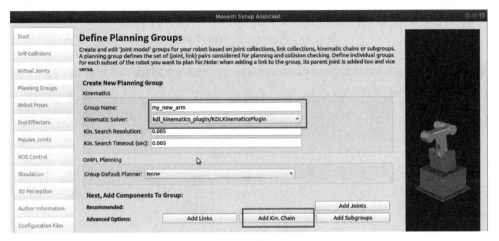

图 9.47　Planning Groups 定义

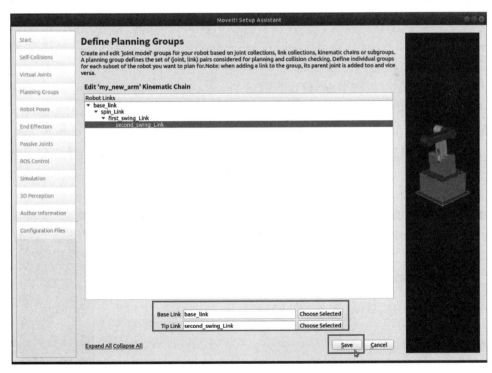

图 9.48　设置机械臂底座

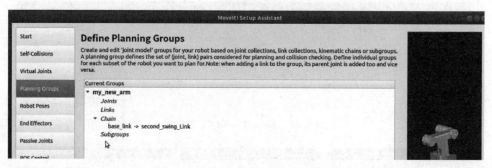

图 9.49　Planning Groups 定义完成

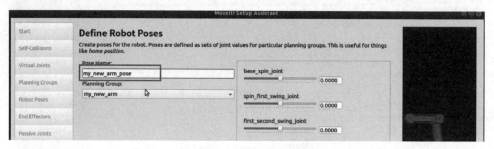

图 9.50　设置机器人姿态

可以是夹持器,可以是真空吸盘,甚至可以是 3D 打印机的挤出头。实验中的机械臂 URDF
中没有设计执行器,因此该项不再设置。

(8) Passive Joints(被动关节)设置。被动关节就是无法主动运动的关节,也可以理解
为从动关节,这样 MoveIt!在规划运动时,这些关节是无法主动控制的。这里没有被动关
节,所以这一步可以跳过。

(9) ROS Control(ROS 控制)设置。ROS Control 是 ROS 官方提供的针对控制机器人
的一套硬件驱动框架,针对不同的运动执行器提供不同的驱动接口,在这之上又加入一个硬
件抽象层统一接入 ROS,包含一系列 ROS 包。这里可以通过 ROS Control 面板为关节添
加 simulation(模拟控制器),就可以通过 MoveIt!模拟机械臂的运动。单击 Auto Add
FollowJointsTrajectory Controllers For Each Planning Group 按钮后,会自动添加。生成机
械臂的 Controller 如图 9.51 所示。

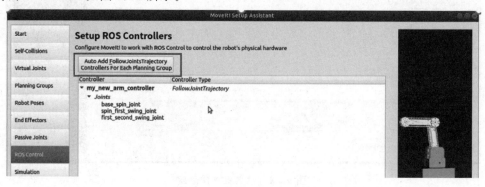

图 9.51　设置 ROS Control

（10）Simulation（模拟器）设置。单击 Generate URDF 按钮后，会自动生成 URDF 文件。

（11）3D Perception（3D 感知）设置。它的功能主要是为机械臂添加传感器，这里暂且没有用到传感器，可以先跳过。在 Author Information 中填写作者信息，方便后续发布。

（12）Configuration Files（配置文件）设置。先单击 Browse 按钮选择一个文件夹，然后单击 Generate Package 按钮即可。针对机械臂项目，作者选择的文件夹是 my_robot_arm（也可以自己设定文件夹），生成的配置文件如图 9.52 所示。

**2. 在 RVIZ 中进行机械臂运动规划**

打开终端，输入命令 roslaunch my_robot_arm demo.launch（见图 9.53）并等待 RVIZ 启动。启动后，利用鼠标调整视图。鼠标的操作方法：一般常用"Shift＋鼠标左键"转换视角，用鼠标左键平移视角，用滚轮缩放大小。

```
                                          my-ubuntu@my-ubuntu: ~
文件(F) 编辑(E) 查看(V) 搜索(S) 终端(T) 帮助(H)
my-ubuntu@my-ubuntu:~$ roslaunch my_robot_arm demo.launch
```

**图 9.53　RVIZ 启动**

选择 Planning→Goal State→< random valid >，调整好的机械臂视图如图 9.54 所示。

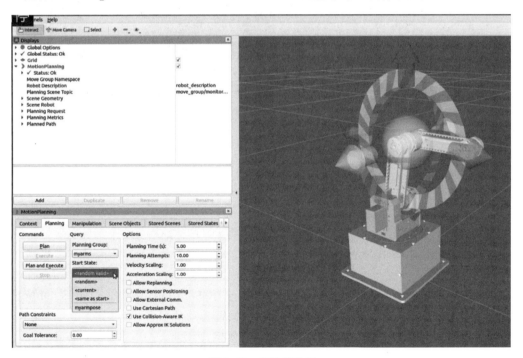

**图 9.54　机械臂视图**

单击 Plan 按钮，可以看到预期效果。单击 Execute 按钮后，机械臂执行，对比两者效果。如果想停止执行效果，可再次单击 Plan 按钮，详见图 9.55 和图 9.56。

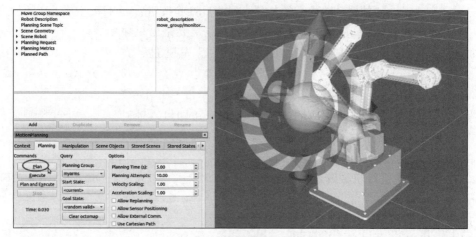

图 9.55 Plan 效果示意图

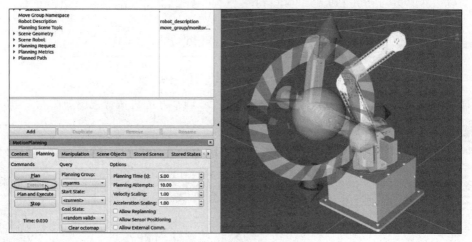

图 9.56 Execute 效果示意图

## 9.9.3 手动规划机械臂路径步骤

分别对机械臂的转台、大臂、小臂进行手动规划,执行并查看其效果。

(1) 打开终端,输入命令 roslaunch my_robot_arm demo.launch,等待 RVIZ 启动并调整好视图。

(2) 选择 Planning 选项卡,选中 Allow Approx IK Solutions 复选框,如图 9.57 所示。

(3) 手动设置转台的路径。单击圆圈设置机械臂转动的目标位置,如图 9.58 所示,单击 Plan 按钮规划路径;单击 Execute 按钮后观察效果,再次单击 Plan 按钮后停止。

(4) 手动设置大臂路径。单击箭头设置机械臂转动的目标位置,如图 9.59 所示,单击 Plan 按钮规划路径;单击 Execute 按钮后观察效果,再次单击 Plan 按钮后停止。

(5) 手动设置小臂路径。单击图中的圆圈设置机械臂转动的目标位置,如图 9.60 所示,单击 Plan 按钮规划路径;单击 Execute 按钮后观察效果,再次单击 Plan 按钮后停止。

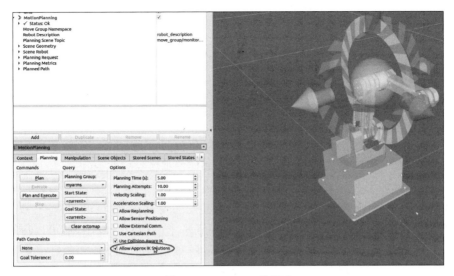

图 9.57 Planning 选项卡

图 9.58 手动设置转台路径

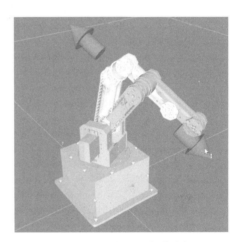

图 9.59 手动设置大臂路径

图 9.60 手动设置小臂路径

# 9.10　本　章　小　结

本章从 ROS 机器人操作系统开始介绍,通过识别二维码、颜色、形状三个项目讲述了在 ROS 中使用 OpenCV 软件库进行视觉识别。通过机械臂颜色追踪、机械臂颜色分拣两个项目讲述了视觉识别与三自由度机械臂结合做智能化项目。通过 RVIZ 显示机械臂 URDF 仿真模型、机械臂仿真路径规划两个项目讲述了如何根据机械臂在 ROS 环境中创造仿真机械臂,并且在仿真环境中手动和随机规划机械臂运动路径。

在本章中讲述了 OpenCV 软件库、二维码识别、Zbar 算法、颜色识别算法、基于霍夫变换的形状识别。这些技术和知识点不仅可以应用到本书的项目开发中,还可以应用在其他类似系统功能的开发过程中。本章实验例程代码可扫描下方二维码。

二维码 9.10　第 9 章实验例程代码

# 附录 A 引脚功能映射表

扫描二维码获取引脚功能映射表。

**二维码附录 A 引脚功能映射表**

# 附录 B 最小系统原理图

扫描二维码获取最小系统原理图。

**二维码附录 B STM32F407 最小系统板原理图**

# 参考文献

[1]    刘军.例说STM32[M].3版.北京：北京航空航天大学出版社,2018.
[2]    王滨生.模块化机器人创新教学与实践[M].哈尔滨：哈尔滨工业大学出版社,2016.
[3]    谢广明.机器人综合实践[M].哈尔滨：哈尔滨工程大学出版社,2013.
[4]    赵建伟.机器人系统设计及其应用技术[M].北京：清华大学出版社,2017.
[5]    NEWMAN W S.ROS机器人编程[M].李笔锋,祝朝政,刘锦涛,译.北京：机械工业出版社,2021.
[6]    刘火良,杨森.STM32库开发实战指南：基于STM32F4[M].北京：机械工业出版社,2017.
[7]    孙菁.STM32实战通关：初级篇[M].北京：北京理工大学出版社,2018.
[8]    杨永杰,许鹏.嵌入式系统原理及应用：基于ARM Cortex-M4体系结构[M].北京：北京理工大学出版社,2018.
[9]    张洋,刘军,严汉宇,等.精通STM32F4：库函数版[M].北京：北京航空航天大学出版社,2019.
[10]   沈红卫,任沙浦,朱敏杰,等.STM32单片机应用与全案例实践[M].北京：电子工业出版社,2017.
[11]   苏李果,宋丽.STM32嵌入式技术应用开发全案例实践[M].北京：人民邮电出版社,2020.
[12]   顾绳谷.电动机及拖动基础[M].北京：机械工业出版社,2007.
[13]   刘宝廷,程树康.步进电机及驱动控制系统[M].哈尔滨：哈尔滨工业大学出版社,1997.
[14]   张毅,罗元,郑太熊,等.移动机器人技术及应用[M].北京：电子工业出版社,2007.
[15]   谢存禧,张铁.机器人技术及其应用[M].北京：机械工业出版社,2005.
[16]   张宪民.机器人技术及其应用[M].北京：机械工业出版社,2017.
[17]   程军.传感器及实用检测技术[M].西安：西安电子科技大学出版社,2008.
[18]   郭彤颖.机器人传感器及其信息融合技术[M].北京：化学工业出版社,2017.
[19]   迟明路,田坤,郑华栋,等.机器人传感器[M].北京：电子工业出版社,2022.
[20]   徐科军,马修水,李晓林,等.传感器与检测技术[M].5版.北京：电子工业出版社,2021.
[21]   周润景,李茂泉.常用传感器技术及应用[M].2版.北京：电子工业出版社,2020.
[22]   陈宇航,侯俊萍,叶昶.人工智能＋机器人入门与实战[M].北京：人民邮电出版社,2020.
[23]   徐海望,高佳丽.ROS2机器人编程实战：基于现代C++和Python3[M].北京：机械工业出版社,2022.
[24]   李伟斌.树莓派4与人工智能实战项目[M].北京：清华大学出版社,2022.
[25]   刘扬,马兴录,赵振.树莓派智能小车嵌入式系统开发实战[M].北京：清华大学出版社,2020.
[26]   陶永,王田苗.机器人学及其应用导论[M].北京：清华大学出版社,2021.
[27]   求是科技.Visual C++数字图像处理典型算法及实现[M].北京：人民邮电出版社,2016.
[28]   朱文伟,李建英.OpenCV4.5计算机视觉开发实战：基于VC++[M].北京：清华大学出版社,2021.
[29]   蒋畅江,罗云翔,张宇航.ROS机器人开发技术基础[M].北京：化学工业出版社,2022.
[30]   郑志强,卢惠民,刘斐.机器人视觉系统研究[M].北京：科学工业出版社,2015.
[31]   修吉平,毛有武.检测与控制技术综合实验[M].北京：机械工业出版社,2011.
[32]   贾瑞清,周东旭,谢明佐,等.机器人学——规划、控制及应用[M].北京：清华大学出版社,2020.
[32]   李轩涯,曹焯然,计湘婷.计算机视觉实践[M].北京：清华大学出版社,2022.
[33]   梅努阿·吉沃吉安.OpenCV4.0＋Python机器学习与计算机视觉实战[M].黄进青,译.北京：清华大学出版社,2022.